# LES POISSONS

DEUXIÈME VOLUME

---

## LES POISSONS DE MER

PREMIÈRE PARTIE

LES

# POISSONS

SYNONYMIE — DESCRIPTION
MŒURS — FRAI — PÊCHE — ICONOGRAPHIE
DES ESPÈCES
Composant plus particulièrement la Faune française

PAR H. GERVAIS ET R. BOULART
Attachés au Muséum



AVEC UNE INTRODUCTION

PAR PAUL GERVAIS
Membre de l'Institut

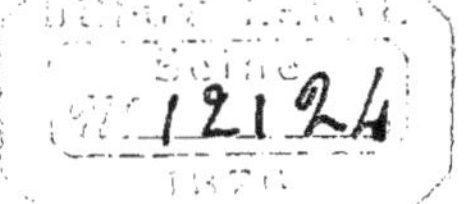

DEUXIÈME VOLUME

## LES POISSONS DE MER

PREMIÈRE PARTIE

AVEC 100 CHROMOTYPOGRAPHIES ET 27 VIGNETTES

PARIS
J. ROTHSCHILD, ÉDITEUR
13, RUE DES SAINTS-PÈRES, 13

1877

# ERRATA

## TEXTE.

Page 32, ligne 2, au lieu de : *Sphryrœna,* lisez : *Sphyrœna.*
— 35, — 13, — *Mullus sermuletus,* — *Mullus surmuletus.*
— 41, figure 5, — *Scorpena scrofia,* — *Scorpœna scrofa.*
— 82, ligne 16, — *Chrysophris,* — *Chrysophrys.*
— 153, — 9 et 22, au lieu de : *Coryphœna,* — *Coryphœna.*
— 154, — 6, au lieu de : *Crysophris,* — *Chrysophrys.*
— 169, — 14, — *Tetraptère,* — *Tétraptère.*
— 192, — 2, — *Mugilidœ,* — *Mugilidœ.*
— 217, ajoutez : Pl. 80. — à la première ligne.
— 224, ligne 1, au lieu de : *Tripterygion,* — *Triptérygion.*
— 276, — 15, — *Lulis,* — *Julis.*
— 276, — 16, — *Jabrus,* — *Labrus.*

## PLANCHES.

Pl. 33, au lieu de : *Dorade,* lisez : *Daurade.*
— 50, — *Pelamyde,* — *Pélamyde.*
— 52, — *Remore,* — *Rémore.*
— 83, — *Zoarces,* — *Zoarcès.*
— 85, — *Gobie réticule,* — *Gobie réticulé.*
— 99, — *Girelle commun,* — *Girelle commune.*

# ORDRE

DES

# ACANTHOPTÉRYGIENS

# FAMILLE DES PERCIDÉS.

## *PERCIDÆ.*

Indépendamment des espèces qui habitent les eaux douces et que nous avons décrites dans le premier volume de cet ouvrage, la famille des Percidés renferme un grand nombre de genres marins répandus sur tous les points du globe. Nous allons donner ici la description des poissons de cette famille qui fréquentent le plus communément soit les côtes de l'ouest et du nord de l'Europe baignées par l'Océan, la Manche ou la mer du Nord, etc., soit celles du Sud, qui limitent la Méditerranée, l'Adriatique ou la mer Noire.

Les Percidés ont les nageoires ventrales placées au-dessous des pectorales, leurs écailles sont cténoïdes.

Une première division, qui comprend les genres Bar et Apogon, est caractérisée par deux nageoires dorsales séparées par sept rayons branchiostéges; leurs mâchoires sont garnies de dents en velours.

La seconde division est formée par les genres Serran, Mérou et Barbier.

Ces poissons ont une nageoire dorsale unique; sept rayons recouvrent les branchies, et leurs dents en velours sont mêlées de dents de caniniformes.

La troisième division est représentée par le Polyprion, dont la nageoire dorsale est unique, les rayons branchiostéges au nombre de sept et toutes les dents en velours.

---

## GENRE LABRAX.

*Labrax,* Cuvier.

Deux nageoires dorsales séparées, rayons de la première épineux, rayons de la seconde mous à l'exception du premier.

Dents aux mâchoires, aux palatins, au vomer et sur la langue.

Sous-orbitaire et subopercule sans dentelures.

Deux pointes à l'opercule; préopercule dentelé à sa partie postérieure.

Sept rayons branchiostéges.

### Pl. 1. — BAR.

*Perca labrax*....... Linné, *Syst. nat.*, t. I, p. 428. — Bloch., *Sneid. Syst. Ichth.* pag. 84.
*Sciœna labrax*...... Bloch, *Ichth.*, p. 301.
*Centropomus lineatus* Lacép., *Poiss.*, t. IV, p. 271.
*Labrax lupus*....... Cuv. et Val., *Poiss.*, t. II, p. 56, pl. 11. — Cuv., *Règn. an.*, t. II, p. 133. — Yarr., *Brit. fish.*, 2e édit., t. I, p. 8. — Bonap., *Iconog. fauna italica*, 79. Guich. *Expl. Alg.*, p. 31. — Gunth. *Cat. acanth.*, t. I, p. 63.

*Bass*, Angleterre. — *Salm-Barsch,* Allemagne. — *Har-Barsch,* Danemark. — *Zeebars,* Belgique. — *Lupo,* Espagne. — *Spigola,* Italie.

Ce poisson, que les pêcheurs de nos côtes de l'Océan nomment *Bar* et ceux de la Méditerranée *Loup,* était connu des Grecs sous le nom de *labrax* et des Romains sous celui de *lupus,* d'où le nom de *labrax lupus* sous lequel les auteurs modernes désignent ce poisson. Ces deux peuples l'avaient en grande estime pour la délicatesse de sa chair.

Le Bar, qui atteint une assez forte taille, puisqu'on en pêche qui pèsent jusqu'à 15 livres, se tient près des côtes et particulièrement près des embouchures des fleuves qu'il remonte souvent à une assez grande distance. Les Romains estimaient surtout ceux qui étaient pris dans le Tibre, entre les deux ponts de Rome. Ce poisson, qui se trouve abondamment dans toute la Méditerranée et qu'on pêche également dans les étangs salés des côtes françaises, est plus rare sur les côtes de l'Océan. Suivant Yarrel, on l'aurait conservé en eau douce, et l'on prétend que la chair du Bar gagnerait beaucoup à ce changement de milieu.

Le corps du Bar, relativement plus allongé et moins épais que celui de la Perche des rivières, est couvert d'écailles petites, nombreuses et très-adhérentes. Sa courbure dorsale est peu convexe et légèrement ondulée. Les individus pris dans la Méditerranée paraissent avoir le corps un peu plus haut que ceux de l'Océan.

La tête est plus comprimée que chez la Perche. Les joues, le préopercule et l'opercule sont couverts d'écailles très-petites. Le préopercule porte des dentelures à son bord inférieur, l'opercule se temine en deux pointes mousses dirigées en arrière ; quant au sous-orbitaire et au subopercule, ils sont lisses sur leurs bords.

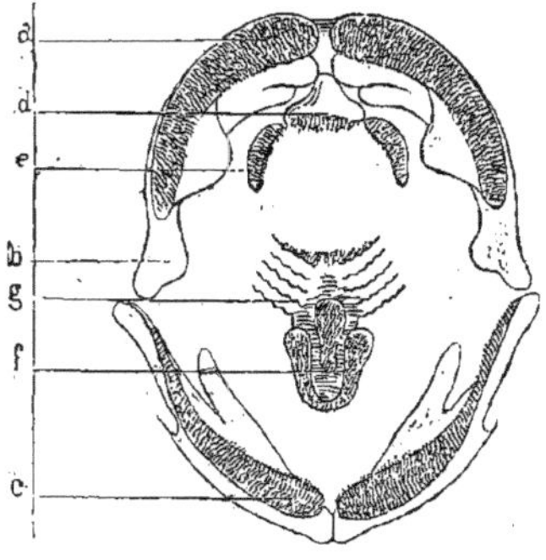


Fig. 1. — DENTITION DU BAR (*Labrax lupus*).

*a*. Os incisif. — *b*. Maxillaire supérieur. — *c*. Maxillaire inférieur. — *d*. Vomer. — *e*. Palatin. — *f*. Langue. — *g*. Os branchiaux.

L'œil, de grandeur ordinaire, a son iris blanc d'argent.

Les narines ont deux orifices externes.

Les mâchoires sont fortes, l'inférieure dépassant un peu la supérieure. La bouche est grande, les lèvres sont peu charnues.

Les mâchoires portent des dents fines et aiguës ; celles des intermaxillaires sont un peu plus fortes. Il existe également de ces organes sur le vomer, les palatins et sur la langue, à laquelle ils donnent une âpreté toute particulière.

Les nageoires dorsales sont au nombre de deux. La première, formée de rayons très-durs et épineux, en compte neuf, dont les deux premiers sont courts.

La deuxième dorsale, placée très-peu en arrière de la première, se compose de douze ou treize rayons dont le premier est le plus court et épineux, les autres sont mous.

Les pectorales, peu développées, sont formées de seize rayons dont le premier est simple.

Les ventrales, placées en dessous et un peu en arrière des pectorales, ont six rayons dont un simple.

L'anale, à peu près de même hauteur et de même forme que la seconde dorsale, a quatorze rayons, dont les trois premiers sont épineux.

Enfin la caudale, assez développée et peu échancrée, compte dix-sept rayons.

Les parties supérieures du corps du Loup sont gris-bleuâtre, les flancs sont plus clairs et le ventre est argenté. Chaque écaille présente à sa surface un point argenté, ce qui donne à ce poisson des reflets brillants du plus bel effet. Les jeunes sujets sont souvent mouchetés de tâches brunâtres.

La pêche du Bar présente quelques difficultés, car cet animal, auquel Aristophane appliquait l'épithète de plus rusé des poissons, réussit souvent à s'échapper des filets, soit en sautant par-dessus, soit en se glissant dans le sable.

Les engins le plus communément employés pour s'en emparer sont : 1° la beullée, espèce de ligne de fond composée d'un nombre considérable d'hameçons attachés à une forte corde et qu'on maintient entre deux eaux au moyen de nombreux flotteurs en liége ; 2° la senne et la traîne ; 3° la ligne ordinaire amorcée avec des sardines.

Les pêcheurs provençaux connaissent une autre espèce de Bar qu'ils appellent *Carousse* et qui a été décrite par Geoffroy-Saint-Hilaire sous le nom de *Perca elongata,* mais elle est particulière à la Méditerranée orientale ; on ne la prend qu'accidentellement du côté de l'occident.

Le Bar pond en mai et juin et dépose sur les côtes sablonneuses des œufs qui sont très-nombreux et d'un jaune pâle.

## GENRE APOGON.

*Apogon*, LACÉPÈDE.

Deux nageoires dorsales très-séparées, les rayons de la première épineux. Corps et tête courts, pas de barbillons à la bouche. Opercule en pointe mousse, préopercule portant une double crête finement dentelée. Dents en carde aux mâchoires, palatins, vomer et pharyngiens. Langue lisse.

Écailles grandes et caduques sur le corps et les opercules.

Sept rayons branchiostéges.

### Pl. 2. — APOGON ROI DES MULETS.

*Mullus imberbis*..... Linn., *Syst. nat.*, t. I, p. 469. — Willugh., *Ichth.*, t. IV, p. 286
*Apogon ruber*....... Lacép., *Hist. Poiss.*, t. III, p. 412. — Risso, *Ichth.*, Nice, p. 215. — Id., *Hist. nat.*, t. III, p. 383.
*Dipterodon ruber*.... Rafin., p. 47.
*Centropomus rubens*. Spinola, *Ann. mus. Hist. nat.*, t. X, p. 370.
*Apogon rex mullorum*. Cuv. et Val., *Hist. nat. poiss.*, t. II, p. 143. — Cuv., *Règ. an.*, t. II, p. 296.
*Apogon imberbis*.... Gunth., *Cat. acanth.*, t. I, p. 230.

*Monacedda rossa, Coqua-vieja, Rossa, Castagnola*, Italie.

L'Apogon de la Méditerranée est un poisson de petite taille assez commun dans cette mer. Willughby en a donné une bonne description et Gessner une bonne figure. Artedi et Linné l'ont regardé comme un mulet privé de barbillons et l'ont par suite appelé *mullus imberbis*. Lacépède en a fait un genre particulier sous le nom d'Apogon.

Ce petit poisson, qu'on n'a pas encore rencontré dans l'Océan, est commun aux environs de Malte et sur les côtes d'Italie. Il fréquente plus rarement les plages françaises, près desquelles on ne le voit guère qu'à l'époque de la ponte, c'est-à-dire au milieu de l'été.

Il porte à Malte le nom de *Re di trigli*; les pêcheurs de Nice le nomment *Sarpananza*.

Son corps est court, légèrement comprimé et renflé dans sa partie abdominale. Il est couvert d'écailles grandes et peu adhérentes.

La tête, de petite dimension, est déprimée dans sa partie supérieure. La bouche, de moyenne grandeur, est dépourvue de barbillons.

La mâchoire inférieure est légèrement plus longue que la supérieure ; toutes deux sont pourvues de dents en carde. Les palatins, le vomer, les pharyngiens présentent également une série de ces organes.

La langue est lisse.

L'œil, grand, est rapproché de la commissure des lèvres ; son iris est argenté.

L'opercule est terminé en arrière par une pointe mousse ; il est garni d'écailles assez grandes et se détachant facilement.

Le préopercule présente de petites dentelures, ainsi qu'une double crête saillante.

La ligne latérale est plus rapprochée du dos que du ventre et suit à peu près la courbure dorsale.

Les nageoires dorsales sont au nombre de deux et bien séparées l'une de l'autre. La première, qui naît au-dessus de la pointe de l'opercule, a six rayons épineux ; le second, le troisième et le quatrième sont les plus élevés.

La seconde, d'un tiers plus élevée que la première, a un rayon osseux suivi de neuf rayons rameux.

Les pectorales sont développées et arrondies à leur bord libre ; elles ont dix rayons mous.

Les ventrales naissent un peu en avant des pectorales, elles ont un rayon épineux suivi de cinq rameux.

L'anale, opposée à la seconde dorsale, a deux rayons épineux suivis de huit mous.

La caudale, légèrement fourchue, est formée de dix-neuf rayons.

Ce poisson a le corps d'un beau rouge, à reflets dorés plus ou moins prononcés suivant la saison. Il est pointillé de noir sous la gorge, sur les opercules et dans le voisinage de la ligne latérale. Ce pointillé, plus serré dans la région caudale, y constitue de une à trois taches assez larges et arrondies.

Les nageoires sont rouge vif.

L'Apogon habite généralement les eaux profondes ; sa chair est assez délicate et colorée. On ne le prend guère sur les côtes qu'à l'époque du frai.

Le corps de ce poisson dépasse rarement quinze centimètres en longueur.

---

## GENRE POMATOME.

*Pomatomus*, Risso.

Corps allongé. Tête forte. Deux nageoires dorsales bien séparées l'une de l'autre. Rayons de la première épineux. Rayons de la seconde mous à l'exception du premier.

Nageoire caudale très-développée.

Opercule se terminant en pointe mousse; préopercule finement strié.

Dents en velours aux mâchoires et à la partie antérieure du vomer.

Œil grand. Écailles larges, striées et peu adhérentes.

### Pl. 3. — POMATOME TÉLESCOPE.

*Pomatomus telescopium*. Risso, *Poiss. de Nice*, p. 301, pl. 9, fig. 31. — Cuv. et Val., t. II, p. 171, pl. 24. — Guich., *Expl. Alg.*, p. 32. — Gunth., *Cat. acanth.*, t. I, p. 250.
*Pomatomus telescopus*. Bonap., *Cat. Poiss. Europ.*, p. 57.

Ce poisson, qui est une des espèces les plus rares de la Méditerranée, a été désigné par Risso sous le nom de Pomatome télescope, à cause de la grandeur de ses yeux. Il habite toujours la pleine mer et ne se rapproche qu'accidentellement des côtes.

Le Pomatome, dont la taille ne dépasse pas quarante ou cinquante centimètres, a le corps élevé et recouvert d'écailles grandes, peu adhérentes et finement striées. La ligne dorsale est presque droite; la ligne ventrale est au contraire saillante.

La tête est forte et la bouche largement fendue.

La mâchoire inférieure dépasse un peu la supérieure. La première, recourbée un peu en avant et en haut, pénètre, quand la bouche est fermée, dans une fossette correspondante creusée dans la mâchoire supérieure.

Les dents sont petites, serrées les unes contre les autres ; il y en a sur les mâchoires et la partie antérieure du vomer.

Les yeux, comme nous l'avons déjà dit, sont démesurément grands et très-rapprochés l'un de l'autre. Leur iris est noir, avec de beaux reflets d'argent.

L'opercule, légèrement dentelé, se termine en arrière par une pointe mousse.

Les bords du préopercule sont striés.

Les narines ont deux orifices externes; elles sont assez rapprochées et placées sur une ligne qui irait du museau au tiers antéro-supérieur de l'œil.

Les nageoires dorsales sont au nombre de deux et assez écartées l'une de l'autre.

La première naît aux deux cinquièmes d'une ligne qui irait de l'extrémité du museau à la terminaison de la nageoire caudale; elle est peu développée et compte sept rayons épineux.

La seconde dorsale, à peu près de même dimension que la première, a un rayon épineux suivi de dix rayons mous.

Les pectorales, grandes proportionnellement aux autres nageoires et de forme ovalaire, sont formées de dix-huit rayons.

Les ventrales, placées sous les pectorales, comptent un rayon épineux et cinq rayons mous.

L'anale, placée immédiatement en arrière de la seconde dorsale, a deux rayons épineux et neuf mous.

Enfin la caudale, très-développée et à lobes assez prononcés, est formée de dix-sept rayons.

La ligne latérale, presque droite, est peu apparente.

Les teintes générales du corps de ce poisson sont un brun violacé à reflets irisés. Les nageoires sont de couleur plus foncée que le reste du corps et présentent des reflets rougeâtres.

La chair du Pomatome passe pour être délicate.

Ses œufs sont nombreux et jaunâtres.

## GENRE ANTHIAS.

*Anthias*, Bloch.

Corps élevé et comprimé. Une seule nageoire dorsale à rayons antérieurs épineux, le troisième deux fois plus haut que les autres. Rayons postérieurs mous. Nageoire ventrale très-développée, caudale très-fourchue et terminée par deux longs filaments.

Tête courte, recouverte d'écailles plus petites que celles du corps. Mâchoires garnies de dents d'inégale grandeur, dont quelques-unes sont dirigées en avant et d'autres caniniformes.

Langue lisse. Opercule épineux, préopercule et sub-opercule dentelés.

Sept rayons branchiostéges.

### Pl. 4. — BARBIER.

*Labrus anthias*...... Linné, *Syst. natur.*, t. I, p. 1283.
*Lutjanus anthias*.... Lacép., *Poiss.*, t. IV, p. 197. — Risso, *Icht.*, p. 260.
*Serranus anthias*.... Cuv. et Val., *Hist. nat. poiss.*, t. II, p. 250, pl. 31.
*Anthias sacer*....... Bloch., *Icht.*, t. IV, pl. 315. — Bonap., *Icon. faun. Ital.*, pl. 1, fig. 2. — Id., *Cat. poiss. Europ.*, p. 57. — Gunth., *Cat. acanth.*, t. I, p. 88.

*Canario, Monacedda di fonde, Sarpananza*, Italie.

Le Barbier est un de nos plus beaux poissons de la Méditerranée. Il passe rarement le détroit de Gibraltar pour aller dans l'Océan et se plaît dans les eaux profondes et à fond rocailleux.

Sa longueur atteint à peine vingt-cinq à trente centimètres et sa chair est peu estimée.

Le corps de cet Anthias est comprimé et de forme ovalaire; la tête est petite, le museau court, l'œil de médiocre grandeur, l'ouverture externe des narines double, la bouche fendue jusqu'au-dessous de l'œil et la mâchoire inférieure plus courte que la supérieure. Toutes deux sont armées de dents fines, dont les plus externes sont en crochets et dirigées en avant ; quelques-uns de ces organes sont caniniformes et assez développés.

La langue est petite et lisse.

L'opercule se termine en arrière par trois pointes. Le préopercule et le subopercule présentent quelques dentelures.

Les écailles du corps sont grandes. Il y en a trente environ sur la ligne latérale, qui part du bord supérieur de l'opercule, se rapproche d'abord du dos, puis, s'abaissant brusquement, devient presque rectiligne dans la région caudale.

Les écailles qui recouvrent les parties supérieures et latérales de la tête, les mâchoires et la gorge, sont plus petites.

La nageoire dorsale, très-développée, commence un peu en avant de la terminaison de l'opercule. Elle compte dix rayons épineux, dont le troisième est très-grand ; à la suite de ces rayons se trouvent quinze rayons mous.

Les pectorales sont de grandeur ordinaire et ont dix-sept rayons.

Les ventrales ont un rayon épineux suivi de cinq rayons mous.

L'anale, qui naît sous le troisième rayon mou de la dorsale et se termine à la même distance de la caudale que cette dernière, est formée de trois rayons épineux suivis de dix-sept rayons mous.

La caudale, très-fourchue, se termine par deux pointes fort effilées, dont l'inférieure est la plus longue. Elle est constituée par dix-sept rayons.

Le corps du Barbier est d'un beau rouge de laque avec des reflets métalliques ; les flancs sont dorés et le ventre argenté.

Il y a trois raies jaunâtres sur les joues. Le dessous de la tête présente aussi chez certains individus des bandes transversales rouges mélangées de taches vertes, qui s'étendent quelquefois sur le dos. Les nageoires sont jaunes et teintées de rose à leur base.

C'est un poisson très-difficile à prendre.

La femelle dépose ses œufs à la fin du printemps.

Bonaparte signale dans la Méditerranée une autre espèce d'Anthias, à laquelle il donne le nom d'*Anthias buphthalmus*. Elle se distingue de la précédente par un corps moins élevé, une tête plus allongée, un œil plus grand, une nageoire dorsale plus basse à sa partie antérieure, plus haute dans sa partie postérieure, des ventrales plus petites, une anale plus longue et les lobes de la caudale sont beaucoup plus effilés.

Les couleurs sont à peu près les mêmes que dans l'espèce précédente.

## GENRE SERRAN.

*Serranus*, CUVIER.

Une seule nageoire dorsale à portion antérieure épineuse, à partie postérieure molle.

Dents d'inégale grandeur aux mâchoires, palatins et vomer. Langue lisse.

Parties latérales de la tête, sauf les mâchoires, couvertes d'écailles.

Opercule portant une ou plusieurs pointes ; préopercule finement dentelé.

Sept rayons branchiostéges.

### Pl. 5. — SERRAN COMMUN.

*Perca cabrilla*......... Linn., *Syst. nat.*, t. I, p. 488.
*Lutjanus serran*....... Lacép., *Poiss.*, t. IV, p. 205.
*Holocentrus virescens*.. Bloch, p. 233. — Lacép., t. IV, p. 357.
*Serranus cabrilla flavus*. Risso, *Itch.*, Nice, p. 375.
*Serranus cabrilla*..... Cuv. et Val., *Hist. nat. poiss.*, t. II, p. 223, pl. 29. — Yarr., *Brit. fish.*, t. I, p. 11. — Bonap., *Cat. poiss. Europ.*, p. 57. — Guich., *Expl. Alg.*, p. 33, pl. 1. — Gunth., *Cat. acanth.*, t. I, p. 106.

*Smooth serranus*, Angleterre. — *Sarrano*, Italie. — *Chani*, Turquie.

Cuvier a rapporté ce serran au *Channus* ou *Channa* de Gessner, de Ray et de Gmelin. C'est aussi l'opinion de Couch et de Yarrel.

Ce poisson avait attiré l'attention des anciens par ce fait qu'au moment de sa mort il ouvre largement la bouche et contracte violemment ses nageoires. On a cru longtemps qu'il était hermaphrodite, et Cuvier et Cavolini l'ont décrit comme tel.

Ce serran est abondant dans la Méditerranée et se plaît au milieu des roches, à peu de distance des côtes. Il pénètre parfois dans l'Océan et remonte dans la Manche.

Le corps du Serran commun, haut et comprimé, est couvert, ainsi que les joues, d'écailles très-adhérentes.

L'opercule, très-développé, se termine par deux ou trois pointes dirigées en arrière. Le préopercule est denticulé.

La mâchoire inférieure est plus longue que la supérieure ; elles sont armées de dents nombreuses et aiguës. Le palais présente également un certain nombre de ces organes.

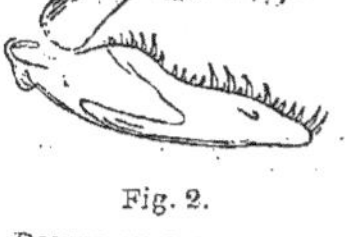

Fig. 2.
DENTITION DU SERRAN COMMUN.
(*Serranus cabrilla.*)

La langue est lisse.

L'œil, placé très-haut, a son iris jaune.

La nageoire dorsale naît un peu en avant de la pointe de l'opercule et compte dix rayons osseux et quatorze rayons mous. Elle est longue et élevée.

Les pectorales sont très-développées ; elles ont quinze rayons.

Les ventrales, qui naissent sous l'origine de la dorsale, ont un rayon épineux suivi de cinq rayons mous.

L'anale, courte, compte trois rayons épineux suivis de huit mous.

Enfin la caudale, formant un léger croissant à son extrémité, ne présente que dix-sept rayons mous.

Les parties supérieures du corps de ce poisson sont d'un beau brun s'atténuant graduellement sur les côtés, qui sont parcourus chez certains individus par des bandes transversales plus foncées. Les flancs, d'un jaune rougeâtre, sont traversés dans le sens de leur longueur par deux ou trois bandes bleuâtres. Le ventre est jaunâtre. Les joues présentent également un certain nombre de bandes irrégulières de même couleur.

Les nageoires participent aux teintes générales du corps. Les pectorales et les ventrales sont quelquefois jaune clair.

## SERRAN ÉCRITURE.

*Perca marina*....... Gesn., p. 696, 819. — Lin., *Gm.*, p. 1313. — Brunnich., *Ichth. mass.*, p. 63.

*Holocentrus marinus.* Lacép., t. IV, p. 376. — Risso, *Ichth.*, Nice, p. 290.

*Holocentrus fasciatus.* Bloch, pl. 240. — Bl. Schn., p. 314. — Lacép., t. IV, p. 229

*Lutjanus scriptura*... Lacép., *Poiss.*, t. IV, p. 229.

*Perca scriba*........ Linn., *Syst. nat.* — Cuv., *Règn. an.*, t. II, p. 139.

*Serranus scriba*..... Cuv. et Val., *Hist. nat. poiss.*, t. II, p. 214, pl. 28. — Bonap., *Cat. poiss. d'Europe*, p. 57. — Guich., *Expl. Alg.*, p. 33. — Gunth., *Cat. acanth.*, t. I, p. 103.

*Perchia marina*, Italie.

Ce Serran habite la Méditerranée et est très-abondant sur les marchés du Midi, où sa chair délicate est très-recherchée.

Le corps de ce poisson, haut et comprimé, est recouvert d'écailles de grandeur médiocre. La tête est à la longueur totale comme 1 est à 4.

La bouche, fendue obliquement, a des lèvres peu charnues.

La mâchoire inférieure est un peu plus longue que la supérieure. Toutes deux sont garnies de dents en velours. Il y a également de ces organes au vomer et aux palatins.

La langue est lisse.

Les ouïes sont largement fendues, et les joues, ainsi que les pièces operculaires, sont recouvertes d'écailles. Le bord du préopercule est dentelé et l'opercule se termine par trois pointes aiguës.

La ligne latérale suit la courbure dorsale.

La nageoire dorsale naît au-dessus de l'origine des pectorales. Elle compte dix rayons osseux et quatorze rayons mous.

Les pectorales, assez larges et arrondies, ont treize rayons.

Les ventrales, étroites, présentent un rayon osseux suivi de cinq rayons mous.

L'anale, qui naît un peu en arrière du milieu de la dorsale, a trois rayons épineux et sept rayons mous.

Enfin la caudale, dont le bord libre est presque droit, est formée de dix-sept rayons.

La tête, le museau et les joues de ce poisson sont parcourues par des traits bleuâtres irréguliers. Le dos, rougeâtre, est traversé par des bandes verticales d'un brun foncé. Le ventre est jaune. Les nageoires sont d'un jaune roux semé de taches.

Ce Serran aime les fonds parsemés de roches et le voisinage des écueils. Il se nourrit de petits poissons, de crustacés et de mollusques.

## SERRAN HEPATE.

*Labrus hepatus*...... Linn., *Syst. nat.*, t. I, p. 476.
*Sacchettus venetorum*. Willugh., *Pisc.*, t. IV, p. 326.
*Holocentrus striatus*. Bloch., *Icht.*, pl. 235, fig. 1.
*Lutjanus adriaticus*. Lacép., t. IV, p. 222.
*Serranus hepatus*.... Cuv. et Val., *Poiss.*, t. II, p. 231. — Risso, t. III, p. 377. — Bonap., *Poiss. Ital.*, pl. 1, fig. 1.
*Centropristis hepatus*. Gunth., *Cat. acanth.*, t. I, p. 84.

*Porchetto, Castagna, Perchia di fondale*, Italie.

Ce poisson est très-commun sur toutes les côtes de la Méditerranée et spécialement sur les plages d'Italie. Sa petitesse et la médiocrité de sa chair en font un poisson peu estimé comme aliment.

Les Provençaux et les Languedociens le nomment *Petaïre.*

Le corps du Serran hépate est élevé, comprimé et de forme elliptique. Sa plus grande hauteur est au niveau des pectorales. La tête est comprise trois fois dans la longueur totale du corps.

L'œil est grand.

La bouche, fendue obliquement, est protractile ; les mâchoires sont garnies de fortes dents. Il y en a sur le vomer et sur les palatins, où elles sont disposées en forme de V.

La langue est lisse.

L'opercule porte trois épines, dont la médiane est plus développée que les deux autres. Le préopercule est recouvert d'écailles ainsi que l'opercule, et dentelé sur ses bords.

La ligne latérale qui court parallèlement au dos est plus rapprochée de lui que du ventre. Les écailles qui la composent sont au nombre de quarante.

La nageoire dorsale, placée au-dessus des pectorales, est formée de dix rayons épineux suivis de onze rameux ; la partie molle est plus élevée que la partie épineuse.

Les pectorales ont quinze rayons.

Les ventrales, triangulaires, ont un rayon épineux très-fort suivi de cinq rayons mous.

L'anale a trois rayons épineux et sept branchus.

La caudale, tronquée, a quinze rayons, sans compter les décroissants, qui sont au nombre de six : trois supérieurs et trois inférieurs.

Les écailles sont petites.

Le corps de l'Hépate est d'un gris argenté teinté de rose. Il est traversé par cinq bandes verticales plus foncées, dont la dernière forme un anneau à la base de la queue.

La nageoire dorsale présente à son bord supérieur une tache noire ; les pectorales sont jaunes, la caudale jaune orangé.

Ce poisson varie beaucoup comme coloration, et les individus diffèrent quelquefois tellement les uns des autres qu'on serait tenté d'en faire des espèces distinctes.

Risso décrit encore trois autres espèces de Serrans, qui ne sont probablement que des variétés de celles que nous avons données plus haut. Ce sont :

Le Serran argus. *Holocentrus argus.*

Le Serran à bandes. *Holocentrus fasciatus.*

Et le Serran jaune. *Holocentrus flavus.*

M. Doumet en fait aussi mention dans son *Catalogue des Poissons de Cette,* mais il serait bon, avant de les accepter, d'en faire une étude plus approfondie.

---

## GENRE MÉROU.

*Merou*, CUVIER.

A part les caractères communs avec le genre précédent, le genre mérou s'en distingue en ce que les poissons qui le composent ont le maxillaire inférieur seul garni de fines écailles.

### Pl. 6. — MÉROU.

*Perca gigas*........ Brunnich et Gmel. — Linn., *Syst. nat.*, t. III, p. 315.
*Holocentrus merou*... Lacép., *Poiss.*, t. IV, p. 377. — Risso, *Ichth.*, Nice, p. 289.
*Holocentrus gigas*... Bloch. Schneid., *Syst. Ichth.*, p. 322.
*Serranus gigas*...... Cuv. et Valenc., *Poiss.*, t. II, p. 270, pl. 23. — Yarrel, *Brit. fish.*, t. I, p. 14. — Gunth., *Cat. acanth.*, t. I, p. 132.
*Cerna gigas*......... Bonap., *Cat. poiss. Europ.*, p. 58.

*Dusky Perch*, *Dusky Serranus*, Angleterre. — *Mero*, Italie. — *Mérou*, Espagne.

Le Mérou se prend sur toutes les côtes de la Méditerranée. Il entre également dans l'Océan et on le prend quelquefois dans le golfe de Gascogne, mais rarement plus haut vers le nord.

Ce poisson, qui fréquente pendant l'hiver les eaux profondes, se prend sur nos côtes au printemps, vers la fin d'avril ou au commencement de mai, époque à laquelle il fraye. Sa chair est assez estimée.

Ce Serran parvient généralement au poids de dix à quinze livres, mais il peut cependant le dépasser.

Son corps est haut, comprimé et recouvert d'écailles petites et nombreuses. Le museau est plus court que dans le Serran écriture et le maxillaire inférieur seul est pourvu d'écailles, ce qui distingue le Mérou des Serrans proprement dits.

L'œil est aussi plus grand et son iris argenté.

Les mâchoires, dont l'inférieure est la plus longue, sont munies, ainsi que les palatins et le vomer, de dents nombreuses et aiguës.

Celles du maxillaire inférieur sont plus fortes que celles de l'os intermaxillaire.

Le préopercule présente de nombreuses dentelures.

L'opercule est recouvert d'écailles assez grandes. Il se termine en arrière par trois pointes, dont la médiane devient quelquefois très-large.

Le sous opercule et l'interopercule sont allongés.

La ligne latérale suit la courbure du dos, dont elle est peu éloignée.

La nageoire dorsale, qui naît sur une verticale passant par la pointe médiane de l'opercule, compte onze rayons osseux suivis de seize mous. Elle est très-allongée et occupe les quatre cinquièmes de la région dorsale.

Les pectorales, allongées et arrondies, ont quinze ou dix-sept rayons.

Les ventrales, longues et de médiocre largeur, présentent un rayon épineux suivi de cinq rayons mous. Elles sont placées sous les pectorales.

L'anale, courte, a trois rayons épineux et huit mous.

Enfin la caudale, arrondie à son bord externe, a dix-sept rayons.

Les couleurs de ce poisson sont brun-rougeâtre sur les parties supérieures du dos ; les flancs et le ventre sont plus clairs. Deux lignes jaune pâle traversent généralement les joues. Les nageoires sont de couleur brune. La dorsale et l'anale présentent à leur base une série d'écailles de petite dimension.

---

## GENRE POLYPRION.

*Polyprion*, CUVIER.

Corps court, épais et élevé. Tête déprimée et rugueuse dans sa partie supérieure.

Nageoire dorsale unique, plus élevée dans sa partie molle.

Préopercule dentelé, opercule présentant une crête bifurquée et rugueuse.

Dents en velours sur les mâchoires, palatins, vomer et au milieu de la langue. Des organes de même nature à la base des arcs branchiaux.

Sept rayons branchiostéges.

### Pl. 7. — CERNIER BRUN.

*Scorpæna massiliensis*. Risso, *Ichth.*, p. 184.
*Serranus couchii*..... Yarrel, *Brit. fish.*, t. I, p. 12.
*Polpryon cernium*.... Cuv. et Valenc., t. III, p. 21, pl. 42. — Yarr., *Brit. fish.*, t. I, p. 19. — Cuv., *Règn. an.*, t. II, p. 145. — Cuv., *Règn. an. ill.*, pl. 9, fig. 1. — Bonap., *Cat. poiss. Europ.*, p. 58. — Gunth., *Cat. acanth.*, t. I, p. 169.

*Stone basse*, *Wreck fish*, Angleterre. — *Cernia di scoglio*, Italie.

Le Cernier, qui est un des plus grands poissons de la Méditerranée, est peu commun dans cette mer ; il se rencontre plus rarement encore dans l'Océan, sur les côtes du Portugal, de France et des Iles britanniques.

Son corps atteint des proportions considérables et on en a souvent pris qui pesaient plus de cent livres. Les individus que nous voyons sur nos marchés, et dont la chair est blanche et tendre, pèsent ordinairement de huit à dix kilogrammes.

Le Cernier fréquente les côtes ; il se nourrit de mollusques et spécialement de bernacles; on trouve aussi dans son estomac des débris de petits poissons. Il était connu des Romains, qui estimaient peu sa chair.

Oppien en fait mention sous le nom d'*Etnaïan Cantarus*, et le vers d'Ovide :

Cantarus ingratus succo,

semble se rapporter à ce poisson.

Les pêcheurs de Marseille l'appellent *Cernier*; ceux de Nice *Cernio*.

Le corps du Cernier est court, élevé et large. Il s'abaisse brusquement en arrière de la partie molle de la dorsale; les écailles qui le recouvrent sont petites et adhérentes.

La tête est courte, aplatie dans sa région frontale et garnie d'aspérités. Les deux mâchoires, dont l'inférieure est la plus longue, portent toutes deux des dents nombreuses, petites et en velours; il y en a également sur les palatins, au vomer, à la base des arcs branchiaux et sur la langue. Celles des pharyngiens sont beaucoup plus fortes.

L'œil est de grandeur ordinaire et le pourtour de la cavité orbitaire rugueux.

Le préopercule est dentelé. En dedans de ses dentelures se trouve une arête saillante. L'opercule est grand, terminé en pointe en arrière; une saillie horizontale sillonne l'opercule et se termine à l'extrémité de cette pointe.

Le préopercule est dentelé.

La ligne latérale, très-rapprochée du dos à son origine, en suit à peu près la courbure, puis elle s'abaisse insensiblement jusqu'à la partie postérieure du corps, où elle devient rectiligne.

La nageoire dorsale, basse dans sa partie antérieure, est assez élevée dans sa partie molle. Elle est formée de onze rayons épineux suivis de onze à douze rayons mous.

Les pectorales, courtes et élargies, ont seize rayons.

Les ventrales ont un rayon épineux très-fort, suivi de cinq rayons mous.

L'anale, placée exactement au-dessous de la partie molle de la dorsale, a trois rayons épineux, augmentant de longueur du premier au troisième, et neuf rayons mous. La partie molle de cette nageoire est très-développée et ressemble comme forme à la partie correspondante de la dorsale.

La caudale est courte, coupée verticalement en arrière, à angles arrondis ; on y compte dix-sept rayons.

Le corps du Cernier est d'un gris plus ou moins foncé, qui s'atténue sur les flancs; le ventre est blanc, légèrement teinté de gris. Les jeunes sujets présentent quelquefois deux taches brunes. Les nageoires ordinairement de même couleur que le corps, sont quelquefois bordées de blanc, principalement la caudale.

Chez le Polyprion, les cœcums pyloriques sont au nombre de deux.

## FAMILLE DES TRACHINIDÉS.

*TRACHINIDÆ.*

La famille des Trachinides est représentée sur nos côtes par le genre Uranoscope et le genre Vive.

Ces poissons ont les nageoires ventrales jugulaires, c'est-à-dire placées sous la gorge en avant des pectorales.

Leurs nageoires dorsales sont au nombre de deux et leurs rayons branchiostéges au nombre de six.

Leurs dents sont toutes en velours et leurs écailles sont cycloïdes.

## GENRE URANOSCOPE.

*Uranoscopus*, LINNÉ.

Tête grosse, rugueuse, de forme cubique, et garnie sur ses parties supérieures et latérales d'épines très-aiguës.

Corps pourvu d'écailles petites.

Bouche fendue verticalement. Yeux placés sur la partie supérieure de la tête.

Dents aux mâchoires, palatins, pharyngiens et vomer. Langue lisse.

Deux nageoires dorsales.

Ventrales insérées sous la gorge et en avant des pectorales.

Six rayons branchiostéges.

### Pl. 8. — URANOSCOPE VULGAIRE.

*Uranoscopus scaber*. Linn., *Syst. nat.*, t. I, p. 434. — Linn., *Gmel.*, p. 1156. — Brunn., *Pisc. mass.*, n° 29. — Bloch, *Ichth.*, pl. 163. — Bloch, *Schn.*, p. 46. — Lacép., *Poiss.*, t. II, p. 349, pl. 11, fig. 1. — Risso, *Ichth. faun. Nice*, p. 106. — Cuv. et Valenc., *Hist. nat. poiss.*, t. III, p. 287. — Cuv., *Règn. an.*, t. II, p. 153. — Cuv., *Règn. anim. ill.*, pl. 7, p. 191. — Bonap., *Cat. poiss. Europ.*, p. 58. — Gunth., *Cat. acanth.*, t. II, p. 226.

*Star Gazer*, Angleterre. — *Sternscher*, Allemagne. — *Boca in capo, Pesce-prete*, Italie.

Ce poisson, auquel les anciens naturalistes donnaient le nom d'*Agnus* et de *Callionymus*, doit celui sous lequel il est désigné aujourd'hui, à la position de ses yeux, qui, situés sur la partie supérieure de la tête, sont très-rapprochés l'un de l'autre et regardent le ciel.

Cette espèce, propre à la Méditerranée, se prend très-communément sur les côtes de Nice, de Provence et du Languedoc.

Les Marseillais la nomment *Rascasse blanche*, les Niçois *Muou* et les Languedociens *Bioou*.

L'Uranoscope fréquente les fonds vaseux et herbeux, où il trouve en abondance les petits poissons et les mollusques dont il fait sa nourriture.

Le corps de l'Uranoscope est allongé; sa tête est grosse et anguleuse. Sa bouche, fendue presque verticalement, a ses lèvres charnues et munies de petits tentacules.

La mâchoire supérieure est armée de dents en carde, d'inégale grandeur; celles du maxillaire inférieur sont plus fortes. Il y a également de ces organes aux angles du vomer, sur les palatins et les os pharyngiens.

La langue est lisse. Au devant d'elle, et sur les bords du maxillaire inférieur, se trouve un voile membraneux muni d'un prolongement, que l'animal rejette en dehors de sa bouche et dont il se sert pour attirer sa proie.

L'ouverture des ouïes est très-large. Le préopercule, crénelé à son bord inférieur, présente quatre fortes dents. L'opercule est arrondi et lisse sur ses bords; enfin le subopercule porte une petite épine à pointe dirigée vers le bas.

Le sommet de la tête, rugueux, présente un certain nombre de petites pointes acérées. Il y a également un de ces organes, mais beaucoup plus fort, à l'épaule au-dessus de la nageoire pectorale. Ils constituent pour l'animal un excellent moyen de défense.

Le corps est de forme conique, sa courbure dorsale est un peu convexe, la courbure ventrale presque droite.

Les écailles sont petites, et la ligne latérale, se rapprochant du dos, se place à une petite distance de la ligne supérieure du corps, qu'elle quitte brusquement à sa partie postérieure, pour se terminer sur le milieu de l'origine de la caudale.

Les nageoires dorsales sont au nombre de deux. La première commence un peu en arrière de l'insertion des pectorales; elle est courte et formée de quatre à cinq rayons épineux. La seconde dorsale, beaucoup plus longue, a un rayon épineux suivi de quatorze rayons mous.

Les pectorales ont leur bord supérieur assez développé; elles ont dix-sept rayons.

Les ventrales, insérées en avant des pectorales et sous la gorge, ont un rayon épineux et cinq rayons mous.

L'anale, plus allongée que la seconde dorsale et moins haute, a treize rayons.

La caudale, dont le bord postérieur est droit, a dix rayons, sans compter les décroissants.

Les parties supérieures du corps de l'Uranoscope sont d'un gris brunâtre, présentant par place des taches brunes, qui forment, par leur ensemble, des bandes longitudinales. Les flancs sont plus clairs et le ventre est blanc.

La première nageoire dorsale est noire, la seconde plus claire, les pectorales grises, les ventrales et l'anale blanches, la caudale plus ou moins foncée.

Comme caractères anatomiques, citons seulement le grand développement de sa vésicule biliaire et la longueur de son canal cholédoque.

Les cœcums pyloriques sont au nombre de onze ou douze.

La chair de ce poisson est blanche et souvent très-ferme, mais elle est peu recherchée, en raison du goût de vase qu'elle présente presque toujours.

L'Uranoscope se prend soit à la senne, soit avec des filets traînants. On le pêche quelquefois à la ligne de fond.

---

## GENRE VIVE.

*Trachinus*, Linné.

Corps allongé, tête rugueuse, comprimée dans sa partie supérieure. Yeux très-rapprochés. Bouche fendue obliquement.

Dents en velours sur les mâchoires, les palatins, le vomer et les ptérygoïdiens.

Opercule écailleux et portant une forte épine.

Deux nageoires dorsales, la première très-courte, la seconde très-développée.

Pectorales larges, anale longue.
Six rayons branchiostéges.

## Pl. 9. — VIVE COMMUNE.

*Trachinus draco*... Linn., *Syst. nat.*, t. I, p. 435. — Risso, *Ichth. Nice*, p. 108. — Cuv. et Valenc., t. III, p. 238. — Cuv., *Règn. an.*, t. II, p. 152. — Yarr., *Brit. fish.*, t. I, p. 24. — Gunth., *Cat. acanth.*, t. II, p. 233.
*Trachinus lineatus*. Bloch, *Schn*, 55, pl. 10.
*Trachinus major*... Don., *Brit. fish.*, t. V, pl. 107.

*Great-weever, Sting-bull,* Angleterre. — *Petermännchen,* Allemagne. — *Pieterman,* Belgique. — *Pesce ragno,* Italie. — *Araña,* Espagne.

La Vive commune, aussi appelée *Grande Vive,* et que nos pêcheurs des côtes de la Méditerranée nomment *Iragna,* était déjà connue du temps d'Aristote sous le nom de *Dragon marin.* Elle se trouve non-seulement dans la Méditerranée, mais encore dans l'Océan, et se tient

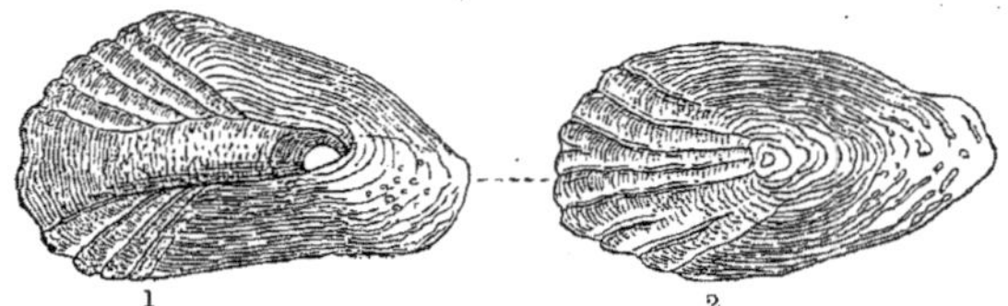


Fig. 3. — Écailles de la Vive commune (*Trachinus draco*).
1. Écaille de la ligne latérale. — 2. Écaille du ventre.

de préférence dans les eaux profondes et sur les fonds sablonneux, où elle s'enterre quelquefois, ne laissant passer que sa tête.

Vers le commencement de l'été, les vives se rapprochent des côtes pour frayer.

Ces poissons peuvent vivre assez longtemps hors de l'eau et, par conséquent, être transportés à d'assez grandes distances. C'est à cause de cette ténacité vitale qu'on leur a donné le nom spécifique de Vives.

La tête de ce poisson est petite et aplatie entre les deux yeux, qui sont très-rapprochés. De plus, elle est rugueuse dans toute sa partie supérieure.

Le corps, allongé et comprimé, est recouvert d'écailles petites et disposées par rangées obliques, dirigées du haut en bas et d'avant en arrière.

La bouche est grande et fendue obliquement.

La mâchoire inférieure dépasse la supérieure. Toutes deux sont armées de nombreuses dents en velours. De semblables organes se voient sur la partie antérieure du vomer, sur les palatins et les ptérygoïdiens.

L'ouverture branchiale est large et l'opercule, qui présente de petites écailles, tandis que le préopercule et le subopercule en sont dépourvus, se termine par une longue pointe dirigée en arrière.

Les yeux ne sont pas très-grands ; l'orbite présente à sa partie antérieure deux petites épines. Il existe de ces organes au-dessus et au-dessous des narines, dont les orifices externes sont très-petits.

Les nageoires dorsales sont au nombre de deux. La première, qui naît au-dessus de l'origine des pectorales, est très-courte et formée de six rayons osseux, dont les trois premiers sont très-développés.

La seconde dorsale, très-basse et très-allongée, commence un peu en arrière de la première. Elle compte trente ou trente et un rayons.

Les pectorales sont larges, insérées très-bas et formées de seize rayons.

Les ventrales, situées en avant des pectorales et placées sous la gorge, sont très-voisines l'une de l'autre. Elles ont un rayon épineux et cinq rameux.

L'anale, un peu plus longue que la seconde dorsale, commence un peu en avant de cette dernière. Elle est basse et formée d'un rayon osseux suivi de trente et un rayons mous.

Enfin la caudale, faiblement échancrée à son bord postérieur, est formée de quatorze ou quinze rayons.

La Vive a le corps généralement gris roussâtre parcouru dans toute sa longueur par des lignes plus foncées, presque noires, et séparées les unes des autres par des bandes bleues ou d'un jaune clair, disposées obliquement comme les files d'écailles.

Les parties supérieures de la tête sont gris foncé, les parties latérales jaune clair. Le ventre est blanc, avec des reflets jaunâtres.

La première nageoire dorsale est teintée de noir ; la seconde est plus claire. La caudale est de couleur foncée et mouchetée de taches jaunes, formant chez quelques individus des bandes transversales. L'anale, les pectorales et les ventrales sont grisâtres.

La Vive se nourrit de petits poissons, de crustacés et de mollusques. Elle pond en juin.

L'habitude qu'a ce poisson de se cacher dans le sable le rend dangereux pour les pêcheurs qui sont obligés de marcher les pieds nus dans les fonds voisins des plages sablonneuses. Les baigneurs le redoutent également, et il arrive souvent, d'avoir à constater des blessures faites par les aiguillons de ce poisson.

## Pl. 10. — VIVE VIPÈRE.

*Trachinus vipera*. Cuv. et Valenc., *Poiss.*, t. III, p. 254. — Cuv., *Règn. an.*, t. II, p. 152. — Yarr., *Brit. fish.*, t. I, p. 29. — Guich., *Expl. Alg.*, p. 36. — Gunth., *Cat. acanth.*, t. II, p. 236.
*Trachinus Draco*. Bloch, *Ichth.*, pl. 61. — Don., *Brit. fish.*, t. I, pl. 23.
*Trachinus vividus*. Lacép., *Poiss.*, t. II, p. 354.

*Lesser weever, Otter Pike,* Angleterre. — *Pesce ragno,* Italie. — *Araña,* Espagne.

Cette Vive, qui a beaucoup d'analogie avec la Vive ordinaire, se prend dans la Manche, l'Océan et la Méditerranée. Elle vit dans les fonds de sable et s'enterre, comme la Grande vive, en ne laissant passer que sa tête. Elle se nourrit d'insectes aquatiques et de petits crustacés.

Ce poisson, qui dépasse rarement la longueur de quinze centimètres, a le corps plus haut proportionnellement que celui de la Vive ordinaire. Le maxillaire inférieur est aussi plus relevé et les dents sont plus fortes.

Les lignes obliques que forment les écailles sont moins prononcées, et la nageoire caudale, au lieu d'être un peu excavée à son bord libre, est droite ou légèrement arrondie.

La formule des rayons des nageoires est la suivante :

D. 6. — 24. — P. 15. — V. 1. — 5. — A. 1. — 24. — C. 11.

Les parties supérieures de ce poisson sont brun jaunâtre. Le ventre est blanc. La première dorsale est noire. Les autres nageoires sont brunes.

Cette espèce fraye au printemps.

La Méditerranée possède encore deux espèces de vives, qui sont : La *Vive à taches noires* ou la *Vive araignée* (*Trachinus araneus*, Risso) et la *Vive à tête rayonnée* (*Trachinus radiatus*, Cuv. et Valenc.).

Le premier de ces poissons atteint une taille assez forte ; on en prend qui peuvent peser jusqu'à deux kilogrammes. Elle se distingue principalement de la Vive commune par les taches brun rougeâtre dont son corps est parsemé.

La seconde espèce, qui se prend sur les côtes françaises et italiennes, présente sur certaines parties de sa tête des saillies qui irradient autour de certains points. Le corps est cerclé de bandes transversales de couleur brune plus ou moins foncée.

# FAMILLE DES SPHYRÉNIDES.

## *SPHYRENIDÆ.*

La famille des Sphyrènes, qui n'est représentée sur nos côtes que par le Sphyrène spet, est caractérisée par deux nageoires dorsales écartées l'une de l'autre.

Les ventrales sont placées en arrière des pectorales.

Les dents sont pour la plupart caniniformes.

Les rayons branchiostéges sont au nombre de sept.

---

## GENRE SPHYRÈNE.

*Sphryræna*, BLOCH.

Corps très-allongé, tête oblongue, recouverte, ainsi que le corps, d'écailles fines.

Mâchoire inférieure plus longue que la supérieure.

Dents fortes et tranchantes aux mâchoires, aux palatins et aux pharyngiens.

Deux nageoires dorsales très-écartées l'une de l'autre.

Préopercule, opercule et subopercule lisses.

Sept rayons branchiostéges.

### Pl. 11. — SPET.

*Sphyræna*.......... Rondelet, t. VIII, chap. 1.
*Esox sphyræna*..... Linn., *Gmel.*, p. 1389.
*Sphyræna sphyræna*. Bloch, *Icht.*, pl. 389. — Bl., *Schn.*, p. 109. — Risso, *Itch. Nice*, p. 332.
*Sphyræna spet*....... Lacép., t. V, p. 326. — Bonap., *Faun. Ital.* — Bonap., *Cat. poiss. Europ.*, p. 59.
*Sphyræna becuna*.... Lacép., t. V, p. 327, 329, pl. 9, fig. 3. — Cuv. et Val., t. III, p. 340, t. VII, p. 507.
*Sphyræna vulgaris*.. Cuv. et Valenc., t. III, p. 327. — Cuv., *Règn. an. ill.*, pl. 18, fig. 1. — Gunth., *Cat. acanth.*, t. II, p. 334.

*Sea Pike*, Angleterre. — *Sphyrna*, Grèce. — *Luccio marino*, Italie. — *Espeto*, Espagne.

Ce poisson, auquel on a donné le nom de *Brochet de mer*, en raison de sa forme, qui rappelle un peu celle de notre brochet de rivière, est assez rare dans la Méditerranée. Il a été pris aussi dans l'Océan, mais on ne l'a point encore signalé dans la Manche.

Il porte différents noms sur les côtes de France ; à Nice, on l'appelle *Lussi*, les Marseillais *Pei Escome*, les Languedociens *Spet* ou *Broutchet de Mar*.

Le corps du Spet est très-allongé, en forme de javelot ou de dard, et recouvert de petites écailles. Sa tête, oblongue, aplatie dans sa région supérieure, est égale au tiers de la longueur totale du corps. Elle est, comme le corps, recouverte d'écailles. Les mâchoires sont inégales; l'inférieure dépasse de beaucoup la supérieure, elle est élargie et aiguë à son extrémité.

La bouche est grande et fendue horizontalement.

La langue, garnie d'aspérités, est rude au toucher.

Les mâchoires sont munies de dents fortes, aiguës et tranchantes. Il y a aussi de ces organes aux intermaxillaires, aux palatins et aux pharyngiens.

L'œil est grand et son iris est doré.

Le préopercule, le subopercule et l'opercule n'ont aucune dentelure. L'ouverture des ouïes est très-large et il y a sept rayons branchiostéges.

Les nageoires dorsales sont au nombre de deux et très-espacées l'une de l'autre. La première naît exactement au-dessus des pectorales; elle est courte, élevée et formée de cinq rayons osseux. La seconde, de même forme que la première, mais un peu plus développée, compte un rayon épineux suivi de huit rayons mous.

Les pectorales, petites et arrondies, ont douze ou treize rayons.

Les ventrales, triangulaires, ont un rayon épineux suivi de cinq rayons mous.

L'anale, qui naît un peu en arrière de l'insertion de la première dorsale, a un rayon épineux et huit rayons mous.

Enfin, la caudale, très-fourchue, a dix-sept rayons.

Les couleurs de ce poisson sont très-brillantes. Les parties supérieures de son dos sont d'un beau vert noirâtre; les flancs et le ventre ont des teintes métalliques et brillent d'éclats argentés très-vifs.

Les nageoires dorsale et caudale sont d'un brun plus ou moins foncé. Les pectorales, les ventrales et l'anale sont teintées de jaune.

Les jeunes individus présentent des couleurs un peu différentes et leur corps est parsemé de taches brunes.

Le Spet atteint des dimensions assez fortes; on en a pris qui avaient jusqu'à trois pieds de longueur. C'est un poisson très-vorace et dont la chair est blanche et délicate.

# FAMILLE DES MULLIDÉS.

## *MULLIDÆ.*

Les Mullidés ont pour représentants sur nos côtes le Surmullet et le Mullet barbet.

Ces poissons ont deux nageoires dorsales très-séparées, de fines dents à la mâchoire inférieure et des dents en pavés au palais et au vomer.

Leurs rayons branchiostéges sont au nombre de trois et ils n'ont pas de vessie natatoire.

Un second genre appartenant aux Mullidés est propre à l'océan Indien et se distingue du précédent par des dents en velours aux deux mâchoires, au vomer et quelquefois aux palatins. C'est le genre Upénéus, dont les espèces ont quatre rayons branchiostéges et une vessie natatoire.

---

## GENRE MULET.

*Mullus*, Linné.

Corps allongé et arrondi. Tête courte, déclive dans sa région faciale. Bouche petite. Mâchoire supérieure dépourvue de dents. Dents en velours au maxillaire inférieur et en pavés sur le vomer.

Deux barbillons insérés sous la symphyse du maxillaire inférieur. Ecailles grandes, peu adhérentes, sur la tête et le corps.

Deux nageoires dorsales séparées l'une de l'autre.

Rayons branchiostéges au nombre de trois.

### Pl. 12. — SURMULET.

*Mullus sermuletus*. Linn., *Syst. nat.*, t. I, p. 490. — Bloch, *Icht.*, pl. 57. — Lacép., *Poiss.*, t. III, p. 394. — Cuv. et Val., *Poiss.*, t. III, p. 433. — Cuv., *Règn. an. ill.*, pl. 19, fig. 2. — Yarr., *Brit. fish.*, t. I, p. 31. — Bonap., *Cat. poiss. Europ.*, p. 60. — Guich., *Expl. alg.*, p. 38. — Gunth., *Cat. acanth.*, t. 1, p. 401.

*Striped Surmullet, Red Mullet, Surmullet*, Angleterre. — *Grosser Rothbart*, Allemagne. — *Tria, Scoglio*, Italie. — *Barbo*, Espagne.

Le Surmulet, assez rare dans l'Océan, est plus rare dans la Manche et dans la Méditerranée. Il se trouve aussi dans la mer du Nord et dans la Baltique.

C'est le *Barberin* des Gascons, le *Striglia* des Niçois. Les Provençaux et les Languedociens le désignent, comme l'espèce suivante, sous le nom de *Rouljet*.

Le corps de ce poisson est allongé et arrondi. La tête est courte et déclive dans sa région faciale. L'œil grand, a son iris doré. La bouche est peu fendue et les lèvres peu charnues. Le maxillaire inférieur porte à sa symphyse deux longs barbillons de couleur rosée ; il est muni en outre de dents en velours, tandis que la mâchoire supérieure en est dépourvue. Le vomer présente deux rangées de petites dents aplaties et en pavés.

L'opercule ne présente pas d'épine. Les rayons branchiostéges sont au nombre de quatre. Les écailles du corps sont grandes et peu adhérentes; il y en a aussi sur les parties supérieures et latérales de la tête.

La ligne latérale est plus rapprochée de la courbure du dos que de celle du ventre. Elle est formée de quarante écailles et sa direction est parallèle à la ligne du dos.

Les n eoires dorsales sont au nombre de deux et très-écartées l'une de l'a tre. La première naît un peu en arrière d'une verticale passant par l point d'insertion de la nageoire pectorale; très-élevée à son bord ext ne, ses rayons diminuent graduellement, ce qui lui donne une forme triangulaire. Elle est formée de sept rayons épineux. La seconde dorsale, très-éloignée de la première, est moins haute et a un rayon épineux suivi de huit rayons mous.

Les pectorales sont bien développées; elles ont dix-sept rayons.

Les ventrales, qui ont leur insertion au-dessous et un peu en avant des pectorales, ont un rayon épineux et cinq mous.

L'anale, insérée sous la seconde dorsale, est de même forme et composée de deux rayons épineux suivis de six rayons mous.

Enfin la caudale, très-échancrée, présente treize rayons, sans compter les décroissants.

Les couleurs de ce poisson sont très-brillantes; le dos et les flancs sont teintés d'un beau rouge sombre. Ils sont parcourus par des lignes longitudinales jaune doré. Le ventre est rose pâle.

Les parties supérieures et latérales de la tête sont rouges, la gorge est de même couleur que le ventre.

Les nageoires dorsales sont rouges lavées de jaune. La caudale est plus foncée. L'anale, blanchâtre à son bord d'insertion, est rouge sur tout le reste de sa surface. Les pectorales et les ventrales sont rouges et teintées de jaune.

Ces couleurs deviennent beaucoup plus vives à l'époque du frai, qui a lieu au mois de mai. Les œufs du Surmulet sont fort nombreux et très-petits.

Il se nourrit de petits poissons, de petits mollusques et de crustacés.

## Pl. 13. — ROUGET BARBET.

*Mullus barbatus.* Linn, *Syst. nat.*, t. I, p. 495. — Bloch, *Icht.*, pl. 348, fig. 2. — Cuv. et Valenc., t. III, p. 442, pl. 70. — Yarr., *Brit. fish.*, t. I, p. 36. — Bonap., *Cat. poiss. Europ.*, p. 60. — Gunth., *Cat. acanth.*, t. I, p. 401.
*Mullus*.......... *Willhug. Hist. Pisc.*, p. 285, pl. 7, fig. 2.
*Mullus ruber*.... Lacép., *Poiss.*, t. III, p. 385.
*Mullus minor* ... Coala, *Faune de Naples.*
*Mullus fuscus* ... Risso, *Icht. de Nice.*

*Red-Mullet,* Angleterre.— *Gestreifter Rothbart,* Allemagne.— *Muletto,* Italie.

Le Rouget barbet ou vrai rouget était un des poissons les plus estimés des anciens, tant pour la délicatesse de sa chair que pour l'éclat de ses couleurs.

Suivant Pline, Asinius Celer en aurait payé jusqu'à 6,000 sesterces (1,168 fr. de notre monnaie), et s'il faut en croire Suétone, un riche Romain en aurait acheté trois, 30,000 sesterces, c'est-à-dire 5,844 fr. de notre monnaie courante.

Varron raconte également qu'Hortensius, le rival de Cicéron, qui possédait dans ses étangs une assez grande quantité de ces poissons, en faisait arriver sous la table du festin par de petits canaux et les mettait sous les yeux de ses convives, qui observaient avec délices les différentes couleurs par lesquelles une asphyxie lente et douloureuse faisait passer le poisson.

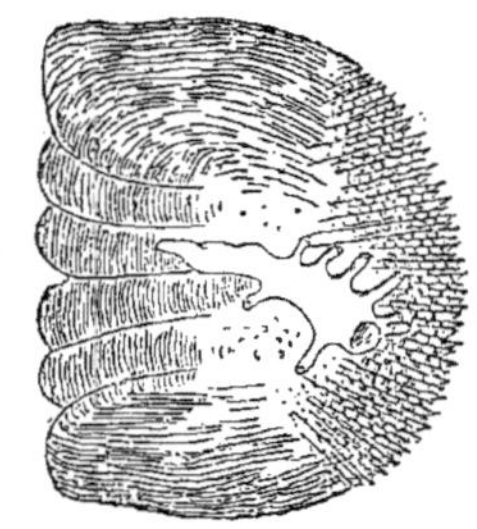

Fig. 4.
ÉCAILLE DE LA LIGNE LATÉRALE DU ROUGET BARBET.
(*Mullus barbatus.*)

Le Rouget se trouve surtout dans la Méditerranée. Il est plus rare dans l'Océan et ne se rencontre qu'exceptionnellement dans la Manche. Il ressemble beaucoup au Surmulet et s'en distingue cependant par la forme de sa tête, dont la face est plus verticale, par des barbillons plus longs, des écailles cténoïdes moins grandes et une couleur rouge plus vive.

Sa première nageoire dorsale est plus rapprochée de la tête que celle du Surmulet ; elle est formée de sept rayons épineux.

La seconde dorsale, très-éloignée de la première, comme cela a lieu chez le Surmulet a un rayon épineux suivi de huit rayons mous.

Les autres nageoires, dont la forme est la même que chez le Surmulet, ont : les pectorales, seize rayons ; les ventrales, six ; l'anale, sept ; la caudale, quinze. Ce poisson se nourrit de petits crustacés, de mollusques et de vers marins. Il voyage par bandes le long des côtes et atteint généralement le poids de deux livres. Sa pêche est surtout abondante dans les mois d'août et de septembre. Sa chair est ferme et de bon goût.

On le prend au filet et à la ligne. Les pêcheurs des côtes de Provence et du Languedoc les désignent sous le nom de Routjet.

Sa ligne latérale est formée de quarante écailles et ses cœcums pyloriques sont au nombre de vingt-deux.

---

# FAMILLE DES COTTIDÉS.

## *COTTIDÆ.*

Les Cottidés, qui rentrent dans le groupe des Acanthoptérygiens à joues cuirassées de Cuvier, comprennent non-seulement les Chabots dont nous avons décrit quelques espèces d'eau douce, mais aussi les Scorpènes, les Sébastes, les Trigles, les Dactyloptères, etc. Ils renferment en outre les genres Prionote et Cephalacanthe ; mais ces poissons sont propres aux eaux de l'Amérique, et nous ne nous en occuperons pas ici.

Les représentants de cette famille ont tous le sous-orbitaire très-développé, articulé en arrière avec le préopercule et recouvrant une partie plus ou moins grande de la joue, ce qui leur a fait donner le nom de *joues cuirassées.*

Ces poissons ont deux nageoires dorsales distinctes. Leur corps est lisse ou recouvert d'écailles plus ou moins développées et rugueuses. Les Trigles, les Dactyloptères, etc., ont des rayons libres servant d'organes tactiles sous les pectorales, tandis que les Scorpènes, les Cottes, etc., en sont dépourvus. Leur vessie natatoire manque souvent et leurs rayons branchiostéges sont au nombre de cinq à sept.

Tous ces poissons sont carnivores.

---

## GENRE SCORPÈNE.

*Scorpæna*, LINNÉ.

Le genre Scorpène est représenté sur nos côtes par deux espèces, la Grande Scorpène (*scorpæna scrofa*) et la Scorpène brune (*scorpæna porcus*).

Tête large, comprimée, dépourvue d'écailles dans ses parties latérales et pourvue d'épines et de tentacules charnus.

Corps recouvert d'écailles de grandeur moyenne et rappelant par sa forme celui des Cottidés.

Dents en velours aux mâchoires, au vomer et aux palatins.

Sept rayons branchiostéges.

Nageoire dorsale unique; pectorales larges et arrondies.

Pas de vessie natatoire. Cæcums pyloriques au nombre de huit.

### Pl. 14. — GRANDE SCORPÈNE.

*Scorpæna scrofa*, Linn., *Syst. nat.*, t. I, p. 453. — Bloch, *Sneid. Syst. Icht.*, p. 192. — Lacép., t. III, p. 259. — Risso, *Icht. Nice*, p. 188. — Cuv. et Valenc., *Hist. nat. Poiss.*, t. IV, p. 288. — Guich., *Expl. Alg.*, p. 41. — Gunth., *Cat. acanth.*, t. II, p. 108.

*Poissonnet grooper*, Angleterre. — *Groschuppiger Drachenkopf*, Allemagne. — *Scrofano*, Italie. — *Scorpidi*, Grèce.

Cette espèce, que l'on désigne aussi sous le nom de Scorpène rouge, est très-abondante dans la Méditerranée où elle vit par bandes assez nombreuses. Déjà rare dans l'Océan, elle n'a pas encore été signalée dans la Manche.

Elle porte sur le littoral de la Méditerranée des noms qui varient avec les localités. Les Italiens la nomment *Scrofano*, *Scazupuli*; dans l'Adriatique on l'appelle *Scarpena*. Les Languedociens la désignent quelquefois sous le nom de *Grande Rascasse*, les Marseillais sous celui de *Scorpioun*. C'est le *Capoun* des Niçois.

La Scorpène rouge, comme celle que nous décrirons après elle, est un poisson redoutable à cause des piquants qui hérissent son corps et qui font des blessures très-douloureuses.

Elle a le corps épais, la tête assez grosse, comprimée latéralement, garnie de pointes sur les parties supérieures et postérieures; on en trouve sur l'os nasal, au-dessus des orbites, sur l'opercule, le préopercule, la joue, le sous-orbitaire et le scapulaire.

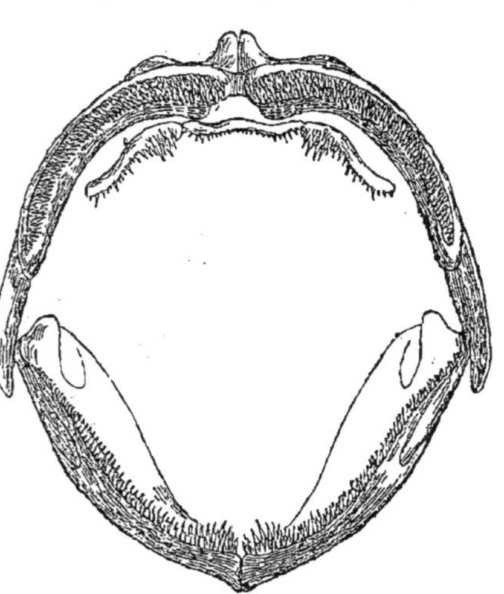

Fig. 5. — Dentition de la grande Scorpène. (*Scorpena scrofia.*)

La bouche est très-largement fendue. Les dents sont fines et en velours; il y en a aux mâchoires, aux palatins, au vomer, les pharyngiens et les arcs branchiaux.

Toute la tête est recouverte d'une peau épaisse et elle est dépourvue d'écailles. Celles qui couvrent le corps varient de forme et de dimensions suivant les régions où on les étudie; elles portent sur certains points de petits prolongements rugueux et charnus.

La ligne latérale s'infléchit d'abord de haut en bas et devient peu à peu horizontale.

La nageoire dorsale est très-longue; elle a sa plus grande hauteur au niveau du troisième rayon osseux. Il y a douze piquants suivis de neuf rayons mous.

Les pectorales sont très-larges; elles ont dix-huit rayons.

Les ventrales ont six rayons.

L'anale a trois rayons osseux suivis de cinq mous.

La caudale, arrondie, porte dix-huit rayons.

Ce poisson est d'un rouge marbré de taches plus foncées ou blanches sur certains points. Des taches semblables, plus petites, se voient sur les nageoires; la ventrale seule est rose ainsi que l'espace compris entre les pectorales et la partie inférieure de la tête. Les pectorales sont quelquefois grises.

La Rascasse atteint trente-cinq ou quarante centimètres de longueur. Sa chair est agréable mais souvent dure.

On lui attribuait autrefois la propriété de guérir la pierre.

Dans cette espèce, les cœcums pyloriques sont au nombre de huit et les écailles de la ligne latérale au nombre de quarante à quaranre-six.

## SCORPÈNE BRUNE.

*Scorpæna porcus*. Linn., *Syst. nat.*, t. I, p. 452. — Bloch, pl. 181. — Lacép., t. III, p. 259, 275. — Risso, *Icht. Nice*, p. 187. — Cuv. et Valenc., t. IV, p. 300. — Guich., *Expl. Algi*, p. 41. — Gunth., *Cat. acanth.*, t. II, p. 107.

*Kleinschuppiger Drachenkopf*, Allemagne. — *Scrofanello*, Italie.

La Scorpène brune, que l'on désigne aussi sous le nom de Rascasse sur les côtes du Languedoc et de la Provence, est beaucoup plus petite que la précédente.

Les yeux sont grands et les appendices charnus situés au-dessus d'eux, sur le museau et la ligne latérale, sont moins nombreux que dans la Scorpène rouge.

Du reste, sa couleur suffit pour la faire distinguer au premier coup d'œil.

Son dos est presque toujours brun et semé de taches noires. Son ventre, blanc, a des reflets rougeâtres. Les nageoires sont lavées de jaune ou teintées de rose; les pectorales sont plus sombres.

Les cœcums pyloriques sont au nombre de huit.

Les écailles composant la ligne latérale sont au nombre de soixante-cinq environ.

Cette espèce a été prise jusque sur les côtes d'Amérique près New-York.

## GENRE SÉBASTE.

*Sebastes*, Cuvier.

Tête large, comprimée, armée d'un moins grand nombre de piquants que celle des Scorpènes, recouverte d'écailles et dépourvue d'appendices cutanés.

Dents en velours sur les mâchoires, le vomer et les palatins.

Sept rayons branchiostéges.

Nageoire dorsale unique, à rayons antérieurs épineux et postérieurs mous.

Cœcums pyloriques variant en nombre suivant les espèces.

### Pl. 15. — SÉBASTE SEPTENTRIONAL.

*Perca marina*........... Linn., *Syst. nat.*, t. I, p. 483.
*Perca Norwegicus*....... O. Fabric., *Faun. du Groënl.*, p. 167.
*Holocentrus Norwegicus*.. Lacép., t. IV, p. 390.
*Sebastes Norwegicus*..... Cuv. et Valenc., *Hist. Poiss.*, t. IV, p. 327. — Cuv., *Règn. anim.*, t. II, p. 166. — Yarr., *Brit. fish.*, 2e édit., t. I, p. 87. — Gunth., *Cat. acanth.*, t. II, p. 95.

*Bergylt*, Angleterre. — *Red-fish, Karfe, Ouger*, Norwége.

Ce Sébaste, propre à la mer du Nord et à la mer Glaciale, a été pris quelquefois sur les côtes d'Angleterre. Il est surtout commun en Norwége et au Groënland. Linné l'a placé parmi les *Perca*, et l'a confondu avec le Serran écriture.

Othon Fabricius, dans sa faune du Groënland, et Müller, dans sa zoologie du Danemark, tout en ne partageant pas l'erreur du naturaliste suédois, ont fait de ce poisson une espèce à part sous le nom de *Perca Norwegica*, tout en continuant à le rapporter au même genre. Cuvier, le premier, a démontré qu'il devait être rangé parmi les Sébastes.

Le Sébaste septentrional ressemble beaucoup, comme forme, aux

Serrans. Son corps est haut, un peu comprimé latéralement et recouvert de petites écailles rudes au toucher.

La tête est courte, la bouche fendue obliquement. La mâchoire inférieure, plus longue que la supérieure, présente sur sa symphyse une saillie dirigée en avant. Toutes deux sont garnies de dents en velours. Il y a de semblables organes sur les palatins et au vomer. La langue est lisse.

La tête est aplatie supérieurement. Elle est garnie de quatre à cinq épines d'inégale grandeur.

On voit également deux de ces organes à l'opercule, cinq sur le bord du préopercule et deux pointes très-petites au sous-opercule et à l'interopercule. L'ouverture des ouïes est grande et les rayons branchiostéges sont au nombre de sept.

La nageoire dorsale naît sur une verticale qui passe un peu en arrière du préopercule; elle est basse dans sa partie antérieure; plus élevée dans sa région postérieure; elle est formée de quinze rayons épineux suivis de quinze rayons mous.

Les pectorales, bien développées, sont arrondies et comptent dix-neuf rayons mous.

Les ventrales, insérées au-dessous des pectorales, ou très-peu en arrière de celles-ci, sont plus petites et présentent un rayon osseux suivi de cinq rayons mous.

L'anale, placée sous la partie molle de la dorsale, est courte. Elle a trois rayons épineux et huit mous.

Enfin la caudale, coupée presque carrément, compte quatorze rayons.

Les parties supérieures de ce poisson sont rouge-brun; les flancs sont plus brillants et le ventre plus clair.

Les cœcums pyloriques du *Sebastes Norwegicus* sont au nombre de neuf. La ligne latérale est composée de soixante-quinze écailles.

Il a une vessie natatoire.

Suivant Cuvier, les Esquimaux se serviraient des rayons osseux de la nageoire dorsale, qui sont très-forts, pour en fabriquer des aiguilles.

## SÉBASTE IMPÉRIALE.

*Scorpæna dactyloptera*. De la Roche, *Ann. Mus.*, t. XIII, pl. 22, fig. 2. — Risso, *Icht. Nice*, p. 186.
*Sebastes imperialis*..... Cuv. et Valenc., *Poiss.*, t. IV, p. 336. — Cuv., *Règn. anim.*, t. II, p. 167. — Guich., *Expl. Alg.*, p. 42.
*Sebastes dactyloptera* .. Gunth., *Cat. acanthop.*, t. II, p. 99.

*Scrofanu imperiali*, Italie. — *Panegal*, Espagne.

Ce Sébaste, qui ressemble beaucoup au précédent, porte différents noms sur nos côtes. Les pêcheurs d'Iviça le nomment *Serran impérial*, les Niçois, *Cordonniero*. Il se plaît à de grandes profondeurs et, suivant Risso, serait très-commun aux environs de Nice. On le prend aussi sur les côtes du Languedoc.

Ce qui le distingue du précédent, c'est une nageoire dorsale plus haute, mais dont les rayons sont moins nombreux. Les yeux sont, en outre, moins écartés et les épines qui ornent le bord de l'orbite plus fortes.

La couleur de ce poisson est rouge; le corps est parcouru par des taches brunes, qui, sur certains sujets, forment cinq bandes transversales. Les flancs sont plus clairs, le ventre est blanc.

Cette espèce se prend quelquefois dans l'Océan. Sa chair est peu estimée.

La formule des rayons de ses nageoires est la suivante :

D. 12 + 13. — P. 19. — V. 1 + 5. — A. 3 + 5. — C. 16.

Les cœcums pyloriques sont au nombre de sept.

Il n'y a pas de vessie natatoire.

Les écailles de la ligne latérale sont au nombre de cinquante-cinq.

## GENRE CHABOT.

*Cottus*, Linné.

Le genre Cottus, dont quelques espèces habitent les eaux douces, a aussi des représentants sur nos côtes.

Les Chabots sont des poissons qui sont caractérisés par une tête large déprimée et quelquefois armée d'épines. Leur museau est arrondi, leur bouche bien fendue, leurs mâchoires armées de dents petites et pointues. Ils ont, dans la plupart des cas, de ces organes sur le vomer.

Leur corps, large dans sa partie antérieure, va s'amincissant jusqu'à la caudale. Il est recouvert d'une peau lisse présentant chez quelques espèces de petites écailles subulées.

Les nageoires dorsales sont au nombre de deux.

Les pectorales sont bien développées.

Ils n'ont pas de vessie natatoire et leurs cœcums pyloriques sont en petit nombre.

### Pl. 16. — COTTE SCORPION.

*Cottus scorpius*. Bloch, *Icht.*, pl. 40. — Lacép., t. III, p. 236. — Cuv. et Val., *Poiss.*, t. IV, p. 160. — Yarr., *Brit. fish.*, p. 60.

*Sea Scorpion*, *Father lasher*, Angleterre. — *See Scorpion*, Allemagne. — *Dodenpad*, Hollande. — *Bamscha*, Russie. — *Escorpion*, Espagne.

Ce petit poisson, qui se prend en assez grande abondance dans la Manche, la mer du Nord et la Baltique, se retrouve aussi dans l'Océan et sur nos côtes dans le golfe de Gascogne. Il est assez commun en Angleterre et dans les mers du Nord, où sa taille devient beaucoup plus forte. Les individus de l'Océan sont généralement plus petits.

Sa voracité est extrême ; il se nourrit de petits poissons, de crustacés et de mollusques. Caché sous les pierres, il n'en sort que pour saisir sa proie. Mis dans certaines conditions d'humidité, il vit assez longtemps hors de l'eau. On le désigne généralement sous le nom de Chaboisseau de mer.

Sa chair est peu estimée en raison des nombreuses arêtes qu'elle présente. Il se mange pourtant dans certaines localités, et les habitants du Nord tirent de l'huile de son foie.

Le Chaboisseau de mer a la tête très-large, et son corps va en s'amincissant graduellement jusqu'à la région caudale. La peau qui le recouvre est ordinairement dépourvue d'écailles; quelques individus cependant en présentent en petit nombre sur la ligne latérale; elles sont arrondies et garnies d'épines.

La bouche de ce poisson est très-grande et ses mâchoires sont protractiles. La machoire supérieure est plus longue que l'inférieure.

Toutes deux sont armées de dents petites et pointues; le vomer présente également de ces organes.

Les yeux sont grands, la pupille est bleuâtre, l'iris jaune. Ils sont entourés d'un cercle noir. Le préopercule porte trois épines, l'opercule une, le subopercule deux. Il y en a une au-dessus de l'ouverture de chaque narine. Ces aiguillons le rendent très-dangereux, et les personnes qui marchent pieds nus sur le rivage se font quelquefois des blessures assez difficiles à guérir. L'os scapulaire et le claviculaire en ont chacun une dirigée en arrière.

Les nageoires dorsales, très-rapprochées l'une de l'autre, sont au nombre de deux. La première est composée de neuf rayons épineux suivis de quatorze ou quinze rayons mous. La seconde dorsale a quatorze rayons simples.

Les pectorales, très-larges et arrondies, sont formées de dix-sept rayons.

Les ventrales, de grandeur ordinaire, n'ont qu'un rayon osseux et trois rayons mous.

L'anale, courte, a onze rayons; la caudale arrondie en présente douze.

Les parties supérieures du corps du Scorpion de mer sont brun-verdâtre; le ventre est d'un jaune pâle; on remarque sur le dos et sur les flancs de nombreuses taches foncées.

Le Cotte scorpion fraye en janvier et dépose ses œufs sur les algues.

Le tube intestinal de ce poisson est pourvu de neuf cœcums pyloriques.

## Pl. 17. — CHABOISSEAU A LONGUES ÉPINES.

*Cottus bubalis*. Bloch, *Scheid.*, *Syst. Icht.*, 62. — Cuv. et Val., *Poiss.*, t. IV, p. 165. pl. 78. — Cuv., *Règn. an.*, t. II, p. 163. — Yarr., *Brit. fish.*, t. I, p. 63. — Gunth. *Cat. Brit. Mus.*, t. II, p. 164. — Owen, *Osteol. Cat.*, t. I, p. 55.

*Bubalis, Four spined, Father lasher*, Angleterre.

Cette espèce de Chaboisseau est très-répandue sur toutes nos côtes du nord et de l'ouest de la France. On la prend aussi dans la mer du Nord et jusque dans la Baltique. Elle est très-abondante sur les côtes d'Angleterre.

On l'a souvent confondue avec la précédente; mais son corps plus allongé, sa tête plus étroite et ses épines plus longues, l'en font facilement distinguer.

Le museau du Cotte bubale est plus effilé que celui du Scorpion et porte deux petites épines à sa partie supérieure.

Les yeux sont plus rapprochés et un peu plus grands; en arrière se trouvent deux crêtes parallèles. Le préopercule présente quatre épines, celle qui arme l'opercule est rugueuse.

Il a, comme le Cotte scorpion, des épines scapulaires et claviculaires.

La ligne latérale est armée de plaques osseuses.

La première nageoire dorsale a huit rayons durs, la seconde en a douze.

Les pectorales ont seize rayons; les ventrales, un rayon osseux et trois mous; l'anale neuf rayons et la caudale dix.

La coloration du corps de ce poisson est assez différente de celle du précédent. Il y a bien des marbrures noires comme chez le Scorpion, mais elles se détachent sur un fond rouge teinté de jaune. Le ventre est également coloré en jaune clair.

Ce poisson a huit cœcums pyloriques.

## Pl. 18. — CHABOISSEAU A QUATRE CORNES.

*Cottus sp.* 2......... Artedi, *Genera*, p. 48, *Species*, p. 84.
*Cottus quadricornis* . Linn., *Syst. nat.*, t. I, p. 451. — Bloch, *Icht.*, p. 108. — Lacép., t. III, p. 241. — Cuv. et Valenc., *Hist. Poiss.*, t. IV, p. 168. Cuv., *Règn. anim.*, t. II, p. 163. — Yarr., *Brit. fish.*, t. I, p. 68.

*Four-horned-cottus*, Angleterre.

Artedi est le premier auteur qui ait parlé de cette espèce de Cotte qui est commune dans la mer Baltique, dans la mer du Nord, et que l'on prend quelquefois sur les côtes d'Angleterre, principalement en hiver; elle est plus rare sur celles de France.

Ce Cotte ne parvient pas à une taille aussi considérable que celle du Cotte scorpion et ses couleurs sont plus foncées.

Ses habitudes sont assez semblables à celles de ce dernier poisson, et, comme lui, il nage avec une grande rapidité.

Sa tête est large, allongée, comprimée. On y remarque quatre tubercules sur le sommet, d'où lui vient son nom de *Quatre cornes*.

La bouche de ce poisson est grande, les mâchoires sont égales.

Le préopercule a quatre épines; celles de l'opercule et de l'os scapulaire sont assez fortes. Son corps est allongé et comprimé et la ligne latérale presque droite a ses écailles très-fortes.

Le dos et les parties supérieures de la tête sont de couleur brune; les flancs sont jaunâtres et le ventre d'un blanc grisâtre. Sur les parties latérales du corps on remarque plusieurs rangées de petits tubercules saillants et de couleur plus foncée.

La formule des rayons des nageoires est la suivante:

D. 7. — 14. — P. 17. — V. 1. — 13. — A. 15. — C. 11.

Ces nageoires sont parcourues par des bandes irrégulières brunâtres.

Les cœcums pyloriques sont au nombre de sept.

La colonde vertébrale est formée de quarante vertèbres.

### CHABOISSEAU DU GROENLAND.

*Cottus scorpius*...... Fabric., *Faun. Groënland.*, p. 156.
*Cottus Groënlandicus.* Cuv. et Val., *Hist. Poiss.*, t. IV, p. 185. — Yarr., *Brit. fish.* — Richard, p. 1. — Gunth., *Cat. Brit. fish.*, t. II, p. 161.

*Groënland Bullhead*, Angleterre. — *Kanick, Kanivinak*, Groënland.

Ce Cotte se trouve dans tout l'océan Atlantique; il approche rarement de nos côtes et il n'a été pris que quelquefois sur celles d'Angleterre. Il est, au contraire, très-répandu sur les côtes de Norwége et du Groënland, où les habitants le mangent quelquefois. Il habite les fonds rocailleux, et comme il est très-vorace on le prend facilement à la ligne amorcée avec des morceaux de viande. Krantz, l'historien du Groënland, l'appelle *Scorpion de mer* et nous apprend que les Groënlandais tirent du foie de ce poisson une huile qui leur est très-utile.

Le Chaboisseau du Groënland a la tête de couleur brunâtre et garnie de petits tubercules au nombre de quatre ou cinq, le corps est teinté de rouge et de brun foncé. Les flancs sont de couleur carminée et le ventre jaune-orange.

Les épines du préopercule sont au nombre de trois.

Au-dessus de la ligne latérale on remarque un certain nombre de petits tubercules.

La formule des rayons des nageoires est la suivante :

D. 10. — 16. — P. 17. — V. 3. — A. 12 ou 13. — C. 17.

Il y a sept cœcums pyloriques.

---

## GENRE TRIGLE.

### *Trigla*, LINNÉ.

Tête bien développée, de forme presque cubique, plus ou moins aplatie dans sa région faciale. Os sous-orbitaire très-développé et soudé en arrière avec le préopercule.

Pièces de la tête ainsi que celles de l'épaule rudes au toucher et armées d'épines plus ou moins fortes.

Corps écailleux.

Dents en velours aux mâchoires et au devant du vomer.

Deux nageoires dorsales.

Pectorales bien développées et portant trois rayons libres.

### Pl. 19. — GRONDIN OU ROUGET COMMUN.

*Trigla cuculus*.. Linn., *Syst. nat.*, t. I, p. 497. — Cuv. et Valenc., *Hist. Poiss.*, t. IV, p. 26. — Bonap., *Icon. Faun. Ital.*, t. III, p. 58. — Bonap., *Cat. Poiss. Europ.*, p. 61. — Yarr., *Brit. fish.*, t. I, p. 34. — Gunth., *Cat. acanth.*, t. II, p. 207.

*Trigla pini*..... Bloch, *Icht.*, pl. 355.

*Elleck, Cuckoo-Gurnard,* Angleterre. — *Capone imperiale, Gallinella imperiale,* Italie. — *Oriola,* Espagne.

Le nom de *Cuculus* ou *Coucou* donné à ce poisson viendrait du bruit que ce trigle fait entendre lorsqu'on le retire de l'eau et qui rappelle un peu le cri de l'oiseau désigné sous le nom de *Coucou*.

Le Grondin habite la Méditerranée; on le trouve également dans l'océan Atlantique, dans la Manche et la mer du Nord.

C'est vers les mois de mai et de juin que ce poisson se rapproche du rivage pour y déposer ses œufs.

Il se nourrit de mollusques, de crustacés et de petits poissons. Sa chair est délicate et ferme.

Le Grondin mesure généralement vingt-cinq ou trente centimètres de longueur. Sa tête est forte et anguleuse; elle présente une dépression dans sa région interorbitaire et toute sa surface est rugueuse.

Le corps, irrégulièrement arrondi, va s'amincissant à partir de l'origine de la nageoire caudale.

La bouche est petite et présente des dents fines et pointues disposées sur les deux mâchoires et sur le vomer.

L'ouverture des ouïes est très-grande; il y a sept rayons branchiostéges.

Le préopercule présente une petite ligne saillante terminée par une pointe. L'opercule a deux épines aiguës dirigées en arrière. Il y a également un de ces organes au-dessus des nageoires pectorales, mais il est beaucoup plus fort que les autres; on remarque aussi un piquant au-dessus des yeux, qui sont grands et à iris doré.

Les nageoires dorsales sont au nombre de deux. La première, très-élevée et peu allongée, est formée de rayons piquants au nombre de neuf dont le premier est finement dentelé sur son bord antérieur. Le second est le plus grand de tous.

La deuxième dorsale, plus basse et plus allongée, est formée de dix-huit rayons mous.

Les pectorales, larges et allongées, présentent trois rayons libres auxquels se rendent des nerfs volumineux; ce sont des organes de tact. Au-dessus de ces trois rayons se trouve la vraie nageoire, formée de dix rayons mous.

Les ventrales, plus larges que les pectorales, sont placées au-dessous de ces dernières. Elles ont un rayon osseux suivi de six rayons mous.

L'anale est longue et opposée à la seconde dorsale; elle se termine exactement au-dessous d'elle et est formée de seize rayons.

La caudale, assez développée et coupée verticalement, a onze rayons sans compter les décroissants.

La ligne latérale de ce poisson naît au-dessus de la grande plaque épineuse placée au-dessus de la nageoire pectorale; elle est presque rectiligne, peu apparente et se bifurque à la partie postérieure du corps.

Les écailles de ce trigle sont petites et elliptiques. On voit sur les faces latérales du corps des stries parallèles équidistantes les unes des autres, remontant jusqu'à la courbure supérieure du dos, qui est garni d'écailles assez fortes dont le bord libre se redresse et porte une petite épine.

La tête, le dos est les flancs de ce poisson sont d'un beau rouge vif. Les parties inférieures des flancs et le ventre sont blancs. Les nageoires dorsale et caudale sont rouge de minium. Les ventrales sont roses, les pectorales jaunâtres. L'anale, d'un blanc laiteux à sa base, est teinté de jaune sur son bord libre.

## Pl. 20. — TRIGLE CAMARD.

*Trigla lineata*... Bloch, *Icht.*, pl. 354. — Cuv., *Règn. an.*, p. 159. — Cuv. et Valenc., *Poiss.*, t. IV, p. 34. — Bonap., *Icon. Faun. Ital.*, t. III, p. 58. — Bonap., *Cat. Poiss. Europ.*, p. 60. — Yarr., *Brit. fish.*, t. I, p. 46. — Gunth., *Cat. acanth.*, t. II, p. 200.
*Trigla adriatica.* Gmel., *Syst. nat.*, t. I, 1346.
*Trigla lastoviza.* Lacép., *Poiss.*, t. III, p. 349.

*Streaked-Gurnard,* Angleterre. — *Capone ubriaco,* Italie.

Ce Trigle, qui habite l'océan Atlantique, la Manche, la mer du Nord et l'Adriatique, se trouve aussi dans la Méditerranée et a été décrit pour la première fois par Brunnich, sous le nom de *T. Adriatica.* Il est assez rare sur les côtes d'Angleterre.

Sur les côtes voisines de Nice on le nomme *Belugan,* sur celles du Languedoc on l'appelle *Ibrougna.*

Il atteint quelquefois jusqu'à quarante centimètres de longueur et se nourrit, comme les autres trigles, de petits poissons et de crustacés.

La tête de ce poisson est courte et son profil plus vertical que dans l'espèce que nous venons de décrire.

Les épines occipitales, operculaires et humérales sont courtes, celles du cercle orbitaire au nombre de trois ou quatre. Les mâchoires sont à peu près égales.

Les écailles de la ligne latérale sont hérissées de piquants dont les pointes sont dirigées en arrière.

Le corps est parcouru par des lignes transversales qui partent de la crête dorsale, d'où son nom de *Trigle à corps cerclé.*

Les pectorales sont plus larges et plus longues que chez le Rouget commun.

Les rayons des nageoires sont disposées de la manière suivante :

D. 10. — 16. — P. 10. — 3. — V. 1 + 5. — A. 13. — C. 11 à 13.

Tout le corps de ce poisson est d'un rouge brillant, à l'exception du ventre qui est blanc. La région dorsale présente de petites macules noirâtres. Les pectorales sont parsemées de taches bleues qui forment quatre ou cinq rangées transversales.

## TRIGLE DE BLOCH.

*Trigla cuculus*.... Bloch, *Ichth.*, pl. 59. — Cuv. et Valenc., *Hist. Poiss.*, t. IV, p. 67.
*Trigla grunniens*. Lacép., *Poiss.*, t. III, p. 359.
*Trigla milvus*..... Bonap., *Icon. Faun. Ital.*, t. III, p. 52.
*Trigla Blochii*.... Yarr., *Brit. fish.*, t. I, p. 50.

*Bloch's-Gurnard*, Angleterre. — *Rother Seehahn*, Allemagne. — *Capone Caviglia*, Italie.

Le nom de *Trigle de Bloch* a été donné à ce poisson par Yarrel, pour éviter la confusion qui résultait du nom de *Cuculus* donné par Linné et Bloch à deux espèces de Trigles différentes. Cuvier et Valenciennes le décrivent, du reste, comme une espèce distincte, et Risso, dans ses poissons de la Méditerranée, le sépare également du *Trigla cuculus* de Linné.

Le corps de ce Trigle est plus allongé et moins haut que celui du *Trigla cuculus* et sa tête est plus petite. Le museau, bifurqué, présente de chaque côté trois épines. Les mâchoires sont armées de dents nombreuses et petites. On voit une épine à la pièce inférieure de chaque opercule, deux à la pièce postérieure et un aiguillon dentelé à chaque os de l'épaule.

Le sillon dorsal est garni de chaque côté d'épines recourbées. La ligne latérale est armée de pointes obtuses.

Les écailles sont petites, minces et ciliées sur leur bord postérieur.

Les nageoires pectorales n'atteignent pas l'anus.

La formule des rayons des nageoires est, d'après Cuvier, la suivante :

D. 8. — 19. — P. 11 + 3. — V. 1 + 5. — A. 17. — C. 11.

Le dos de ce poisson est rouge, les côtés sont jaunes et le ventre blanc. La dorsale et la caudale sont d'un rouge pâle. Les ventrales et l'anale sont blanches.

## Pl. 21. — TRIGLE HIRONDELLE.

*Trigla Hirundo*. Bloch, *Icht.*, pl. 60. — Lacép., *Poiss.*, t. III, p. 353. — Risso, *Icht. Nice*, p. 205. — Cuv. et Valenc., *Poiss.*, t. IV, p. 40. — Yarrel, *Brit. fish.*, t. I, p. 47. — Guich., *Expl. Alg.*, p. 39. — Gunth., *Cat. acanth.*, t. II, p. 202.

*Tub-fish*, Angleterre. — *See-Schwalbe*, Allemagne. — *Capone Gallinella*, Italie.

Cette espèce, qui a été décrite la première fois par Salvianus, doit son nom à la largeur de ses nageoires pectorales qui ressemblent à deux petites ailes.

Le Trigle Hirondelle est commun dans la Méditerranée et dans l'Océan, la Manche, la mer du Nord et la Baltique.

Sa chair a la même valeur que celle du Grondin et il atteint de plus fortes dimensions que ce dernier.

Ce poisson habite les eaux profondes. Ce n'est que rarement qu'il monte à la surface. Aussi le prend-on généralement à la ligne de fond.

Comme forme, il ressemble assez au Grondin, mais il en diffère cependant par une tête plus aplatie, des yeux plus séparés et des nageoires pectorales beaucoup plus développées. Ajoutons que ses écailles sont petites et ovales, que celles de sa ligne latérale sont peu proéminentes et qu'il y a de chaque côté de la dorsale, comme chez le Grondin, une rangée d'épines, mais plus petites que celles de ce dernier poisson.

Le dos, les flancs, la dorsale et la caudale sont rouge-brun. Cette teinte s'affaiblit au-dessous de la ligne latérale; le ventre est blanc.

Les pectorales sont teintées de bleu sur leur face externe, et l'anale, pâle, est lavée de rouge.

Le nombre des rayons des nageoires est le suivant :

D. 9 — 16. — P. 11 + 3. — V. 1 + 5. — A. 15. — C. 11.

Le Trigle Hirondelle se nourrit, comme le Trigle Grondin, de mollusques, de crustacés et de petits poissons.

## Pl. 22. — TRIGLE LYRE.

*Trigla lyra*, Linn., *Syst. nat.*, t. I, p. 496. — Bloch, *Icht.*, pl. 350. — Lacép., *Poiss.*, t. III, p. 345. — Cuv., *Règn. an.*, p. 159. — Cuv. et Valenc., t. IV, p. 55. — Yarr., *Brit. fish.*, t. I, p. 44. — Bonap., *Icon. Faun. Ital.*, t. III, p. 52. — Gunth., *Cat. acanth.*, t. II, p. 208.

*Piper*, Angleterre. — *Seehan*, Hollande. — *Capone coccio*, Italie.

Le Trigle lyre a été décrit pour la première fois par Belon et figuré par Rondelet. « Une ressemblance bien faible, dit Lacépède, a déter« miné les naturalistes grecs à décorer ce Trigle du nom de *lyre;* « mais toutes les fois que la sévérité de l'histoire le permet, ne « nous refusons pas au charme de leur imagination agréable et féconde. »

Le Trigle lyre habite l'océan Atlantique et la Méditerranée. C'est le *Pinaou* des côtes du Languedoc, la *Gallina* des Marseillais et des Niçois. Sa chair est dure et, par suite, peu estimée.

Lorsque ce poisson est retiré de l'eau, il fait entendre une sorte de sifflement qui lui a valu en Angleterre le nom de *Piper fish* ou *poisson siffleur*.

La tête de ce Trigle, grande et légèrement arrondie à son sommet, s'incline brusquement dans la région nasale. Le museau, fendu en avant, s'étend de chaque côté sous la forme d'une double saillie aplatie sur ses bords. L'ouverture des ouïes est grande et les épines operculaires et scapulaires sont fortes. La mâchoire supérieure est plus longue que l'inférieure. Les joues sont couvertes de stries. Les épines qui bordent la dorsale sont longues et aplaties, ayant leurs pointes dirigées en arrière.

Le corps va diminuant de hauteur de la tête à la naissance de la caudale où il est très-étroit; il est couvert d'écailles petites et ovales.

La première nageoire dorsale est formée de neuf rayons. La seconde, naissant immédiatement en arrière de la première, est formée de seize rayons.

Les pectorales, larges et allongées, s'étendent jusqu'à l'anus lorsqu'elles sont appliquées sur le corps. Elles ont trois rayons séparés et quatorze rayons constituant leur vraie nageoire.

Les ventrales sont longues. Elles comptent six rayons dont le premier est épineux.

Enfin l'anale a seize rayons, et la caudale, étroite, onze sans compter les décroissants.

La tête, le dos et les flancs du Trigle lyre sont d'un beau rouge. Le ventre est blanc. Les nageoires supérieures participent à la teinte rouge du corps. Les ventrales et l'anale sont plus pâles.

## Pl. 23. — TRIGLE GOURNAU.

*Trigla gurnardus*, Linn., *Syst. nat.*, t. I, p. 497. — Bloch, *Icht.*, 58. — Lacép., *Poiss.*, t. III, p. 358. — Cuv. et Valenc., *Poiss.*, t. IV, p. 62. — Bonap., *Icon. Faun. Ital.*, t. III, p. 102.— Yarr., *Brit. fish.*, t. I, p. 48. —Gunth., *Cat. acanth.*, t. II, p. 205.

*Grey Gurnard*, Angleterre. — *Grauer Seehahn*, Allemagne. — *Gruniado*, Italie.

Belon a décrit le premier cette espèce de Trigle qui se trouve communément dans la Méditerranée et l'océan Atlantique. On la prend également dans la Baltique et jusqu'en Norwége.

Lorsqu'on retire ce poisson de l'eau, il fait entendre, comme la lyre, une sorte de bruissement très-sensible.

Les Trigles gournaux vivent par troupes et viennent quelquefois se chauffer en nombre considérable à la surface des grands fonds d'eau qu'ils habitent.

Leur chair est blanche et ferme, mais ils ne sont par recherchés à cause de leur petite taille.

Ce Trigle a plusieurs points de ressemblance avec le Trigle lyre; il se rapproche également du Grondin, mais il en diffère cependant par une bouche plus grande et une tête moins haute. Ajoutons encore que le prolongement nasal présente à son extrémité antérieure deux ou trois petites pointes; que les épines operculaires et humérales sont peu développées; que la ligne latérale forme une saillie dont la crête est constituée par des écailles blanchâtres et que les pectorales n'atteignent pas l'anus.

Le nombre des rayons des nageoires est le suivant :

D. 8 — 20. — P. 10 — 3. — V. 1 + 5. — A. 20. — C. 11.

Les parties supérieures et latérales du corps de ce poisson sont d'un gris verdâtre ou brunâtre. Les flancs sont marqués de petites taches blanches. Le ventre est argenté ou présente quelques reflets jaunes.

Les nageoires sont grisâtres et légèrement teintées de brun.

## Pl. 24. — TRIGLE MORRUDE.

*Trigla obscura*. Bonap., *Icon. Faun. Ital.*, t. III, p. 102. — Gunth., *Cat. acanth.*, t. II, p. 210.
*Trigla milvus*.. Lacép., *Poiss.*, t. III, p. 362.
*Trigla lucerna*. Cuv. et Valenc., *Poiss.*, t. IV, p. 72. — Yarr., *Brit. fish.*, 2e édit., t. I, p. 63.

*Lanthorn-Gurnard*, Angleterre. — *Capone Gavotta*, Italie.

Ce Trigle, assez commun dans la Méditerranée, jouirait, suivant Lacépède et Risso, de la singulière propriété de luire dans l'obscurité. Mais Cuvier nie complétement ce fait et Conch se range de son avis, tout en pensant que si l'on a vu de ces poissons luire dans les profondeurs de l'eau, il faut attribuer ce phénomène à de petits animaux marins gélatineux et transparents, les noctiluques, qui s'attachent au corps de l'animal. Lacépède nous apprend également que ces Trigles se réunissent en troupe et que lorsqu'un poisson les attaque, ils s'élancent hors de l'eau pour lui échapper, et c'est probablement de là que lui vient le nom de *Milan* que lui a donné ce naturaliste.

Le Morrude a assez d'analogie avec le Gournau, mais sa tête est moins haute. Le museau est armé de deux épines. Les piquants qui garnissent la tête et ceux qui bordent le sillon dorsal sont peu développés. De l'opercule à la nageoire règne une bande formée de plaques plus hautes que larges.

La formule des rayons des nageoires est la suivante :

D. 9 — 17. — P. 3 — 11. — V. 1 + 5. — A. 17. — C. 11.

Ce poisson est d'un rouge pâle qui va en décroissant sur les flancs. La région ventrale est d'un blanc jaunâtre.

## Pl. 24. — PETIT PERLON.

*Trigla pœciloptera.* Cuv. et Valenc., *Poiss.*, t. IV, p. 47. — Yarr., *Brit. fish.*, 2e éd., p. 49. — Bonap., *Cat. Poiss. Europ.*, p. 61. — Gunth., *Cat. acanth.*, t. II, p. 203.

*Little-Gurnard*, Angleterre.

Ce Trigle, dont on doit la description à Valenciennes qui l'a découvert sur la côte de Dieppe, est la plus petite de nos espèces; on la trouve dans la Manche et dans l'Océan.

Sa tête est large, aplatie à son sommet. Une ligne ascendante qui va du museau à l'œil est garnie d'épines. On trouve aussi de ces organes en avant et au-dessus de l'œil, à l'extrémité du museau, près de la nuque et en arrière de cette région. Le corps lui-même est garni de piquants; on en voit un au-dessus des pectorales et une série à la base des deux dorsales.

La première nageoire dorsale, triangulaire, est la plus élevée; la seconde dorsale la suit de près. Les pectorales sont assez longues et la caudale peu échancrée.

La formule des rayons des nageoires est la suivante :

D. 9. — 17. — P. 11. — 3. — V. 1 + 5. — A. 15. — C. 12.

Le dos de ce poisson est rouge-brun, les flancs ont des reflets dorés, le ventre est blanc.

Les nageoires sont rougeâtres. Chez certains individus, la seconde dorsale et la caudale sont teintées de violet.

## TRIGLE CAVILLONE.

*Trigla caviglione* .... Lacép., *Poiss.*, t. VI, p. 57. — Risso, *Hist. nat.*, t. III, p. 396.
*Trigla aspera*....... Viviani. — Cuv., *Règn. an.*, t. II, p. 160. — Cuv. Valenc., *Hist. Poiss.*, t. IV, p. 77.
*Mullus asper*........ Rondelet, *De Piscibus*, p. 296.
*Lepido trigla aspera*. Gunth., *Cat. acanth.*, t. II, p. 196.

*Capone chiodo, Caviglione*, Italie.

On trouve encore dans la Méditerranée un autre trigle désigné généralament sous le nom de Caviglione. Il se distingue des espèces déjà décrites par un museau très-court, une tête plus aplatie, des écailles très-larges et très-rudes au toucher.

Le dos de ce poisson est rouge minium. Les parties inférieures du corps sont d'un blanc laiteux. Les nageoires pectorales sont rosées; les dorsales, de couleur pâle, sont marquées de taches plus foncées. La caudale est parsemée de taches rouges irrégulières.

La formule des rayons des nageoires est la suivante :

D. 9 — 15. — P. 10 — 3. — V. 1 + 5. — A. 15. — C. 11.

---

## GENRE PÉRISTÉDION.

*Peristedion*, LACÉPÈDE.

Ce genre ne renferme qu'une seule espèce propre à la Méditerranée, le Péristédion Malarmat.

Il ressemble comme forme générale aux Trigles, mais il s'en distingue par plusieurs caractères très-tranchés.

Les mâchoires et le vomer sont dépourvus de dents.

Les pectorales sont moins développées et ne portent que deux rayons libres.

Le corps est, en outre, cuirassé de fortes écailles hexagonales qui, disposées sur huit rangs, lui donnent la forme d'un octogone.

### Pl. 25. — MALARMAT.

*Peristedion malarmat*.... Lacép., *Poiss.*, t. III, p. 369. — Cuv. et Valenc., *Poiss.*, t. IV, p. 101. — Yarr., *Brit. fish.*, 2e édit., t. I, p. 67. — Risso, *Faun. de Nice*, p. 211.
*Trigla cataphracta* ...... Bloch, *Ichth.*, t. X, pl. 349. — Bloch, *Scheid. Syst. Ichth.*, pl. 16.
*Lyra altera*............. Willughby, p. 283, pl. *S*. 3.
*Peristethus cataphractum*. Gunth., *Cat. Brit. Mus.*, t. II, p. 217.

*Mailed Gurnard, Armed Gurnard*, Angleterre. — *Armado*, Espagne. — *Pesce forca, Folcora*, Italie.

Ce poisson, qui est assez commun sur les côtes de la Méditerranée, est plus rare dans l'Adriatique.

On ne le prend que par hasard dans l'Océan, sur les côtes d'Angleterre ou de France.

Risso nous apprend que le Malarmat vit presque toujours seul. Ses mouvements sont très-vifs; il se plaît dans les eaux profondes et ne se rapproche des côtes qu'à l'époque du frai.

Les pêcheurs de nos côtes le désignent sous différents noms. Les Niçois le nomment *Pei furca,* les Marseillais *Malarmat,* les Languedociens, *Marco-temps.*

La tête de ce poisson a beaucoup d'analogie avec celle du Trigle lyre. Le museau est allongé et se termine par deux prolongements longs et plats. La bouche, reportée en dessous, est demi-circulaire et faiblement fendue. Les mâchoires sont dépourvues de dents ainsi que le vomer, les palatins et la langue. Sous le maxillaire inférieur sont insérés plusieurs barbillons.

L'œil, de forme ovale, a son bord supérieur dentelé.

On remarque en outre sur les parties supérieures et latérales de la tête des rugosités très-prononcées. En arrière de l'œil se trouve une grande épine dentelée, au-dessous d'elle une seconde de forme triangulaire et sur la continuation du maxillaire supérieur une carène qui se termine aussi en pointe aiguë.

Le corps est allongé et de forme octogone. Il est recouvert de grandes et fortes écailles hexagonales qui portent une crête sur le milieu de leur face externe et se terminent en pointe aiguë à leur bord libre.

Ces écailles, disposées par séries au nombre de huit, forment des arêtes longitudinales limitant des faces larges à la partie antérieure, très-amincies, au contraire, dans la région caudale.

La première nageoire dorsale, très-élevée, est formée de sept rayons durs dont le troisième est le plus élevé.

La seconde dorsale, qui naît immédiatement en arrière de la première, a dix-huit rayons.

Les pectorales, de grandeur ordinaire, n'ont que deux rayons libres et douze rayons mous réunis par une membrane.

Les ventrales ont un rayon osseux suivi de cinq rayons mous.

L'anale qui naît presque au même niveau que la seconde dorsale est plus longue qu'elle et a le même nombre de rayons.

La caudale, peu développée, est formée de onze rayons.

Le corps de ce poisson est d'un beau rouge dans sa partie supérieure; les flancs sont jaunâtres, le ventre est blanc.

Les dorsales et la caudale sont de même couleur que le dos, les pectorales sont plus ternes, les ventrales plus pâles et l'anale blanchâtre.

Ce poisson, suivant Risso, se nourrit de mollusques et de zoophytes.

---

## GENRE ASPIDOPHORE.

*Aspidophorus*, LACÉPÈDE.

Corps et tête de forme anguleuse et cuirassés par des plaques osseuses.

Dents en carde aux mâchoires.

Deux nageoires dorsales. Pectorales sans rayons détachés. Ventrales peu développées.

Pas de vessie natatoire. Appendices pyloriques en petit nombre.

### Pl. 26. — ASPIDOPHORE D'EUROPE.

*Cottus cataphractus* ....... Linné, *Syst. nat.*, t. I, p. 451. — Bloch, *Ichth.*, pl. 39.
*Agonus cataphractus* ...... Bloch, *Schneid. Syst. Ichth.*, 104. — Gunth., *Cat. acanth.*, t. II, p. 211.
*Cataphractus Schoneveldii*. Flem., *Brit. an.*, p. 216.
*Aspidophorus armatus*..... Lacép., *Poiss.*, t. III, p. 222.
*Aspidophorus europæus* ... Cuv. et Valenc., *Poiss.*, t. IV, p. 201. — Yarr., *Brit. fish.*, t. I, p. 85.

*Pogge*, Angleterre. — *Steinpicker*, Allemagne. — *Lisitza*, Russie. — *Brodamus*, Suède.

Cette espèce, décrite pour la première fois par Schonewelde, habite l'océan Atlantique. On la prend également dans la Manche et la mer du Nord.

Le corps de ce poisson, assez haut dans sa partie antérieure, va ensuite se rétrécissant jusqu'à l'origine de la nageoire caudale. Il est recouvert d'écailles carénées qui lui forment comme une espèce de cuirasse.

La tête, courte et aplatie, présente quatre crêtes larges, mais peu élevées. Elle s'abaisse d'abord brusquement dans la région frontale et se relève ensuite dans la région nasale qui forme à son extrémité une saillie sur laquelle sont implantées quatre petites épines. La bouche est étroite et les mâchoires seules ont des dents en carde.

Le sous-orbitaire est très-développé ; il présente trois petits tubercules et une crête qui se termine en pointe. Le préopercule présente également une épine et l'opercule se termine en arête mousse.

L'ouverture des ouïes est grande, et la membrane branchiostége soutenue par six rayons. Des tentacules charnus extrêmement fins garnissent cette membrane, le dessous de la gorge, l'angle des mâchoires et le bout du museau.

Les nageoires dorsales, au nombre de deux, sont assez rapprochées l'une de l'autre.

La première, dont le premier rayon est le plus élevé, s'arrondit jusqu'au dernier rayon, qui est très-court. Elle est placée à la fin du premier tiers de la région dorsale et se compose de cinq rayons piquants.

La seconde dorsale, qui est un peu plus longue que la première, a six rayons.

Les pectorales sont larges et arrondies; leurs rayons sont au nombre de quinze.

Les ventrales, peu développées, ont trois rayons.

L'anale, courte et placée au-dessous de la seconde dorsale, a sept rayons.

La caudale, arrondie et bien développée, est constituée par onze rayons.

Ce poisson d'une forme si bizarre a des couleurs très-différentes suivant les sujets. En général il a le corps d'un brun plus ou moins clair traversé par des bandes plus foncées que l'on retrouve également sur les pectorales et les dorsales. La nageoire caudale est bordée de rouge.

---

## GENRE DACTYLOPTÈRE.

*Dactyloptera*, CUVIER.

Ce genre se distingue des précédents par une tête courte et aplatie, de forme parallélipipède, osseuse sur ses parties supérieures et latérales, articulée en arrière avec le surscapulaire qui se termine par une forte épine triangulaire.

Dents petites et granuleuses sur les deux mâchoires ; dents en velours aux pharyngiens.

Préopercule terminé par une très-forte pointe.

Nageoires dorsales au nombre de deux.

Pectorales longues, divisées en deux parties; la seconde en forme d'aile.

Écailles du dos et des parties latérales présentant une carène terminée en pointe. Celles du ventre striées.

Vessie natatoire divisée en deux parties latérales.

Cœcums pyloriques en assez grand nombre.

### Pl. 27. — DACTYLOPTÈRE VOLANT.

*Trigla volitans*......... Lin., *Gm.*, p. 1346. — Bloch., pl. 351. — Bloch, *Schneid.*, p. 12.
*Trigla fasciata*......... Bloch, *Schneid.*, p. 16, pl. 3, fig. 1.
*Dactylopterus pirapeda*. Lacép., t. III, p. 326.
*Dactylopterus volitans*.. Cuv. et Valenc., *Hist. nat. Poiss.*, t. IV, p. 117. — Guich., *Expl. Alg.*, p. 41. — Gunth., *Cat. acanth.*, t. II, p. 221. — Bonap., *Cat. Poiss. Europ.*, p. 61.
*Dactylopterus communis*. Castel, *Anim. nouv. rares Am. Sud*, p. 7. — Owen, *Ost. Cat.*, t. I, p. 56.

*Nibio, Pesce-rondine, Rondola*, Italie. — *Volador*, Espagne.

Le Dactyloptère qui porte sur nos côtes méditerranéennes le nom d'*Aronde*, d'*Arondelle*, de *Ratapenada*, de *Pei voulan*, est connu à Nice sous le nom de *Gallina*.

Très-commun dans la Méditerranée, ce poisson se rencontre aussi dans l'Océan et on le prend aux Antilles, au Brésil et sur d'autres points voisins du nouveau continent.

Le développement considérable de ses nageoires pectorales, disposées en forme d'ailerons, lui permet de s'élever au-dessus des flots; de là le nom de *Poisson volant*, de *Chauve-Souris* et d'*Hirondelle* qu'on donne communément à ce poisson.

Le corps du Dactyloptère volant a beaucoup d'analogie comme forme avec celui des véritables trigles, mais sa tête est plus aplatie et très-excavée dans sa région inter-orbitaire. Elle est dure et osseuse et les surscapulaires qui s'articulent avec elle se terminent en arrière par une longue pointe triangulaire.

Le museau est très-court.

L'œil est grand et le cercle orbitaire est très-saillant dans sa partie supérieure.

La bouche est petite et reportée en dessous, la mâchoire inférieure étant plus courte que la supérieure. Les dents qui arment ces deux mâchoires sont en forme de petits pavés et disposées sur plusieurs rangées. Le palais en est dépourvu, mais les pharyngiens en sont hérissés, elles y sont très-fines et en velours.

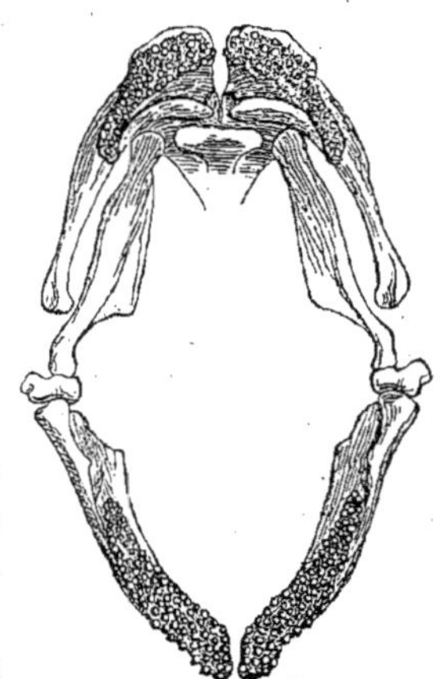

Fig. 6.
DENTITION DU DACTYLOPTÈRE
(*Trigla volitans*).

Le sous-orbitaire, très-allongé, est lisse et s'articule avec le préopercule par son bord inférieur.

Le préopercule présente une très-longue épine à son bord postérieur, elle s'étend sur les parties inférieures et latérales de la région thoracique.

L'opercule est couvert d'écailles; le sous-opercule et l'inter-opercule ne présentent rien de particulier.

Les parties supérieures et latérales de la tête sont rugueuses; la langue est lisse; les rayons branchiostéges sont au nombre de six.

Les nageoires dorsales sont au nombre de deux; la première, haute, a six rayons épineux dont les deux premiers sont très-allongés et libres.

La seconde dorsale, séparée de la première par un assez grand intervalle sur lequel se voit une épine isolée, est formée de huit rayons.

Les pectorales sont extrêmement développées et divisées en deux parties. La première de ces parties, qui constitue la véritable nageoire, compte six rayons; elle est d'un tiers plus courte que la seconde, qui constitue l'aile et est formée de vingt-neuf rayons.

Les ventrales, placées sous les pectorales, sont composées d'un rayon épineux et de quatre rayons mous.

L'anale a six rayons et la caudale vingt-deux, sans compter les décroissants. De chaque côté de sa base se trouvent deux longues écailles dentelées sur leur bord.

Le corps du Dactyloptère est recouvert d'écailles dures qui présentent chacune une carène tranchante terminée en pointe.

La tête de ce poisson varie beaucoup comme coloration. Elle présente chez certains sujets des reflets rouges qui passent quelquefois chez d'autres au bleu ou au jaune.

Les parties supérieures du corps sont d'un brun plus ou moins foncé et présentent souvent des reflets violacés.

Les flancs sont rouges, le ventre de couleur rosée.

La première nageoire dorsale est d'un gris bleuâtre, la membrane qui soutient ses rayons est tachetée de brun. La seconde dorsale est d'un vert très-pâle.

Les pectorales sont vert-noirâtre et tachetées de bleu.

Les ventrales et l'anale présentent les mêmes teintes que la région ventrale.

La caudale est noire et marquée de bandes de couleur plus claire.

Le Dactyloptère quoique très-abondant, paraît rarement sur nos marchés à cause de la mauvaise qualité de sa chair.

On voit souvent ces poissons s'élever par bandes au-dessus des flots lorsqu'ils sont poursuivis par des animaux carnassiers. Leurs plus grands ennemis sont les Coryphènes et certains oiseaux de mer tels que les Albatros et les Frégates qui en font aussi leur nourriture.

## FAMILLE DES GASTÉROSTÉIDÉS.

### *GASTÉROSTEIDÆ.*

Cette famille, qui est une des mieux caractérisées de la classe des poissons, est représentée dans nos eaux douces ou saumâtres par plusieurs espèces dont nous avons donné la description dans le tome premier de cet ouvrage. Elle comprend, en outre, un genre exclusivement marin, le Gastré, qui est assez commun sur nos côtes soit de l'Océan, soit de la Manche. On le trouve aussi dans la mer du Nord et dans la Baltique.

## GENRE GASTRÉ.

Tête plus allongée que dans les espèces d'eau douce. Sous-orbitaire s'articulant avec le préopercule. Mâchoire inférieure dépassant la supérieure.

Deux nageoires dorsales, la première composée de quinze rayons piquants et indépendants les uns des autres.

Ligne latérale formée de quarante-quatre écailles.

Bassin composé de deux plaques latérales, unies faiblement par leur bord interne.

Nageoire ventrale composée de trois rayons, dont le premier plus fort et osseux.

### Pl. 28. — GASTRÉ.

*Gasterosteus spinachia.* Linn., *Syst. nat.*, p. 492. — Bloch, pl. 53, fig. 1. — Bloch, *Schneid. Syst. Ichth.*, p. 123, pl. 33, fig. 2. — Donov., *Brit. fish.*, t. II, pl. 45. — Lacép., t. III, p. 301. — Cuv. et Val., *Hist. Poiss.*, t. IV, p. 509. — Yarr., *Brit. fish.*, t. I, p. 101. — Gray., *Cat. acanth.*, p. 36. — Gunth., *Cat. acanth.*, t. I, p. 7.

*Spinachia vulgaris* .... Flemm., *Brit. anim.*, p. 219. — Bonap., *Cat. Poiss. Europ.*, p. 71.

*Fifteen-spined Stickleback,* Angleterre. — *Steinpicker,* Allemagne. — *Erd-kraber,* Danemark. — *Store-tin-doure,* Norwége. — *Tängspigg,* Suède. — *Zeeste Kelbaars,* Hollande.

Ce poisson, qui a été décrit pour la première fois par Schonewelde, est assez commun sur nos côtes de la Manche et dans le golfe de Gascogne. On le pêche également dans toute la Baltique.

Il se plaît sur les côtes au milieu des roches et sur les fonds de sable. On le trouve quelquefois dans les étangs salés communiquant avec la mer, mais il ne remonte jamais les cours d'eau.

Le Gastré est extrêmement vorace; il se nourrit de frai, de vers et d'autres animaux marins. Comme nos épinoches d'eau douce, il se construit un nid à la confection duquel il apporte tous ses soins et comme eux aussi, il pond au printemps.

Le corps de l'Épinoche de mer est très-allongé et de forme pentagonale; on remarque sur les côtés une carène composée de quarante-quatre écailles qui représentent la ligne latérale.

La tête est également fort longue et aplatie supérieurement. La bouche est petite et la mâchoire inférieure dépasse un peu la supérieure; toutes deux sont garnies de dents en velours.

L'œil, assez grand, a son iris doré et occupe le milieu de la tête. Les parties latérales de celle-ci, c'est-à-dire le sous-orbitaire et la partie antérieure du préopercule, présentent de très-fines ponctuations. L'opercule est lisse.

Le bassin est composé de deux petites plaques ne se réunissant que par une faible partie de leur bord interne. Il se termine en pointe à peu de distance de l'anus et il porte une forte épine suivie de deux petits rayons mous, qui constituent par leur ensemble la nageoire ventrale.

Les épines dorsales sont au nombre de quinze. Elles naissent un peu en arrière du bord postérieur de l'opercule. La seconde dorsale est molle et composée de six rayons.

Les pectorales, larges et arrondies, ont dix rayons.

L'anale, opposée exactement à la seconde dorsale et dont la forme est à peu près la même, est formée d'un rayon osseux court et pointu, suivi de sept rayons mous.

Enfin la caudale, arrondie à son bord postérieur, a douze rayons.

Les parties supérieures du corps du Gastré sont d'un brun verdâtre plus ou moins foncé; les flancs sont plus pâles et présentent ordinairement des marbrures plus sombres. Le ventre est blanc. Les opercules, la gorge et la base des nageoires pectorales sont blanc d'argent. Les nageoires pectorales sont jaunâtres. La seconde dorsale, l'anale et caudale présentent une coloration analogue à celle des parties supérieures du corps. Elles ont en outre une tache noirâtre dans leur partie antérieure.

Le corps du Gastré est beaucoup plus fort que celui des épinoches d'eau douce. Sa longueur moyenne est de dix centimètres et on en prend qui en mesurent quinze et même dix-huit.

# FAMILLE DES SCIÈNOÏDES.

Cette famille, qui est répandue sur tous les points du globe, est représentée sur nos côtes par les trois genres Sciène, Ombrine et Corb.

Les poissons qui composent cette famille ont le corps comprimé et plus ou moins allongé. Les écailles qui le recouvrent sont cténoïdes.

Leurs dents sont petites et d'inégale grandeur. Il n'y en a ni au vomer, ni aux palatins.

Les nageoires dorsales sont le plus souvent au nombre de deux.

Leurs cœcums pyloriques sont en petit nombre et leur vessie natatoire est dans la plupart des espèces pourvue d'appendices.

Quelques espèces exotiques remontent le cours des grands fleuves d'Amérique, d'Afrique et d'Asie.

---

## GENRE SCIÈNE.

*Sciæna*, CUVIER.

Corps oblong, recouvert d'écailles de grandeur moyenne.

Tête courte, recouverte d'écailles, bombée dans sa région nasale et concave dans sa région frontale.

Mâchoire supérieure dépassant un peu l'inférieure. Toutes deux munies de dents aiguës, d'inégale grandeur. Palatins et vomer dépourvus de semblables organes.

Préopercule dentelé chez le jeune, lisse chez l'adulte.

Opercule terminé par une ou plusieurs épines.

Sept rayons branchiostéges.

Vessie natatoire pourvue de nombreux appendices.

Cœcums pyloriques au nombre de dix.

### Pl. 29. — SCIÈNE AIGLE.

*Sciæna aquila*........ Risso, *Faun. Nice*, t. III, p. 411. — Cuv. et Val., *Poiss.*, t. V p. 28, pl. 100. — Yarrel, *Brit. fish.*, p. 104. — Gunth., *Cat. acanth.*, t. II, p. 291.

*Sciæna umbra*....... Lacép., *Poiss.*, t. IV, p. 314. — Cuv., *Règn. anim.*, t. II, p. 172. Bonap., *Fauna Italic.*

*Perca vanloo*......... Risso, *Faun. de Nice*, p. 298, pl. 9, fig. 30.

*Labrus hololepidotus*.. Lacép., t. III, p. 517, pl. 21.

*Maigre*, Angleterre. — *Fégaro*, *Umbrina*, Italie. — *Corvinata*, Espagne.

Le Maigre d'Europe est un des plus grands poissons qui fréquentent nos côtes ; il atteint jusqu'à cinq et six pieds de longueur. Abondant dans la Méditerranée, on le prend aussi dans l'Océan, le Golfe de Gascogne, et il remonte quelquefois jusque dans la Manche.

Les Languedociens le désignent sous le nom de *Pei-rei*.

Ce poisson était très-estimé des anciens Romains et sa tête passait chez eux pour un des morceaux les plus friands. Ils l'offraient comme un riche présent aux principaux magistrats de leur cité.

La plus grande hauteur du corps de ce poisson correspond à la première nageoire dorsale. La courbure de son dos est assez prononcée et rejoint insensiblement les parties supérieures de la tête. Le front est légèrement concave, le museau conique, les lèvres peu épaisses, la bouche médiocrement grande pour un poisson d'une aussi grande taille.

Les mâchoires, dont l'inférieure dépasse un peu la supérieure, sont garnies d'une rangée de dents petites et aiguës. A la mâchoire supérieure quelques-uns de ces organes, placés de distance en distance, sont plus longs que les autres.

L'œil est médiocrement grand; les orifices des narines sont placés plus près de cet organe que de l'extrémité du museau.

Le préopercule, taillé obliquemment de haut en bas et d'avant en arrière, est dentelé sur son bord postérieur. L'opercule, assez large, se termine en pointe en arrière et au-dessus de la nageoire pectorale.

Les nageoires dorsales du Maigre sont au nombre de deux. La première, courte et assez élevée, a neuf rayons épineux; la seconde, trois fois plus longue et plus basse, compte vingt-huit ou trente rayons dont un seul est osseux.

Les pectorales, bien développées, sont formées de seize rayons.

Les ventrales, plus petites que les pectorales, en ont six.

L'anale présente neuf rayons; elle est peu étendue.

Enfin la caudale, coupée perpendiculairement à son bord libre, est formée de dix-sept rayons.

La ligne latérale de ce poisson, faiblement marquée, part du bord supérieur de l'opercule; elle est presque droite. Les écailles qui recouvrent le corps de l'Aigle de mer sont de grandeur moyenne. Celles de la tête sont plus petites. On en voit sur toute cette partie de l'animal excepté au pourtour de la bouche.

Le corps de cette Sciène est généralement gris argenté, plus foncé sur le dos et légèrement coloré de rouge brun. Les nageoires sont également rouges, la caudale seule est teintée de brun.

La chair du Maigre est très-ferme et très-bonne.

Nous signalerons seulement comme particularité anatomique propre à ce poisson, une vessie natatoire très-développée et pourvue de prolongements en culs-de-sacs.

Les cœcums pyloriques sont au nombre de dix.
La ligne latérale est formée de cinquante-trois écailles.

---

## GENRE OMBRINE.

*Umbrina*, CUVIER.

Corps rappelant par sa forme celui du Maigre.

Mâchoires pourvues de dents en velours; la supérieure dépasse l'inférieure.

Symphise mandibulaire portant un barbillon.

Deux nageoires dorsales, la première courte et à rayons épineux, la seconde, très-longue, formée d'un rayon épineux suivi de rayons mous au nombre d'environ vingt-deux.

Cœcums pyloriques en nombre variable; une vessie natatoire à plusieurs lobes.

### Pl. 30. — OMBRINE COMMUNE.

*Sciæna cirrhosa*... Linn., *Syst. nat.*, t. I, p. 481. — Bloch, pl. 300.
*Johnius cirrhosus*.. Bloch, *Schneid. Syst. Icht.*, p. 76.
*Perca umbra*...... Lacép., *Poiss.*, t. IV, p. 414.
*Umbrina vulgaris*. Cuv. et Valenc., t. V, p. 171. — Yarrel, *Brit. fish.*, t. I, p. 109. — Cuv., *Règn. anim.*, t. II, p. 174.
*Umbrina cirrhosa*. Bonap., *Cat. Poiss. Europ.*, p. 55. — Bonap., *Fauna Ital.* — Gunth., *Cat. acanth.*, t. II, p. 274.

*Umbrina*, Angleterre. — *Corvò*, Italie. — *Borrugato*, Espagne. — *Millocopi*, Grèce.

L'Ombrine commune est un des poissons les plus abondants dans la Méditerranée. On la prend en grand nombre dans l'Adriatique, sur les côtes d'Italie, de France et d'Espagne. On la pêche aussi dans l'Océan, principalement dans le golfe de Gascogne. Elle est plus rare sur les côtes du Finistère, dans la Manche, ainsi que sur les côtes de France et d'Angleterre.

Le corps de ce poisson est allongé, épais et comprimé. Les courbures dorsale et ventrale sont à peu près symétriques. La longueur de la tête est un peu moins du quart de la longueur totale du corps. Son museau est tronqué et la mâchoire supérieure dépasse légèrement l'inférieure. Chacune des mâchoires est garnie de fines dents en velours; il y en a également sur les pharyngiens, celles du centre de l'os sont plus fortes et coniques.

L'œil est petit, la pupille bleu d'azur, l'iris argenté à reflets dorés.

L'ouverture des narines est très-rapprochée de l'œil.

Autour de la bouche on remarque des pores muqueux et sur le maxillaire inférieur un barbillon assez court inséré près de la symphise.

Le préopercule est dentelé chez les jeunes sujets. L'opercule ne présente rien de particulier; il se termine par deux pointes.

La première nageoire dorsale est courte, son bord antérieur et son dernier rayon très-court. Elle compte en tout dix rayons osseux.

La seconde dorsale suit immédiatement la première. Elle est sensiblement égale en hauteur dans toute sa longueur et est composée de vingt-deux rayons mous précédés d'un rayon piquant.

Les pectorales, effilées, ont dix-sept rayons.

Les ventrales sont un peu arrondies.

L'anale, assez développée, a deux rayons durs et sept mous.

Les écailles sont assez grandes et vont en diminuant de grandeur à mesure qu'on se rapproche de la tête. Celles qui recouvrent cette dernière sont très-petites. Il y en a aussi sur les opercules et sur les joues.

Le corps de l'Ombrine est jaunâtre, parcouru de stries vertes dirigées de haut en bas et d'arrière en avant. On voit des bandes de même couleur sur les opercules.

Le dessus de la tête est moucheté de noir.

La première dorsale est gris-bleuâtre lavé de brun; la seconde est brunâtre ainsi que la caudale et les pectorales. Les ventrales sont généralement plus foncées.

Quelques auteurs prétendent que ce poisson remonte le cours des grands fleuves, tels que le Danube et le Nil. Il aime les fonds de vase. Sa chair est assez agréable.

On prend des Ombrines qui pèsent jusqu'à quinze livres.

La ligne latérale de ce poisson a soixante-cinq écailles.

Les cœcums pyloriques sont au nombre de dix.

La vessie natatoire est grande et présente de petits appendices mamelonnés.

## GENRE CORB.

*Corvina*, Cuvier.

Corps oblong; région nasale convexe.

Maxillaire supérieur dépassant l'inférieur.

Dents en velours aux deux mâchoires.

Pas de barbillons.

Deux nageoires dorsales. Deuxième épine de l'anale très-forte.

Vessie natatoire présentant des appendices. Cœcums pyloriques en petit nombre.

### Pl. 31. — CORB NOIR.

*Sciæna nigra*... Bloch, t. IV, p. 35, pl. 297.
*Corvina nigra*.. Cuv. et Valenc., t. V, p. 86. — Cuv., *Règn. an.* — Bonap., *Fauna Ital.* — Bonap., *Cat. Poiss. Europ.*, p. 55. — Gunth., *Cat. acanth.*, t. II, p. 296.
*Johnius niger*... Bloch, *Schneid. Syst. Icht.*, p. 76.
*Sciæna umbra*.. Risso, *Faune de Nice.*

*Ombrina di Scoglio*, Sardaigne. — *Corvo di Fortiera*, Italie.

On trouve dans la Méditerranée une autre Sciène qui a le corps plus élevé et la courbure dorsale plus marquée que les deux espèces précédentes.

Ses mâchoires sont pourvues d'une bande de fines dents en velours; celles de l'os incisif sont plus fines et plus serrées, à l'exception de celles de la rangée externe qui sont plus fortes et recourbées en arrière. Comme dans les espèces précédentes les palatins sont dépourvus de dents, mais les os pharyngiens en présentent, les unes en cardes, les autres en cônes plus ou moins saillants.

Les nageoires dorsales sont au nombre de deux.

La première compte dix rayons osseux, la seconde en a vingt-cinq mous.

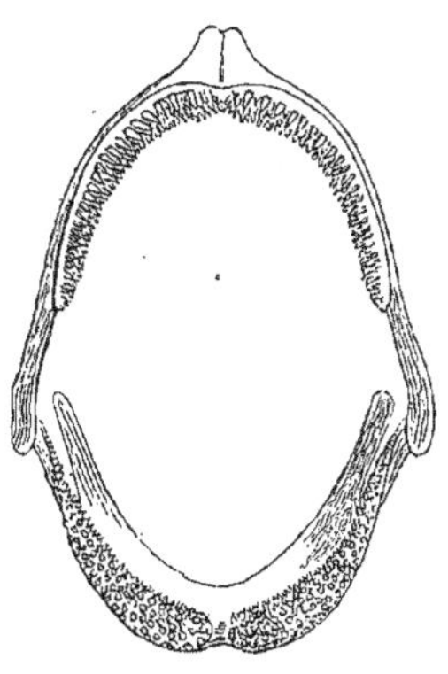

Fig. 7.
DENTITION DU CORB NOIR
(*Corvina nigra*).

Les pectorales ont seize rayons, les ventrales six, l'anale huit et la caudale dix-sept.

Le corps du Corbeau de mer, comme son nom l'indique, est teinté de brun-noirâtre; son ventre est argenté; quand on le sort de l'eau il a des reflets violacés.

Les nageoires sont aussi de couleur brune tirant sur le noir.

Ce poisson vit par troupes assez nombreuses et son poids est ordinairement de cinq à six livres. Au printemps il se rapproche des rivages pour déposer ses œufs dans les endroits garnis d'algues. Dès que la température s'abaisse, il regagne le fond des eaux.

La pêche du Corb se fait en été. On le prend à la ligne amorcée de mollusques, de chair de crustacés et de petits poissons.

Les anciens Grecs et les anciens Romains salaient sa chair et la livraient ensuite à la consommation.

# FAMILLE DES SPARIDÉS.

## *SPARIDÆ.*

Les poissons qui composent cette famille ont tous le corps comprimé, oblong et recouvert d'écailles de grandeur ordinaire.

La tête est courte. Les pièces operculaires sans épines ni dentelures.

Les rayons branchiostéges sont au nombre de cinq à sept.

Les mâchoires sont sensiblement égales, armées dans certains genres, à la partie antérieure de dents canines suivies de dents molaires, dans d'autres, de dents en velours seulement, ou bien, de dents tranchantes, échancrées ou lisses sur leurs bords.

La nageoire dorsale est unique et formée d'une partie osseuse suivie d'une partie molle à peu près égale.

Les pectorales sont falciformes.

Leur pylore est pourvu d'appendices cœcaux et leur vessie natatoire qui existe chez tous, est souvent bilobée à sa partie postérieure.

Les Sparoïdes se nourrissent à la fois de substances végétales et animales; ils habitent non loin des côtes des régions tempérées et tropicales et certaines espèces s'engagent quelquefois dans les rivières.

---

## GENRE SARGUE.

*Sargus*, LINNÉ.

Corps élevé et comprimé latéralement, recouvert d'écailles de grandeur ordinaire.

Tête courte, écailleuse sur ses parties latérales, pièces operculaires lisses.

Mâchoires garnies de dents incisives et de dents molaires.

Nageoire dorsale unique, portion antérieure épineuse, seconde portion molle.

Rayons épineux de l'anale au nombre de trois.

Cinq ou six rayons branchiostéges.

Appendices pyloriques en petit nombre.

Vessie natatoire souvent lobulée.

### Pl. 32. — SARGUE DE RONDELET.

*Sargus*.......... Rondelet, t. V, ch. 5, p. 122.
*Sparus sargus*.... Linné, *Gmel.*, p. 1270. — Bloch, pl. 264. — Id. *Schneid. Syst.*, p. 270. — Lacép., t. IV, p. 27. — Risso, *Faun. de Nice*, p. 236.
*Sargus raucus*.... Geoffr. *Desc. Eq.*, *Poissons*, p. 18.
*Sargus Rondeletii*. Cuv. et Valenc., *Poiss.*, t. VI, p. 14, pl. 141. — Guich., *Expl. Alg.*, p. 46. — Bonap., *Cat. Poiss. Europ.*, p. 54. — Gunth., *Cat. acanth.*, t. I, p. 440.

*Base*, Angleterre.— *Geisbrassen*, Allemagne. — *Sargo, Sarago*, Sardaigne et Italie.

Le Sargue de Rondelet, qui est très-commun dans la Méditerranée, se pêche également dans l'Océan, sur les côtes de Portugal, d'Espagne et de France ; il est connu de nos pêcheurs méridionaux sous le nom de *Sarguet*, nom qu'ils donnent aussi indistinctement aux autres espèces de ce genre.

Il pénètre quelquefois dans les étangs salés voisins du littoral, dans les rades et les ports où il trouve de nombreux débris organiques qui servent à sa nourriture.

Ce poisson a le corps haut et comprimé; sa courbure dorsale est plus prononcée que sa courbure ventrale. Sa tête, bien proportionnée, est comprise quatre fois dans la longueur totale du corps.

Le museau, arrondi, est pourvu de lèvres épaisses.

La bouche, relativement peu fendue, est garnie de dents en forme d'incisives au nombre de huit.

De semblables organes sont placés sur trois rangées à la mâchoire supérieure, sur deux au maxillaire inférieur.

Les os pharyngiens sont munis de dents en carde.

La nageoire dorsale, peu élevée, occupe les trois quarts environ de la courbure dorsale; elle est formée de douze rayons épineux suivis de douze à quinze rayons mous.

Les pectorales sont allongées, elles comptent seize rayons.

Les ventrales, placées au-dessous des pectorales, sont triangulaires. Elles ont un rayon épineux suivi de cinq rayons mous.

L'anale a trois rayons épineux suivis de treize mous. Elle est exactement opposée à la partie molle de la nageoire dorsale.

Enfin la caudale, bien développée et fourchue, est formée de dix-sept rayons.

Les écailles sont grandes et imbriquées de telle façon qu'on n'aperçoit qu'un tiers environ de leur surface. Il y en a soixante à la ligne latérale qui est convexe et plus rapprochée du dos que du ventre.

Les parties latérales de la tête sont aussi recouvertes d'écailles, mais elles sont plus petites que celles du corps.

Les couleurs de ce Sargue sont d'un gris argenté sur le dos et les flancs qui sont parcourus par des bandes transversales noirâtres ou argentées. Le ventre est plus clair.

Les nageoires pectorales et ventrales sont noirâtres avec des reflets verts; la dorsale est grisâtre et la caudale verdâtre est lavée de noir sur son bord libre.

Les cœcums pyloriques sont au nombre de cinq.

Le Sargue de Rondelet vit de petits poissons, de mollusques et de zoophytes. On le pêche en l'attirant avec des débris de sardines, de la farine avariée ou toute autre matière organique en décomposition.

Il fréquente de préférence les côtes et se réunit par bandes assez nombreuses. On a remarqué que les femelles étaient plus abondantes que les mâles.

## SARGUE SALVIEN.

*Sparus sargus* ... Brun., p. 38.
*Sparus puntazzo*. Risso, *Europ. mérid.*, t. III, p. 352.
*Sargus vulgaris*.. Geoffr., *Desc. Eg.*, pl. 18, fig. 2. — Gunth., *Cat. acanth.*, p. 437.
*Sargus salviani*... Cuv. et Valenc., t. VI, p. 28. — Bonap., *Cat. Poiss. Europ.*, p. 54. Guich., *Expl. Alg.*, p. 47.

*Sargo*, *Sargone*, Italie. — *Chargouch*, Algérie.

Le corps du Sargue de Salvien, que l'on nomme *Sargou* ou *Rascas* sur les côtes de Nice et *Sarguet* sur celles du Languedoc, est plus allongé et moins haut que celui du Sargue précédent.

Sa face est plus proéminente et le crâne présente une saillie à sa région frontale.

Les dents sont moins fortes que dans le Sargue de Rondelet.

La dorsale a un rayon épineux de moins que dans l'espèce que nous avons décrite précédemment, mais les rayons mous sont quelquefois plus nombreux. Les pectorales n'ont que quatorze rayons.

Les couleurs de ce poisson sont brillantes; les flancs présentent de beaux reflets dorés et les bandes transversales qui les sillonnent sont jaune-clair.

La nageoire dorsale est brun-jaunâtre, la caudale généralement blanche, les pectorales grises et l'anale noirâtre.

Dans certains parages de la Méditerranée, cette espèce est plus abondante que la précédente.

Quelques auteurs ont séparé le Puntazzo de Risso du Sargue de Salvien et en ont fait une espèce distincte.

La formule des rayons des nageoires est la suivante :

D. 11 + 15. — P. 14. — V. 1 + 5 — A. 3 + 14. — C. 17.

La ligne latérale est formée de cinquante-cinq écailles, et les cœcums pyloriques sont au nombre de quatre.

La chair de ce poisson est très-estimée.

## PETIT SARGUE.

*Sparus annularis*. Linn., *Gmel.*, p. 1270. — Bloch, *Schneid. Syst. Ichth.*, p. 272.
*Sparus haffara*.. Risso, *Icht. Nice*, p. 244.
*Sargus annularis*. Geoffr., *Desc. Eg. Poiss.*, pl. 18, fig. 3. — Cuv. et Val., t. VI, p. 35, pl. 142. — Guich., *Expl. Alg.*, p. 47. — Bonap., *Cat. Poiss. Europ.*, p. 54. — Gunth., *Catal. acanth.*, t. I, p. 445.

*Annular gilt head*, Angleterre. — *Sparbrassen*, Allemagne. — *Sparlo, Occhiata, Carlinetto*, Italie. — *Spargil*, Espagne.

Ce poisson se prend en abondance sur toutes les côtes de la Méditerranée. Il est commun sur les plages du Languedoc, sur celles de provence, de Nice, de Gênes, de Toscane et de Naples. On le prend aussi dans les eaux de l'Espagne et les pêcheurs de Majorque le désignent sous le nom d'*Esperay*.

C'est une espèce de petite dimension, dont le corps moins élevé que celui des sargues que nous avons décrits précédemment, est coloré de jaune dans sa région dorsale, de gris à reflets d'argent sur les flancs et de blanc dans la région ventrale. La région caudale de ce poisson porte une tache annulaire noirâtre d'où lui vient son nom de Sargue annulaire.

Il y a aussi des différences avec les espèces précédentes, dans la forme de la tête qui est petite et moins bombée dans sa région frontale.

Les dents incisives sont larges et nombreuses.

La formule des rayons des nageoires est la suivante :

D. 11. + 13. — P. 14. — V. 1 + 5. — A. 3 + 11. — C. 17.

La ligne latérale est formée de cinquante-cinq écailles et les cœcums pyloriques sont au nombre de quatre.

## SARGUE VIEILLE.

*Sargus vetula*. Cuv. et Valenc., *Hist. Poiss.*, t. VI, p. 48. — Bonap., *Cat. Poiss. Europ.*, p. 54. — Guich., *Expl. Alg.*, p. 47. — Gunth., *Cat. acanth.*, t. I, p. 444.

*Sarigu, Orada vecchia*, Italie.

Le Sargue vieille qui égale en grandeur le Sargue ordinaire, a le corps très-haut et la courbure dorsale très-prononcée.

La tête est courte, le museau arrondi; les dents molaires, plus nombreuses que dans les autres espèces, sont disposées sur quatre rangées à la mâchoire supérieure et sur trois au maxillaire inférieur.

La nageoire dorsale a onze rayons osseux suivis de quatorze mous; les pectorales ont dix-sept rayons; les ventrales, un rayon osseux suivi de cinq mous, l'anale trois rayons osseux et treize mous, la caudale dix-sept rayons.

Le corps de ce poisson, qui est d'un beau gris, a des reflets dorés. Les flancs sont argentés et parcourus par un nombre variable de lignes longitudinales de couleur foncée. On remarque deux taches noirâtres en arrière de l'opercule et une à la région caudale.

Les mœurs du Sargue vieille sont à peu près les mêmes que celles des espèces précédentes.

Il y a environ quatre-vingts écailles à la ligne latérale.

---

## GENRE CHRYSOPHRYS

*Chrysophris*, CUVIER.

Corps très-élevé, comprimé latéralement, et recouvert d'écailles peu développées.

Une seule nageoire dorsale, à région antérieure épineuse et portion postérieure molle.

Tête courte, garnie d'écailles sur les parties latérales.

Incisives de forme conique à chaque mâchoire.

Dents molaires sur trois ou un plus grand nombre de rangées.

Six rayons branchiostéges.

Appendices pyloriques en petit nombre.

Vessie natatoire présentant quelquefois de petits appendices.

## Pl. 33. — DAURADE.

*Aurata*............ Rondelet, t. V, ch. II, p. 115.
*Aurata vulgaris*.... Aldrov., t. II, ch. XV, p. 171.
*Sparus aurata*..... Linn., *Syst. nat.*, t. I, p. 467. — Gmel, p. 1270. — Bloch, pl. 266. — Bloch, *Schneid. Syst. Ichth.*, p. 270. — Risso, *Ichth. Nice*, p. 234. — Lacép., *Poiss.*, t. IV, p. 57. — Bonap., *Cat Poiss. Europ.*, p. 54.
*Chrysophrys aurata*. Cuv. et Valenc., *Hist. Poiss.*, t. VI, p. 85, pl. 145. — Yarr., *Brit. fish.*, t. I. p. 111. — Guich., *Expl. Alg.*, p. 48. — Gunth. *Catal. acanth.*, t. I, p. 484.

*Gilt-head*, *Giltpoll*, Angleterre. — *Goldbrassen*, Allemagne. — *Goudbrassen*, Hollande. — *Dorada*, Espagne. — *Aura*, *Aurata*, Italie.

La Daurade, que l'on pêche dans toutes les mers, se prend en abondance sur nos côtes de la Méditerranée et de l'Océan. Elle était connue des naturalistes dès la plus haute antiquité et les riches Romains la recherchaient pour la faire paraître sur leur table. Un certain Sergius poussait même la vanité jusqu'à se faire surnommer *Aurata* à cause du prix excessif qu'il payait pour se procurer de ces poissons.

La Daurade est si élégante comme couleur et comme forme que les Grecs l'avaient surnommée le *Sourcil d'or* et l'avaient dédiée à Vénus.

Les habitants des côtes françaises de la Méditerranée l'appellent encore aujourd'hui l'*Aouradè*, et les pêcheurs du Languedoc la nomment *Saouquèna* quand elle est jeune.

La chair très-délicate de ce poisson devient d'une finesse extrême lorsqu'on l'a fait séjourner quelque temps dans l'eau douce, et les Romains avaient déjà essayé de l'acclimater dans les lacs qui environnent Rome. De nos jours, celles qu'on pêche dans les étangs saumâtres sont les plus estimées.

Le corps de ce poisson, qui a une certaine analogie avec celui de la Brême de mer, a sa plus grande hauteur vers le premier tiers de sa nageoire dorsale. La tête est courte et large, la bouche est étroite, les lèvres épaisses.

La mâchoire inférieure est un peu plus courte que la supérieure. Les dents incisives sont au nombre de six à chaque mâchoire ; elles ont la forme d'un cône allongé et un peu recourbé en arrière.

Les dents molaires, aplaties et en forme de meules, sont disposées sur cinq rangs à la mâchoire supérieure et sur trois à l'inférieure. Tous ces organes sont très-forts et disposés pour le broiement.

L'œil grand, est entouré d'un cercle doré. La pupille est noire et présente une petite échancrure à sa partie antérieure et supérieure.

La nageoire dorsale naît sur une verticale passant un peu en arrière du bord postérieur de l'opercule; elle compte onze rayons osseux et treize rayons mous, plus petits que les premiers.

Les pectorales sont larges et longues; elles ont seize rayons mous.

Les ventrales sont courtes et composées d'un rayon osseux suivi de cinq mous.

L'anale, placée au-dessous de la partie molle de la dorsale, est formée de trois rayons osseux suivis de onze rayons mous.

La caudale, un peu fourchue, a dix-sept rayons.

La ligne latérale suit la courbure dorsale. Elle est plus rapprochée du dos que du ventre et les écailles qui la constituent sont petites et au nombre de soixante-seize. Celles qui recouvrent le corps sont aussi peu développées.

Ce poisson, qui atteint d'assez fortes dimensions, pèse ordinairement dix ou douze livres. Il se nourrit de petits crustacés et de mollusques.

Au printemps, il vient frayer sur les côtes; en hiver il se retire au fond des eaux. On a souvent dit que la Daurade donnait la chasse aux poissons volants qui, pour lui échapper, s'élevaient au-dess s des flots; on l'a alors confondue avec la Coryphène, qui dans certains pays porte le nom de Daurade.

Les appendices pyloriques sont au nombre de quatre.

Il est difficile de donner une idée exacte de la coloration de ce poisson. Sorti de l'eau, son aspect change immédiatement. Quoi qu'il en soit, on peut dire que la Daurade a les parties supérieures du corps d'un gris violacé à reflets rougeâtres ou bleuâtres; ses flancs sont d'un beau jaune d'or et son ventre est argenté.

On remarque dans la région inter-orbitaire une bande d'un beau jaune d'or brillant.

Il y a dans la Méditerranée une autre espèce de Daurade, mais elle ne fréquente pas nos côtes françaises, elle habite les régions les plus orientales de cette mer et ne vient qu'accidentellement sur les côtes d'Italie ou de Sardaigne. C'est la Daurade à museau renflé (*Chrysophrys crassirostris*); elle est d'une taille inférieure à celle de l'espèce précédente.

## GENRE PAGRE.

*Pagrus*, CUVIER.

Corps élevé, comprimé latéralement et garni d'écailles assez grandes.

Tête courte, joues écailleuses; rayons branchiostéges au nombre de six.

Mâchoires presque égales, armées en avant de dents caniniformes suivies de dents en carde et de molaires.

Une seule nageoire dorsale dont les rayons épineux sont en général au nombre de douze. Ceux de la nageoire anale au nombre de trois.

Appendices pyloriques en petit nombre.

Vessie natatoire simple.

### Pl. 34. — PAGRE VULGAIRE.

*Pagrus*.......... Rondelet, t. V, p. 142.
*Sparus pagrus*... Linn., *Syst. nat.*, t. I, p. 469. — Risso, *Ichth. Nice*, p. 241.
*Sparus argenteus*. Bloch, *Schneid. Syst. Ichth.*, p. 271.
*Pagrus vulgaris*.. Cuv. et Valenc., t. VI, p. 142, pl. 148. — Bonap., *Cat. Poiss. Europ.*, p. 54. — Yarrel, *Brit. fish.*, t. I, p. 116, — Guich., *Expl. Alg.*, p. 49. — Gray, *Cat. Brit. fish. acanth.*, p. 17. — Gunth., *Cat. acanth.*, t. I, p. 466.

*Braize, Becker*, Angleterre. — *Sackflosser*, Allemagne. — *Zack brassen*, Hollande. — *Bezugo*, Espagne. — *Phagros*, Portugal. — *Pagro, Sarago*, Italie. — *Phaggari*, Grèce.

Ce Pagre, qui a été figuré la première fois par Rondelet, habite la Méditerranée et l'Océan.

C'est un poisson migrateur qui vit par bandes peu nombreuses.

Il se plaît à d'assez grandes profondeurs et se nourrit de petits poissons, de crustacés, de mollusques et même de matières végétales. L'été il se rapproche des rivages.

Il a beaucoup d'analogie avec la Daurade, mais il s'en distingue cependant par plusieurs caractères bien tranchés et à première vue par un corps moins haut et sensiblement plus allongé. La tête est courte, la bouche fendue obliquement, les lèvres épaisses. Les mâchoires, égales, sont armées de dents de formes différentes. Les antérieures, au nombre de quatre, sont fortes et aiguës, analogues à celles de la Daurade. Après elles viennent des dents plus fines qui sont bientôt suivies de dents arrondies au nombre de cinq ou six et en forme de pavés.

Les opercules sont lisses, plus hauts que larges, et les rayons branchiostéges au nombre de six.

Les écailles sont grandes. La ligne latérale suit la courbure dorsale. Elle est plus rapprochée du dos que du ventre et composée de cinquante-six écailles.

La nageoire dorsale, très-allongée et peu élevée, est formée de douze rayons osseux à peu près d'égale hauteur suivis de dix rayons mous.

Les pectorales, falciformes, ont quinze rayons.

Les ventrales, moins développées que les pectorales mais cependant allongées, ont un rayon épineux suivi de cinq rayons mous.

L'anale, opposée à la partie molle de la dorsale, a trois rayons osseux suivis de huit rayons mous.

Enfin la caudale est formée de dix-sept rayons et faiblement échancrée au bord postérieur.

Les parties supérieures du corps de ce poisson sont peu foncées et colorées de rose. Les flancs sont argentés à reflets roses moins vifs que ceux du dos; le ventre est blanc ou légèrement teinté de jaune.

## Pl. 35. — PAGRE ORPHE.

*Aurata orphus*. Risso, *Europ. Mérid.*, t. III, p. 365.
*Pagrus orphus*. Cuv. et Valen., t. VI, p. 150, pl. 149. — Bonap., *Cat. Poiss. Eur.*, p. 54. — Gunth., *Cat. acanth.*, t. I, p. 467.

*Couch's Sea Bream*, Angleterre.

Ce poisson, qui est très-rare dans la Méditerranée, l'Océan et la Manche, vit sur les fonds rocailleux et peu profonds. On le prend quelquefois dans la rade de Toulon. Il n'a pas encore été signalé sur les côtes du Languedoc. Il se nourrit de mollusques et de petits crustacés, et atteint d'assez fortes dimensions.

Le corps de l'Orphe a assez d'analogie avec celui du Pagre vulgaire. La tête est courte et s'abaisse brusquement dans la région faciale.

La bouche, placée très-bas, est bordée par des lèvres épaisses. Les mâchoires, à peu près égales, sont garnies de dents coniques suivies de dents molaires. Il y a également de ces organes aux os pharyngiens.

L'œil est grand, bordé d'un cercle doré.

Les écailles qui recouvrent le corps sont larges; il y en a sur l'opercule et le sous-opercule.

La ligne latérale, plus rapprochée du dos que du ventre, est très-marquée et suit la courbure dorsale.

La nageoire dorsale, assez développée, présente douze rayons osseux suivis de dix mous.

Les pectorales sont larges et longues, elles ont quinze rayons.

Les ventrales ont un rayon épineux et cinq mous.

L'anale a trois rayons osseux et huit ou neuf rayons mous.

La caudale est développée, fourchue et formée de vingt-neuf rayons.

Les couleurs de ce poisson sont très-vives. Les parties supérieures du dos et de la tête sont d'un beau rouge laque; la région frontale présente une bande bleuâtre. Les flancs sont rosés et le ventre argenté.

Les nageoires sont rouges, excepté l'anale qui est jaune pâle.

Le Pagre orphe est pourvu de cinq cœcums pyloriques.

---

## GENRE PAGEL.

*Pagellus*, CUVIER.

Corps assez élevé, recouvert d'écailles de grandeur ordinaire.

Pièces operculaires lisses.

Dents antérieures en velours, rangée externe plus forte. Molaires arrondies disposées sur plusieurs rangées.

Six rayons branchiostéges.

Appendices pyloriques en petit nombre.

Vessie natatoire simple.

## Pl. 36. — PAGEL COMMUN.

*Sparus erythrinus* .. Linn., *Syst. nat.*, t. I, p. 469. — Bloch, *Schneid. Syst. Ichth.*, p. 275. — Risso, *Ichth. Nice*, p. 240.

*Sparus pagellus* .... Lacép., t. III, p. 86.

*Pagrus erythrinus*.. Risso, *Europ. mérid.*, t. III, p. 361.

*Pagellus erythrinus*. Cuv. et Valenc., t. VI, p. 170, pl. 150. — Yarrel, *Brit. fish.*, t. I, p. 120. — Bonap., *Cat. Poiss. Europ.*, p. 53. — Guich., *Expl. Alg.*, p. 50. — Gunth., *Cat. acanth.*, t. I, p. 473.

*Erythrinus*, Angleterre. — *Pagellu*, *Fragolino*, *Alborno*, Italie.

Le Pagel commun, qui est abondant sur nos côtes de la Méditerranée, l'est surtout aux environs de Nice où, suivant Risso, on le pêche en toute saison. Il se prend également dans l'Océan, mais il devient rare à mesure qu'on remonte vers le Nord.

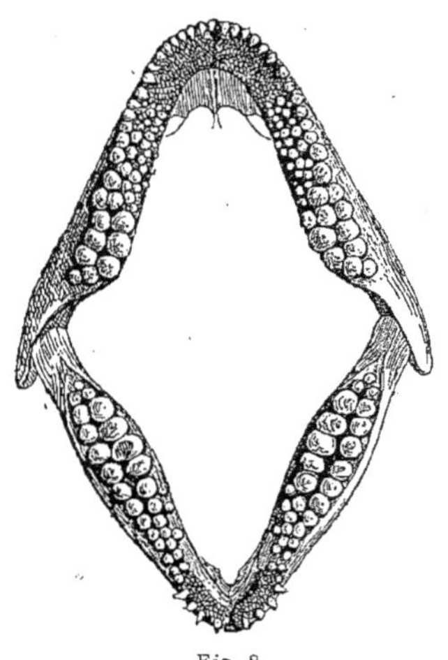

Fig. 8.
DENTITION DU PAGEL COMMUN
(*Pagellus erythrinus*).

Fréquentant durant la mauvaise saison les grands fonds d'eau, il ne se rapproche du rivage que vers le commencement de l'été. Il est très-vorace et se nourrit de petits crustacés, de mollusques et de végétaux.

Le corps du Pagel commun, qui a la forme d'un ovale allongé, est recouvert d'écailles relativement grandes.

La tête est courte, la bouche médiocrement fendue et les lèvres épaisses.

La mâchoire inférieure est un peu plus longue que la supérieure. Toutes deux sont armées de plusieurs rangées de dents dont les antérieures sont fines et pointues. En dehors d'elles on en voit de plus fortes ; peu à peu elles s'émoussent et la partie postérieure est garnie de véritables molaires disposées sur deux séries.

Les os pharyngiens et les arcs branchiaux portent également de ces organes.

La nageoire dorsale naît un peu en arrière d'une verticale passant par le bord postérieur de l'opercule. Elle compte douze rayons épineux suivis de dix rayons mous.

Les pectorales, falciformes, ont un rayon osseux suivi de cinq rayons mous.

Les ventrales, longues et pointues, sont formées d'un rayon osseux et de cinq rayons mous.

L'anale, opposée à la partie molle de la dorsale, compte trois rayons osseux suivis de neuf rayons mous.

Enfin la caudale, fortement échancrée, a dix-sept rayons.

Les parties supérieures du corps de ce poisson sont d'un rouge brillant qui va s'affaiblissant sur les flancs. Le ventre est argenté.

Les nageoires sont ordinairement de même couleur que le corps. Cependant celles des parties inférieures sont plus pâles.

Les écailles de la ligne latérale sont au nombre de soixante; les cœcums pyloriques au nombre de quatre et la vessie natatoire unilobulée.

## Pl. 37. — PAGEL A DENTS AIGUES.

*Sparus orphus*........ Lacép., t. IV, p. 146.
*Sparus pagrus*........ Bloch, pl. 267. — Bloch, *Schneid. Syst. Ichth.*, p. 271. — Turton, *Brit. faun.*, p. 98.
*Sparus centrodontus* .. De la Roche, *Ann. du Mus.*, t. XIII, p. 345, pl. 23, fig. 2.
*Sparus massiliensis*... Risso, *Ichth. Nice*, p. 247. — Risso, *Europ. mérid.*, p. 357.
*Pagellus centrodontus*. Cuv. Valenc., t. VI, p. 180. — Yarrel, *Brit. fish.*, t. I, p. 123. Bonap., *Cat. Poiss. Europ.*, p. 53. — Guich., *Expl. Alg.*, p. 50. — Gunth., *Cat. acanth.*, t. I, p. 476.

*Braize. Common Sea Bream*, Angleterre. — *Rothschuppe*, Allemagne. — *Rood brasen*, Hollande. — *Gorazo, Gurazo, Bezogo*, Espagne. — *Pagello*, Italie.

Le Pagel à dents aiguës, que l'on nomme aussi *Rousseau*, est commun dans la Méditerranée, l'Océan, la Manche et la mer du Nord. On le prend souvent dans quelques-uns de nos ports tels que Brest, Dieppe, Boulogne, etc. Comme le Pagel commun on le pêcherait toute l'année sur les côtes de Nice.

Les pêcheurs des côtes du Languedoc l'appellent *Patjel.*

Ce poisson n'est pas très-rare en Angleterre et il est cité par Nilsson dans son *Prodromus Ichthyologiæ Scandinavicæ.*

Il a les habitudes du Pagel commun; comme ce dernier il ne fréquente les côtes qu'en été et se retire l'hiver dans les grands fonds d'eau. Sa nourriture est la même que celle du Pagel ordinaire mais sa chair n'est pas tenue en grande estime. On en fait cependant une assez grande consommation.

Le Pagel à dents aiguës bien qu'ayant certains points d'analogie avec le Pagel commun s'en distingue cependant par plusieurs caractères.

Son corps est en effet plus élevé, sa tête plus courte et son museau plus arrondi; les dents des mâchoires sont plus fines et moins nombreuses, les dents pharyngiennes plus fortes, l'œil plus grand.

Ajoutons que les mâchoires sont égales, que la ligne latérale qui suit la courbure dorsale a soixante-quinze écailles, et que la nageoire caudale est moins échancrée que dans l'espèce précédente.

La nageoire dorsale a douze rayons osseux et treize rayons mous; les pectorales, dix-sept rayons; les ventrales, un rayon osseux suivi de cinq rayon mous; l'anale, trois rayons osseux et douze mous; la caudale, dix-sept rayons.

Les parties supérieures du corps de ce poisson sont d'un gris rougeâtre, les flancs sont plus clairs et le ventre blanc a des reflets dorés. A la naissance de la ligne latérale se trouve une large tache noire. La dorsale et l'anale sont brunes; les pectorales, les ventrales et la caudale sont rouges.

Les cœcums pyloriques sont, comme dans l'espèce précédente, au nombre de quatre.

## PAGEL ACARNE.

*Acarne*........ Rondelet, t. XV, chap. xx, p. 151.
*Sparus berda*.. Risso, *Ichth. Nice.*, p. 252.
*Pagrus acarne*. Cuv. et Valenc., t. VI, p. 191. — Cuv., *Règn. an. ill.*, pl. 35, fig. 1. — Bonap., *Cat. Poiss. Europ.*, p. 53. — Guich., *Expl. Alg.*, p. 51. — Gunth., *Cat. acanth.*, t. I, p. 480.

*Axillary Bream*, Angleterre. — *Bezugo*, Madère. — *Fragolino*, Italie.

Le Pagel acarne qui se trouve dans la Méditerranée habite aussi l'Océan et se prend jusque sur les côtes d'Angleterre. On le rencontre aussi communément que les espèces précédentes, et les pêcheurs italiens et français lui donnent le même nom qu'au Pagel ordinaire.

Ce Pagel a le corps moins haut que celui de l'Erythrinus; sa plus grande hauteur est égale à la longueur de la tête; son museau est aussi plus arrondi.

Les dents antérieures, petites et nombreuses, sont placées sur plusieurs rangs. Celles du rang externe sont plus fortes et crochues. Il n'y a que deux rangées de molaires.

La ligne latérale décrit une courbure moins prononcée que dans les espèces précédentes; elle a soixante-douze écailles. Celles qui couvrent le corps sont plus petites que dans les espèces déjà décrites.

La nageoire dorsale a douze rayons osseux suivis de onze mous; les pectorales ont seize rayons; les ventrales, un rayon osseux et cinq mous; l'anale, trois rayons osseux et dix mous et la caudale dix-sept rayons.

Les couleurs générales du corps sont d'un gris d'argent à reflets dorés ou rougeâtres. A la partie axillaire de la pectorale on voit une large tache brun-rougeâtre.

La dorsale et la caudale sont d'un beau rouge. L'anale, les pectorales et les ventrales sont blanches.

Ce poisson a les mêmes habitudes que les autres pagels.

## PAGEL BOGUERAVEL.

*Pagellus bogaraveo*. Brunn., *Pisc. Mass.*, p. 49. — Lacép., t. IV, p. 111. — Risso, *Ichth. Nice*, p. 249.
*Pagrus bugaravella*. Risso, *Europ. mérid.*, p. 359.
*Pagellus bogaraveo*. Cuv. et Valenc., t. VI, p. 196. — Bonap., *Cat. Poiss. Europ.*, p. 53. — Gunth., *Cat. acanth.*, t. I, p. 480.

Ce Pagel, qu'on trouve communément dans la Méditerranée et qu'on rencontre également dans l'Océan, dépasse rarement la taille de quinze à vingt centimètres. Les pêcheurs bretons l'appellent *Pilonneau* et les Languedociens *Bougrabèou*. Ses habitudes sont les mêmes que celles des espèces précédentes.

Le corps de ce poisson est moins allongé que celui de l'Acarne. Sa tête est aussi plus courte, son museau plus arrondi et la crête sagittale moins marquée dans sa partie antérieure.

La bouche est armée supérieurement et inférieurement de deux rangées de petites molaires. La courbure de la ligne latérale, qui compte soixante-dix écailles, est peu marquée.

La formule des rayons des nageoires est la suivante :

D. 12 ou 13 + 12.— P. 17.— V. 1 + 5.—A. 3 + 11 ou 12.— C. 17.

Les couleurs de ce poisson sont très-harmonieuses; les parties supérieures de son corps sont rosées, les flancs et le ventre sont argentés et ont souvent des reflets dorés.

La nageoire dorsale est rougeâtre, bordée de noir, les pectorales et les ventrales sont jaunâtres; l'anale et la caudale sont lavées de rose.

## PAGEL MORME.

*Sparus mormyrus*.. Linn., *Syst. nat.*, p. 472. — Brunn., *Pisc. Mass.*, p. 96. — Bloch, *Schneid. Syst. Ichth.*, p. 277.
*Pagrus mormyrus*.. Geoffr., *Desc. Eg. Poiss.*, pl. 18, fig. 3.
*Pagellus mormyrus*. Cuv. et Valenc., t. VI, p. 200. — Bonap., *Cat. Poiss. Europ.*, p. 53, — Guich., *Expl. Alg.*, p. 51. — Gunth., *Cat. acanth.*, t. I, p. 481.

*Murmungioni, Mormyro,* Italie. — *Mormo*, Espagne.

Ce Pagel, qui est peu commun dans la Méditerranée, est désigné en Italie sous le nom de *Mormia, Mormyro, Mormo*, etc. Les pêcheurs provençaux le nomment *Morme*, et sur les côtes du Languedoc on l'appelle *Tenillé*.

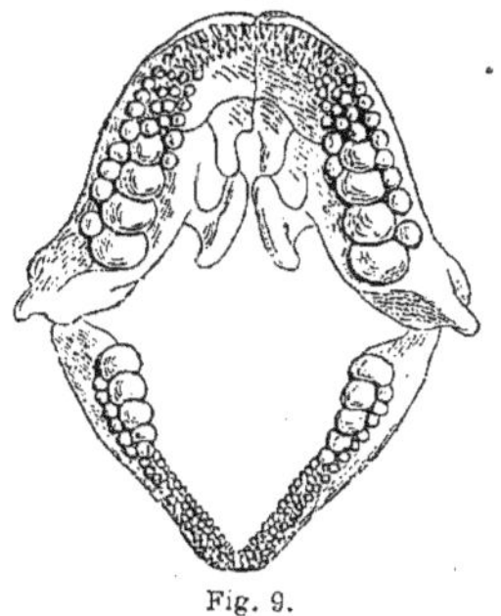

Fig. 9.
DENTITION DU PAGEL MORME.
(*Pagellus mormyrus*).

Le corps du Morme est assez allongé. La bouche, très-protractile, a ses mâchoires égales et armées de dents de différentes formes. La mâchoire surpérieure a sa partie antérieure garnie de dents villiformes, la rangée externe de ces organes est plus forte; en arrière se trouvent quatre rangées de molaires.

Le maxillaire inférieur présente des dents en carde, mais les molaires ne s'y trouvent disposées que sur deux ou trois rangs.

Les rayons des nageoires sont ainsi disposés :

D. 11 + 12. — P. 16. — V. 1 + 5. — A. 3 + 10. — C. 17.

Le corps de ce poisson a des reflets argentés. Les flancs sont parcourus par des bandes noirâtres, séparées par d'autres plus claires et moins longues; le ventre est blanc.

### Pl. 38. — PAGEL D'OWEN.

*Pagellus erythrinus*. Yarrel, *Brit. fish.*, p. 120.
*Pagellus Owenii*.... Gunth., *Cat. acanth.*, t. I. p. 478.

*Spanish Bream*, Angleterre.

On trouve sur les côtes d'Angleterre, d'Écosse et d'Irlande une autre espèce de Pagel à laquelle les naturalistes anglais ont donné le nom d'*Axillary-Bream*, et qu'ils ont confondu avec le Pagel Acarne et avec l'Érythrinus. Elle a bien quelques analogies avec le Pagel à dents aiguës, mais s'en distingue par certains caractères extérieurs, et entre autres par un corps plus épais, un museau plus allongé et des molaires disposées sur trois rangées à la mâchoire supérieure.

---

## GENRE DENTEX.

*Dentex*, Cuvier.

Corps élevé, de forme oblongue et recouvert d'écailles cténoïdes assez développées.

Œil de grandeur ordinaire.

Ouverture de la bouche plus ou moins horizontale.

Mâchoires égales portant au moins quatre canines. En arrière de celles-ci, des dents en velours.

Opercules et préopercules écailleux. Six rayons branchiostéges.

Appendices pyloriques en petit nombre.

Vessie natatoire divisée à sa partie postérieure.

## Pl. 39. — DENTEX.

*Sparus dentex*.. Linn., Gmel., p. 1278. — Bloch., *Schneid. Syst. Ichth.*, p. 271. — Lacép., t. IV, p. 121. — Risso, *Ichth. Nice*, p. 253.
*Cichla dentex*... Bloch, *Schneid. Syst. Ichth.*, p. 337.
*Sparus cetti*.... Risso, *Ichth. Nice*, p. 256.
*Dentex cetti*..... Risso, *Europ. mérid.*, t. III, p. 256.
*Dentex vulgaris*. Cuv. et Valenc., t. VI, p. 220, pl. 153. — Yarrel, *Brit. fish.*, t. I, p. 127. — Bonap., *Cat. Poiss. Europ.*, p. 53. — Guich., *Expl. Alg.* p. 51. — Gunth., *Cat. Acanth.*, t. I, p. 366.

*Dentex*, Angleterre. — *Zahnbrassem*, Allemagne. — *Dentale, Dentici*, Italie.

Ce poisson qui habite la Méditérranée, où il est peu commun, se trouve aussi dans l'Océan où il est également assez rare.

Il a été observé par les anciens naturalistes et se distingue des autres Sparoïdes par la taille considérable à laquelle il parvient. Duhamel fait mention d'un de ces poissons qui pesait soixante-dix livres. Il se plaît dans les grands fonds d'eau, mais au printemps il se rapproche des côtes et fréquente les embouchures des fleuves. C'est là qu'il va déposer ses œufs.

Sur les côtes de la Méditerranée on le nomme *Denti* et quelquefois *Pagré*.

Sa chair est assez estimée et on la livre à la consommation, soit fraîche, soit salée.

Le Dentex a le corps haut et comprimé. Sa tête obtuse est aplatie dans sa région interorbitaire.

Des deux mâchoires, l'inférieure est la plus longue. Elles sont armées toutes deux de quatre dents canines recourbées dont les externes sont les plus fortes. En arrière d'elles se trouvent des dents aigües.

Fig. 10.
DENTITION DU DENTEX (*Dentex vulgaris*).

Le préopercule n'est pas dentelé; l'opercule est légèrement festonné.

La ligne latérale, qui suit d'abord la courbure dorsale, s'incline ensuite dans la région caudale ; elle est rapprochée du dos et compte soixante écailles. Celles qui recouvrent le corps sont cténoïdes et de grandeur ordinaire. Il y en a de plus petites sur les joues, l'opercule et le préopercule

La nageoire dorsale compte onze rayons osseux. Sa plus grande hauteur se trouve au niveau du quatrième rayon. Après ces rayons osseux viennent onze rayons mous.

Les pectorales, très-longues et falciformes, sont composées de quinze rayons.

Les ventrales présentent un rayon épineux et cinq mous.

L'anale, courte, a trois rayons osseux et huit rayons mous.

Enfin la caudale dont le bord libre est découpé en croissant a dix-sept rayons.

Les parties supérieures du corps du Dentex sont d'un brun rougeâtre. Elles présentent souvent des macules noirâtres. Les flancs sont plus clairs. Le ventre est d'un blanc sale. Quant aux nageoires, elles sont d'un brun plus ou mons foncé tirant quelquefois sur le jaune.

Dans cette espèce, les cœcums pyloriques sont au nombre de cinq.

On prend encore dans la Méditerranée un autre Dentex, les *Dentex aux gros yeux* ou *Dentex macrophtalmus* (Cuv. et Valenc., *Hist. Poiss.*, t. VI, p. 227), qui est d'un rouge uniforme. Cette espèce, bien que rare, a été retrouvée par M. Guichenot pendant son exploration scientifique sur les côtes d'Algérie, p. 51. C'est le *Sparus macrophtalmus* de Bloch et le *Sparus Erythrostoma* de Risso.

---

## GENRE CANTHÈRE.

*Cantharus*, CUVIER.

Corps haut, comprimé, recouvert d'écailles assez grandes. Tête courte et bombée à son sommet. Bouche peu fendue. Lèvres charnues.

Dents nombreuses en velours sur plusieurs rangées; celles qui constituent la rangée externe sont plus fortes.

Joues écailleuses.

Six rayons branchiostéges.

Vessie natatoire bilobée dans sa partie postérieure.

## Pl. 40. — CANTHÈRE COMMUN.

*Sparus cantharus*... Linn., Gmel., p. 1274. — Bloch, *Schneid. Syst. Ichth.*, p. 17.
*Pagrus lineatus*..... Flemm., *Brit. Anim.*, p. 211.
*Cantharus vulgaris*.. Cuv. et Valenc., t. VI, p. 319, pl. 160. — Bonap., *Cat. Poiss. Europ.*, p. 53. — Guich., *Expl. Alg.*, p. 53.
*Cantharus griseus*... Cuv. et Valenc., t. VI, p. 333. — Yarrel, *Brit. fish.*, p. 130.
*Cantharus lineatus*.. White, *Cat. Brit. fish.*, p. 16. — Gunth., *Cat. acanth.*, t. I, p. 413.

*Black Bream*, Angleterre. — *Choupa*, Madère. — *Cantaro, Sarigo bastardo, Tanuda*, Italie.

Le Canthère commun est un beau poisson qui porte différents noms sur nos côtes. Les Marseillais le nomment *Cantena*, les Languedociens *Cantarela* ou *Sar*. Très-commun dans la Manche et l'Océan, il devient plus rare dans la Méditerranée. Il vit solitaire, recherche les fonds rocailleux et se nourrit à la fois de matières animales et de végétaux.

Le corps de ce Sparoïde est élevé, sa courbure dorsale, très-prononcée à son origine, s'abaisse ensuite brusquement vers la région caudale qui est très-étroite. Les écailles qui le recouvrent sont grandes et très-adhérentes; celles qui recouvrent les joues sont plus petites.

La bouche, peu fendue, est pourvue de lèvres épaisses. Les mâchoires sont sensiblement égales et armées de dents en carde. Celles de la rangée externe sont comprimées et plus élevées. Il y en a aussi sur les pharyngiens.

La nageoire dorsale naît très en avant, elle est très-longue, assez élevée et formée de onze rayons osseux suivis de douze rayons mous.

Les pectorales, longues et étroites, ont quinze rayons.

Les ventrales, placées un peu en arrière des pectorales, ont un rayon osseux suivi de cinq mous.

L'anale opposée à la partie molle de la dorsale, mais plus courte, a trois rayons osseux et dix rayons mous.

La caudale, peu échancrée, a dix-sept rayons.

Ce poisson atteint une assez grande taille; certains individus mesurent de trente à cinquante centimètres de longueur.

Les parties supérieures de son corps sont d'un bleu grisâtre avec des reflets verts. Le dos et les flancs sont parcourus par des bandes longitudinales plus foncées.

La nageoire dorsale est d'un brun pâle. Les pectorales sont de même couleur que le corps. Les ventrales, la caudale et l'anale sont brunes.

Les écailles de la ligne latérale sont au nombre de soixante-huit à soixante-quinze. La vessie natatoire est très-développée.

Cuvier et Valenciennes ont décrit sous le nom de *Canthère gris* un canthère qui a été reconnu plus tard pour une simple variété du Canthère commun.

## CANTHÈRE ORBICULAIRE.

*Cantharus orbicularis.* Cuv. et Valenc., t. VI, p. 331. — Bonap., *Fauna Ital.* — Bonap., *Cat. Poiss. d'Europ.*, p. 53. — Gunth., *Cat. acanth.*, t. I, p. 416.

*Tanuda, Scozone,* Italie. — *Pañoso,* Espagne.

Ce Canthère a le corps comprimé, élevé et de forme ovalaire. Sa tête est courte, bombée dans sa région occipitale, et sa courbure supérieure se continue avec celle du dos, qui est très-arqué.

Le museau est court. L'œil grand. Le préopercule très-large, anguleux et recouvert d'écailles; l'opercule se termine par une pointe mousse; il est, comme le préopercule, pourvu d'écailles.

La bouche est assez grande et les lèvres charnues.

Les mâchoires sont égales, l'intermaxillaire porte des dents coniques; il y en a d'autres plus petites ou en cardes disposées sur une bande étroite. On voit de semblables organes sur le maxillaire inférieur et sur les pharyngiens où ils sont plus forts.

La ligne latérale très-marquée présente trois séries de pores; elle est formée de soixante-dix écailles.

La formule des rayons des nageoires est la suivante :

D. 11 + 12. — P. 13. — V, 1 + 5. — A. 3 + 10. — C. 17.

Les couleurs de ce poisson sont d'un gris cendré argenté à reflets verts. Les flancs sont plus clairs et traversés par quinze à seize lignes longitudinales, plus foncées au-dessous de la ligne latérale. Les nageoires sont d'un gris violacé plus ou moins sombre. La femelle est plus pâle que le mâle.

Le poids moyen du Canthère orbiculaire est en général de trois livres.

---

## GENRE BOGUE.

*Box*, Cuvier.

Corps rappelant par sa forme celui des autres Spares. Joues écailleuses. Bouche non protractile. Mâchoires égales armées de dents incisives échancrées sur leur bord tranchant et disposées sur une seule rangée.

Écailles de grandeur ordinaire sur le corps.

Six rayons branchiostéges.

Appendices pyloriques peu nombreux.

Vessie natatoire bilobée dans sa partie postérieure.

Tube digestif assez long.

### Pl. 41. — BOGUE COMMUN.

*Sparus boops*..... Linn., *Syst. nat.*, t. I, p. 469. — Linn., Gmel., p. 1274. — Lacép., t. IV, p. 97. — Bloch, *Schneid. Syst. Ichth.*, p. 273. — Risso, *Ichth.*, *Nice*, p. 242.

*Box vulgaris*..... Cuv. et Valenc., t. VI, p. 348, pl. 161. — Cuv., *Règn. anim. ill.*, pl. 36, fig. 1. — Guich., *Expl. Alg.*, p. 54. — Gunth., *Cat. acanthop.*, t. I, p. 418.

*Boops canariensis*. Valenc. in. Webb. et Berth., *Hist. nat., îles Canaries, Poiss.*, p. 36, pl. 10, fig. 1.

*Boox boops*,...... Bonap., *Cat. Poiss. Europ.*, p. 52.

*Bogue, Red-gilt head*, Angleterre. — *Rothbrassem*, Allemagne. — *Besago*, Espagne. — *Boga Feggo, Bobba*, Italie.

Le Bogue, qui était connu des anciens naturalistes sous le nom de Box, et dont Belon, Rondelet et Jessner ont laissé d'assez bonnes figures, est très-commun dans la Méditerranée. Il remonte quelquefois dans l'Atlantique où on le prend aux environs de Madère et des Canaries.

Ses noms vulgaires sont très-nombreux. C'est le *Bogua* des Languedociens et le *Boga* des Provençaux. On l'appelle à Nice *Bugo*, et *Balajola* dans l'Italie méridionale.

Comme tous les poissons de la famille des Sparoïdes, il se plaît au milieu des roches qui avoisinent les côtes et se nourrit en grande partie de matières végétales.

Sa chair est assez estimée.

Le corps de ce poisson est cylindrique, allongé et recouvert d'écailles assez grandes. Il y a également de ces organes sur les parties latérales de la tête, mais en petit nombre.

La région dorsale est arrondie, la région ventrale comprimée.

L'œil est grand, son iris est doré.

La bouche est petite et les deux mâchoires, égales en longueur, sont armées d'une seule rangée de dents incisives. Ces organes sont aplatis et échancrés sur leur bord tranchant. Celles du maxillaire inférieur sont triangulaires et élargies à leur base.

La ligne latérale est plus rapprochée de la courbure du dos que de celle du ventre; elle est formée de soixante-quinze écailles.

Il y a six rangées d'écailles au-dessus de cette ligne et treize au-dessous.

La nageoire dorsale, très-longue, d'abord assez élevée diminue jusqu'à la portion molle dont les premiers rayons sont un peu plus élevés que les piquants postérieurs de la portion épineuse. Elle est formée de quatorze rayons durs et d'un même nombre de rayons mous.

Les pectorales sont longues et formées de dix-sept rayons.

Les ventrales, placées au-dessous des pectorales et un peu en arrière, ont un rayon épineux suivi de cinq mous.

L'anale, très-basse et reportée très en arrière, a trois rayons épineux et quinze mous.

La caudale, très-échancrée, a de quinze à dix-sept rayons.

Les couleurs de ce poisson sont jaune-olivâtre sur le dos; les flancs, plus clairs, sont parcourus par des bandes longitudinales jaunes; le ventre est blanc.

Cette espèce est pourvue de cinq cœcums pyloriques; sa vessie natatoire est bifide à sa partie postérieure.

On pêche les Bogues dans la Méditerranée, pendant les mois de février, mars et avril, au moyen de grands filets qui ont jusqu'à quatre-vingts brasses de longueur et que l'on nomme *Bouguières.*

## SAUPE.

*Sparus salpa.* Linn., *Syst. nat.*, t, I, p. 470. — Linn., Gmel., p. 1275. — Bloch, pl. 265. — Bloch, *Schneid.*, *Syst. Ichth.*, p. 270. — Lacép., t. IV, p. 97. — Risso, *Ichth. Nice*, p. 243.

*Box salpa*.... Cuv. et Valenc., t. VI, p. 357, pl. 162. — Bonap., *Cat. Poiss. Europ.*, p. 53, — Guich., *Expl. Alg.*, p. 54. — Gunth., *Cat. acanth.*, t. I, p. 420.

*Goldlin*, Angleterre. — *Goldstrich*, Allemagne. — *Pampana*, Espagne. — *Salpa*, *Sarpa*, Italie. — *Chélba*, Algérie.

Voici une autre espèce du genre Bogue que l'on rencontre communément sur les côtes de la Méditerranée et qui remonte comme la première jusque dans l'océan Atlantique.

Les pêcheurs de nos côtes méridionales l'appellent *Saoupa*, *Vergadelle* ou *Sopi*, lorsque le poisson n'a pas encore atteint sa taille ordinaire.

Ce Bogue se distingue du Bogue vulgaire par la forme de son corps qui, plus élevé et plus comprimé, est revêtu de brillantes couleurs. Les courbures dorsales et ventrales sont très-prononcées et les écailles qui revêtent le corps sont grandes. Elles sont disposées sur cinq rangées au-dessus de la ligne latérale et sur quatorze au-dessous. Celles qui constituent cette ligne sont au nombre de soixante-treize.

La formule des rayons des nageoires est la suivante :

D. 11 + 15. — P. 16. — V. 1 + 5. — A. 3 + 14 ou 15. — C. 17.

Les couleurs de ce poisson sont très-belles. Le dos et les flancs sont gris-bleuâtre. Le ventre est plus clair et la gorge légèrement jaunâtre. Des bandes longitudinales de couleur orange sillonnent le corps.

## GENRE OBLADE.

*Oblata*, CUVIER.

Corps comprimé et oblong, recouvert d'écailles de grandeur ordinaire.

Bouche assez grande. Mâchoires armées de dents tranchantes en avant, de dents granuleuses en arrière de celles-ci, latéralement de dents cardiformes ainsi qu'aux pharyngiens.

Joues écailleuses.

Six rayons branchiostéges.

Vessie natatoire bilobée à sa partie postérieure.

### Pl. 42. — OBLADE.

*Sparus melanurus*. Linn., *Syst. nat.*, t. I, p. 468. — Linn., Gmel., p. 1271. — Bloch, *Schneid. Syst. Ichth.*, p. 273.
*Sparus oblada* .... Lacép., t. IV, p. 76. — Risso, *Ichth. Nice*, p. 237.
*Oblata melanura*... Cuv. et Valenc., t. VI, p. 366, pl. 162 bis. — Bonap., *Cat. Poiss. d'Europ.*, p. 52. — Guich., *Expl. Alg.*, p. 54. — Gunth., *Cat. acanth.*, t. I, p. 422.

*Schwartzschwantzige Seebrasse*, Allemagne. — *Virador*, Espagne. — *Orbada*, *Ochiatella*, *Ochiado*, Italie. — *Kahli*, Algérie.

L'Oblade, qui est commune sur les côtes de la Méditerranée, a reçu des pêcheurs Languedociens les noms de *Néblada*, *Négrouna*. Les Provençaux la nomment *Blade* et les Niçois *Blada*.

Par sa forme, elle se rapproche beaucoup des Bogues et comme eux séjourne au milieu des rochers qui avoisinent les côtes.

Le corps de l'Oblade est un peu plus élevé que celui de la Saupe; il est recouvert d'écailles de grandeur ordinaire, et les parties latérales de la tête présentent également de semblables organes.

La ligne latérale, peu apparente, est formée de soixante-cinq écailles.

L'œil est grand, bordé d'un cercle d'un beau jaune doré.

L'opercule est irrégulièrement quadrangulaire et son bord supérieur coupé obliquement. Le préopercule est strié; le sous-opercule et l'inter-opercule sont minces et disposés obliquement.

Les mâchoires sont sensiblement égales; l'inférieure est un peu recourbée en haut et en avant.

Elles sont toutes deux armées de dents qui présentent, comme dans le genre précédent, des échancrures sur leur bord tranchant. En arrière de la première rangée s'en trouvent d'autres qui figurent des petites granulations, et sur les côtés des organes de même nature, petits et aigus. Les dents pharyngiennes sont cardiformes.

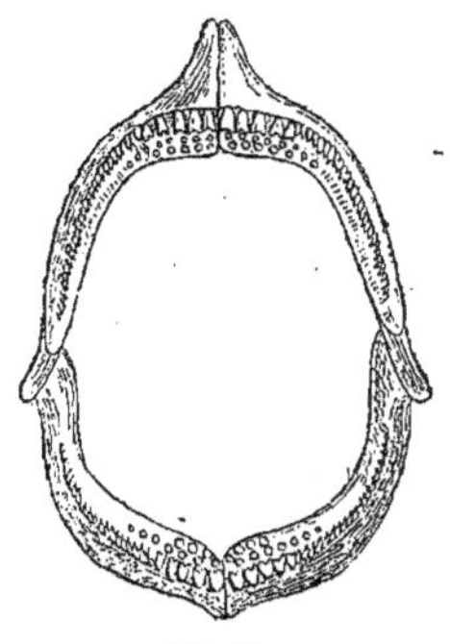

Fig. 11.
DENTITION DE L'OBLADE
(*Oblata melanura.*)

La nageoire dorsale, qui a sa plus grande hauteur au niveau du troisième rayon épineux, est composée de onze rayons durs suivis de quatorze rayons mous.

Les pectorales, larges à leur base, assez longues et terminées en pointe effilée, ont quinze rayons.

Les ventrales, peu développées, ont un rayon épineux et cinq rayons mous.

L'anale, opposée à la partie molle de la dorsale, a trois rayons épineux suivis de treize rayons mous.

La caudale est très-échancrée.

Ce poisson a le dos gris d'ardoise à reflets d'argent. Les flancs, plus clairs, sont parcourus ainsi que le dos par des lignes longitudinales noirâtres. Le ventre est blanc d'argent. La région caudale présente une large tache noirâtre. La nageoire caudale est gris foncé. La dorsale de même couleur, mais plus claire. Les autres nageoires sont blanchâtres.

Les cœcums pyloriques sont au nombre de six.

# FAMILLE DES MÉNIDES.

## *MÆNIDÆ.*

La famille des Ménides comprend quatre genres qui sont :

1° Le genre Mendole ;

2° Le genre Picarel ;

3° Le genre Cæsio ;

4° Le genre Gerre.

Les deux premiers seuls font partie de notre faune européenne.

Les Ménides sont caractérisées par un corps oblong et comprimé, recouvert d'écailles de grandeur ordinaire.

Une bouche très-protractile pourvue de dents vomériennes chez les Mendoles, tandis que ces organes manquent dans les autres genres.

Une nageoire dorsale unique sans écailles à sa base dans les poissons de cette famille qui fréquentent nos côtes ; les genres Cæsio et Gerre ont au contraire une dorsale écailleuse à sa base.

Des rayons branchiostéges au nombre de six ou sept.

Une vessie natatoire assez développée, simple ou bilobée postérieurement.

Des appendices pyloriques en petit nombre.

---

## GENRE MENDOLE.

*Mæna.* — CUVIER.

Corps oblong et comprimé, recouvert d'écailles de grandeur ordinaire. Tête courte ; bouche très-protractile munie de lèvres assez épaisses.

Œil assez grand.

Mâchoires sensiblement égales armées de dents en carde. Quelques-unes caniniformes à la partie symphysaire du maxillaire inférieur, d'autres petites et en velours sur le vomer.

Une seule nageoire dorsale sans écailles à sa base. Ventrales présentant des écailles allongées dans le voisinage de leur insertion.

Six rayons branchiostéges.

Vessie natatoire bilobée postérieurement.

Appendices pyloriques en petit nombre.

### Pl. 43. — MENDOLE COMMUNE.

*Sparus mæna*... Linn., Gmel., p. 1271. — Bloch, *Ichth.*, pl. 270. — Bloch, *Schneid.*, p. 272.
*Sparus mendola*. Lacép., t. IV, p. 85.
*Mæna vulgaris*.. Cuv. et Valenc., t. VI, p. 390. — Bonap., *Cat. Poiss. Europ.*, p. 52. — Guich., *Expl. Alg.*, p. 55. — Gunth., *Cat. acanth.*, t. I, p. 386.

*Mendole, Cackerel*, Angleterre. — *Laxierfisch*, Allemagne. — *Zee Schyter*, Hollande. — *Menola*, Italie.

Ce poisson, qui fréquente les côtes sablonneuses, est commun dans la Méditerranée sur les côtes de France et d'Italie. Il est très-abondant dans la mer Adriatique, principalement aux environs de Venise. Il pénètre quelquefois dans l'Atlantique, et Couch le signale comme ayant été pris sur les côtes d'Angleterre.

C'est un poisson extrêmement prolifique et qui se nourrit principalement de matières végétales. Sa chair est tenue en peu d'estime, bien que la femelle passe pour être un mets assez délicat à l'époque de la fraye qui a lieu au printemps.

La Mendole porte différents noms sur nos côtes méditerranéennes; c'est l'*Amendolo* des Niçois, le *Cagarel* des Provençaux, le *Mata-Souldat* des Languedociens, le *Madré-Souldat* à Iviça.

Le corps de la Mendole, oblong et comprimé, est couvert de grandes écailles ciliées.

La bouche est petite et protractile, les lèvres épaisses et les mâchoires sensiblement égales sont armées de dents fines et aiguës dont le rang externe est le plus fort. Le maxillaire inférieur a, en outre, deux dents hautes et caniniformes.

Le vomer est garni de dents en velours. Il y a de semblables organes sur les pharyngiens.

L'œil est de grandeur moyenne, son iris est argenté.

Le préopercule, dépourvu d'écailles, est finement strié.

Les rayons branchiostéges sont au nombre de six.

La ligne latérale, qui suit à peu près la courbure du dos, est formée de soixante-quinze écailles.

La nageoire dorsale naît sur une perpendiculaire qui passerait par l'origine de la pectorale; elle compte onze rayons osseux et onze rayons mous. Les pectorales, assez longues, ont quatorze rayons. Les ventrales, placées au-dessous et en avant des pectorales, ont un rayon osseux suivi de cinq rayons mous. Entre ces nageoires et au-dessus de chacune d'elles se voit une écaille allongée. L'anale, courte et basse, a trois rayons épineux et neuf rayons mous. La caudale, très-fourchue, compte dix-sept rayons.

La Mendole a le dos gris-bleuâtre, parcouru par des bandes longitudinales de couleur plus foncée. Les flancs sont plus clairs et traversés par des bandes bleuâtres. Le ventre est argenté.

Au-dessous de la ligne latérale, un peu en arrière de l'insertion des pectorales, on aperçoit une large tache noirâtre.

Les nageoires sont grisâtres ou légèrement teintées de rouge.

Ce poisson a une longueur moyenne de vingt-cinq centimètres. Sa vessie natatoire est bilobée postérieurement.

Les cœcums pyloriques sont au nombre de quatre.

## MENDOLE D'OSBECK.

*Sparus lineatus*..... Osbeck, *Act. nov. nat. curios.*, t. IV, p. 1002.
*Sparus Zebra*....... Brunn., *Pisc. mass.*, p. 47. — Bloch, *Schneid.*, p. 270.
*Sparus Osbeckii*. ... Lacép., t. IV, p. 33. — Risso, *Ichth. Nice*, p. 246.
*Sparus massiliensis* . Lacép., t. IV, p. 107.
*Sparus gora*........ Risso, *Ichth. Nice*, 2e éd., p. 357.
*Mæna Osbeckii*...... Cuv. et Valenc., t. VI, p. 397. — Bonap., *Cat. Poiss. Europ.*, p. 52. — Guich., *Expl. Alg.*, p. 55.
*Mæna Zebra*........ Gunth., *Cat. acanth.*, t. I, p. 387.

Cette Mendole, comme la précédente, fréquente les plages sablonneuses de la Méditerranée et on la prend en assez grande abondance sur les côtes de France. On lui donne les mêmes noms qu'à la précédente, dont elle se distingue par les caractères suivants :

Corps plus élevé que dans l'espèce précédente et recouvert d'écailles plus grandes. Tête plus courte; nageoire dorsale plus haute. Ligne latérale plus rapprochée du dos que dans la Mendole commune et formée d'un nombre moins considérable d'écailles.

Les couleurs de ce poisson sont, du reste, plus brillantes que dans l'espèce précédente. Le corps est en effet d'un bleu grisâtre parcouru par des taches d'un bleu plus ou moins clair formant des bandes sur les joues. Les nageoires dorsale et caudale sont également mouchetées de bleu. Les ventrales sont jaune-verdâtre.

On trouve encore dans la Méditerranée deux espèces de Mendoles qui sont les suivantes :

### 1° La Mendole vomérine.

*Mæna vomerina*. Cuv. et Valenc., *Poiss.*, t. VI, p. 400, pl. 164. — Bonap., *Cat. Poiss. d'Europ.*, p. 52. — Gunth., *Cat. acanth.*, t. I, p. 387.

Cette Mendole a beaucoup de ressemblance comme forme avec les deux précédentes. Sa tête est cependant plus massive et son museau moins allongé.

Les dents diffèrent aussi sensiblement dans cette espèce; elles sont un peu plus longues à la mâchoire inférieure qui présente ordinairement six canines. Il y a en outre une série de petites dents sur le chevron du vomer.

Ajoutons que, outre de petites différences dans la forme des nageoires, les écailles placées à la base des ventrales sont plus développées et que celles qui constituent la ligne latérale sont au nombre de soixante à soixante-cinq.

Les couleurs du corps sont plus claires que dans les espèces précédentes; la grande tache des flancs et les bandes qui sillonnent le corps sont beaucoup moins apparentes.

### 2° La Mendole juscle.

*Mæna jusculum*. Cuv. et Valenc., t. VI, p. 395. — Bonap., *Cat. Poiss. Europ.*, p. 52. — Gunth., *Cat. acanth.*, t. I, p. 386.

La Mendole juscle tient le milieu comme forme entre la Mendole commune et la Mendole d'Osbeck.

Elle est assez rare dans la Méditerranée.

Comme couleur elle diffère peu de la Mendole ordinaire.

---

## GENRE PICAREL.

*Smaris*. — Cuvier.

Corps oblong ou fusiforme, recouvert d'écailles de moyenne dimension.

Tête plus ou moins allongée, bouche très-protractile dépourvue de dents dans la région vomérienne.

Une seule dorsale sans écailles.

Trois rayons épineux à l'anale.

Caudale fourchue.

Six rayons branchiostéges.

Vessie natatoire bilobée à sa partie postérieure.

Appendices pyloriques en petit nombre.

## PICAREL COMMUN.

*Sparus smaris*.... Linn., *Syst. nat.*, t. I, p. 468. — Linn., Gmel., p. 1271. — Bloch, *Schneid.*, p. 273. — Rino, *Ichth. Nice*, p. 238. — Lacép., t. IV, p. 79.
*Smaris smaris*.... Rino, *Hist. nat.*, t. III, p. 345.
*Sparus argenteus*.. Brunn., *Ichth. mass.*, p. 42.
*Smaris vulgaris* .. Cuv. et Valenc., t. VI, p. 407. — Bonap., *Icona Fauna, Ital.*, — Bonap., *Cat. Poiss. Europ.*, p. 51. — Gunth., *Cat. acanth.*, t. I, p. 388.
*Smaris gagarella*. Cuv. et Valenc., t. VI, p. 420. — Bonap., *Cat. acanth.*, p. 51.

*Giroli, Zerolo scuro, Zerolo commune,* Italie. — *Caramel*, Espagne. — *Mainida*, Grèce.

Rare dans l'Océan, ce poisson se trouve en abondance dans la Méditerranée, se plaisant sur les fonds vaseux qui avoisinent les côtes. Il se nourrit de petits poissons et de mollusques.

Suivant Risso, le jeune porterait à Nice le nom de *Gavaron* et l'adulte celui de *Gerle*. On le nomme aussi *Giarret* en Provence, *Vernieïra* en Languedoc, et le nom de *Picarel* qu'il porte sur presque toute l'étendue de nos côtes lui viendrait de la saveur piquante de sa chair lorsqu'elle est salée et séchée. Autrefois on le faisait mariner dans de l'eau salée et on obtenait ainsi un breuvage que les pêcheurs avaient en grande estime et qu'ils nommaient *Garum*.

Le corps de ce poisson, peu élevé et allongé, a sa région ventrale comprimée. Sa courbure dorsale est assez prononcée. La plus grande hauteur est contenue quatre fois et demie dans la longueur totale du corps. La tête est courte et effilée. L'œil est grand.

La bouche, moyenne, est fendue obliquement et très-protractile.

Les mâchoires, égales en longueur, sont armées de dents en velours. On remarque au maxillaire inférieur deux dents caniniformes et recourbées en arrière. Le vomer ne présente aucun de ces organes, mais il y en a de très-fins sur les pharyngiens.

Le préopercule ne présente pas d'écailles. Les autres pièces des parties latérales de la tête en sont au contraire pourvues.

Les écailles qui recouvrent le corps sont petites et ciliées; celles de la ligne latérale qui suit à peu près la courbure dorsale dont elle est assez rapprochée, sont au nombre de soixante-dix.

La nageoire dorsale, assez développée, occupe à peu près les deux tiers de la courbure du dos. Elle commence un peu en arrière de l'insertion des pectorales et compte onze rayons épineux suivis de onze rayons mous. Elle est de couleur olivâtre et légèrement teintée de rose sur ses rayons.

Les pectorales ont seize rayons; elles sont d'un jaune roussâtre.

Les ventrales ont un rayon épineux et cinq rayons mous; elles sont de même couleur que les pectorales et que l'anale qui compte trois rayons épineux et neuf rayons mous.

Enfin la caudale est légèrement teintée de rose et compte dix-sept rayons.

Le dos du Smaris commun est d'un gris verdâtre à reflets argentés ou dorés. Les flancs sont plus clairs et parcourus par des bandes bleuâtres; le ventre est blanc.

On remarque en arrière et au-dessus des pectorales une tache brun-noirâtre qui est souvent d'un beau noir chez certains individus.

Ajoutons que dans cette espèce il y a quatre cœcums pyloriques et que la vessie natatoire, assez grande, est bilobée postérieurement.

Le Smaris gagarella, dont on a fait une espèce distincte, serait, d'après Bonaparte (Cat. Poiss. d'Europ., p. 51), la femelle du Smaris chryselis. M. Gunther (Cat. acanthop., t. I, p. 488) le donne comme appartenant au Smaris vulgaris.

## Pl. 44. — PICAREL MARTIN-PÊCHEUR.

*Sparus alcedo*.... Risso, *Ichth. Nice*, p. 258.
*Smaris smaris*... Risso, *Europ. mérid.*, t. III, p. 345.
*Smaris alcedo*.... Cuv. et Valenc., t. VI, p. 416. — Bonap., *Fauna Ital.* — Bonap., *Cat. Poiss. Europ*, p. 51. — Guich., *Expl. Alg.*, p. 55. — Gunth., *Cat. acanth.*, t. I, p. 388.
*Smaris chryselis*. Cuv. et Valenc., t. VI, p. 419, pl. 165. — Bonap., *Faun. Ital.* — Bonap. *Cat.*, *Poiss. Europ.*, p. 51.

Le Picarel martin-pêcheur doit son nom aux belles couleurs dont il est revêtu et qui rappellent celles de l'oiseau dont il porte le nom.

Les parties supérieures de son corps sont d'un gris argenté à reflets rougeâtres, verdâtres ou dorés. Les flancs sont plus clairs et parcourus par des bandes et des taches bleuâtres que l'on retrouve également sur les parties supérieures et latérales de la tête et du dos.

Le ventre a des reflets dorés splendides, et on y remarque des rangées de points d'un bleu très-tendre.

La tache que nous avons observée sur les flancs dans l'espèce précédente, bien que plus grande est de couleur moins vive.

Les nageoires dorsale, pectorale, anale et caudale sont jaunes et parsemées de taches couleur turquoise. Les ventrales sont bordées de jaune sur leur bord externe et présentent à leur base des reflets rougeâtres.

La gorge est de couleur rosée.

La formule des rayons des nageoires est la suivante :

D. 11 + 11. — P. 15. — V. 1 + 5. — A. 3 + 9. — C. 17.

Cette espèce est assez rare sur les marchés. Sa chair a, du reste, peu de valeur.

M. Gunther rapporte à cette espèce le Smaris chryselis de Cuvier et Valenciennes, que Bonaparte, au contraire, considère comme le mâle du Smaris gagarella.

## PICAREL DE MAURI.

*Smaris Maurii.*. Bonap., *Fauna Ital.*, fig. 3. — Bonap., *Cat. Poiss. d'Europ.*, p. 51. — Gunth., *Cat. acanth.*, t. I, p. 389.
*Smaris gracilis*. Bonap., *Fauna Ital.*, fig. 1. — Bonap., *Cat. Poiss. Europ.*, p. 51. — Gunth., *Cat. acanth.*, t. I, p. 389.

Ch. Bonaparte, après avoir décrit le Picarel grêle comme une espèce distincte, le donne plus tard dans son catalogue des Poissons d'Italie comme la femelle du Picarel de Mauri.

Cette espèce, dont la taille égale celle du Picarel martin-pêcheur, est assez commune dans la Méditerranée depuis les côtes d'Espagne jusqu'à celles d'Asie.

Les pêcheurs italiens le nomment *Pesce in Barille,* nom qu'ils donnent aussi au *P. gracilis,* sa femelle, dont la taille est toujours plus petite.

Ses couleurs ont beaucoup d'analogie avec celles du Picarel commun. Les individus les plus grands atteignent rarement la taille de vingt-sept ou trente centimètres.

La formule des rayons de ses nageoires est la suivante :

D. 11 + 12. — P. 16. — V. 1 + 5. — A. 3 + 9. — C. 17.

Les couleurs de la femelle diffèrent très-peu de celles du mâle.

## PICAREL INSIDIATEUR.

*Smaris insidiator*. Cuv. et Valenc., t. VI, p. 114. — Bonap., *Fauna Ital.*, fig. 2. — Bonap., *Cat. Poiss. Europ.*, p. 51. — Gunth., *Cat. acanth.*, t. I, p. 390.

Cette espèce, qui est plus rare que les précédentes dans la Méditerranée et qu'on a prise dans l'Océan aux environs de Madère, se trouve communément en Sicile où elle porte le nom de *Cirru*. A Catane, on la nomme *Pesce di ombra*, et à Messine, *Azineddu*.

Son corps est plus allongé que celui des espèces précédentes, sa courbure dorsale légèrement sinueuse. Les couleurs sont ternes et la tache noire des flancs n'existe pas.

Les parties supérieures du dos sont brunes, les flancs plus clairs et le ventre blanc. Les nageoires sont d'un rouge brun légèrement lavé de jaune.

La formule des rayons des nageoires est la suivante :

D. 13 + 9. — P. 15. — V. 1 + 5. — A. 3 + 10. — C. 17.

La ligne latérale a quatre-vingt-dix écailles.

Les cœcums pyloriques sont au nombre de trois.

# FAMILLE DES SCOMBÉROÏDES

## *SCOMBEROÏDEI.*

La famille des scombéroïdes, qui renferme un grand nombre de genres, est une des plus nombreuses de l'ordre des Acanthoptérygiens.

Les poissons qui la composent ont été divisés par Cuvier en cinq grands groupes auxquels nous en ajouterons un sixième formé par le genre Échénéis. Nous ne nous occupons ici que des genres qui sont représentés sur nos côtes.

Le premier de ces groupes comprend les Maquereaux, les Thons, les Auxides et les Pélamides, toutes espèces alimentaires et dont la pêche se fait en grand dans nos mers. Il est caractérisé par la décomposition de la partie postérieure de la seconde nageoire dorsale et de l'anale dont les rayons constituent ce que l'on appelle des fausses nageoires.

Le second groupe est formé par un seul genre, le genre Échénéis, que Cuvier plaçait parmi les Malacoptérygiens subbrachiens.

Un troisième groupe comprend les Scombéroïdes dont la première nageoire dorsale est formée de rayons osseux indépendants les uns des autres. Ce sont les genres Naucrates et Liche.

Le quatrième groupe est représenté dans nos mers par les Caranx; ils se distinguent des autres Scombéroïdes par une ligne latérale armée de fortes écailles carénées et épineuses.

Le cinquième groupe, formé par les genres Capros, Zeus et Lampris, est caractérisé par une bouche très-protractile.

Le sixième et dernier groupe comprend les Coryphènes, les Castagnoles, les Centrolophes, les Astrodermes et les Stromatées qui ont une longue nageoire dorsale sans division épineuse distincte ni fausses nageoires et dont la région caudale est dépourvue de carènes latérales.

## GENRE SCOMBRE.

*Scomber.* — Cuvier.

Corps cylindrique, allongé et recouvert d'écailles extrêmement petites.

Tête longue. Bouche bien fendue. Mâchoires à peu près égales, pourvues de dents nombreuses et fines disposées sur une seule rangée. Il y a de semblables organes sur le vomer et les palatins.

L'œil de grandeur variable est entouré d'une membrane qui recouvre ses bords antérieurs et postérieurs.

Pièces operculaires ne présentant ni denticulation ni épine.

Nageoires dorsales au nombre de deux : la première entière, la seconde décomposée dans sa région postérieure dont les rayons réunis par séries forment cinq ou six fausses nageoires.

Anale décomposée à sa partie postérieure en fausses nageoires dont le nombre est égal à celles qui suivent la seconde dorsale.

Six rayons branchiostéges.

Vessie natatoire simple lorsqu'elle existe.

Appendices pyloriques très-nombreux.

### Pl. 45. — MAQUEREAU COMMUN.

*Scomber Scomber* (*Scombrus*). Linn., *Syst. nat.*, t. I, p. 492. — Bloch, pl. 84. — id., *Schneid.*, p. 24. — Lacép., t. III, p. 24. — Risso, *Ichth. Nice*, p. 170. — id., *Europ. mérid.*, t. III, p. 412. — Cuv., Valenc., t. VIII, p. 6. — Yarr., *Brit. fish.*, t. I, p. 137. — Cuv., *Règn. anim. ill.*, pl. 45, fig. 1. — Bonap., *Cat. Poiss. Europ.*, p. 73. — Gunth., *Cat. acanth.*, t. II, p. 357.

*Mackerel*, Angleterre. — *Makrill*, Suède. — *Makrell*, Danemark. — *Makrel*, Allemagne. — *Macarelli*, Italie. — *Cavallo*, Espagne.

Le Maquereau est un poisson répandu en abondance dans toutes les mers du globe, il se trouve aussi bien dans les régions tropicales et tempérées que dans les régions glaciales. Il habite tantôt les côtes, tantôt s'en éloigne pour vivre dans des eaux plus profondes; c'est ce qui l'a fait considérer comme un poisson migrateur.

Un grand nombre de naturalistes anciens, sur la foi de récits des voyageurs qui avaient probablement mal étudié les habitudes de ce poisson, ont tracé la route qu'il suivait pour venir des régions voisines du pôle, se répandre sur les côtes de l'Europe.

Suivant Anderson, le banc des Maquereaux parti du Groënland se diviserait en deux bandes principales dont l'une gagnerait les côtes britanniques, celles de France, de Portugal et d'Espagne pour se diviser elle-même en deux bandes secondaires, dont l'une pénétrerait dans la Méditerranée, et l'autre longerait les côtes de l'Afrique; l'autre au contraire pénétrerait dans la Manche, se répandrait sur les côtes de la mer du Nord et sur celles des pays que baigne la Baltique.

Cuvier, tout en rapportant le passage d'Anderson, ajoute cependant : « Ce qui nous dispose le plus à douter des grands voyages qu'Anderson fait faire au Maquereau, c'est que la pêche de ce poisson commence dans la Méditerranée en même temps que dans la mer du Nord et dans la Manche et même plus tôt. »

Yarrel, dans son ouvrage sur les poissons d'Angleterre, est encore plus explicite. Pour lui, les Maquereaux habiteraient alternativement les côtes et la haute mer, ils ne se rapprocheraient en grand nombre des rivages qu'à l'époque du frai.

Le Maquereau porte sur les côtes de France un grand nombre de noms qui varient d'une contrée à l'autre. A Nice et en Provence on l'appelle *Auriol, Auriou* et *Aurneou;* en Languedoc, *Beïdat.* Les Bretons le désignent sous le nom de Brill ou Bresel.

Cette espèce, qui est la plus répandue, a le corps allongé, fusiforme et recouvert d'écailles très-petites et lisses; la tête est conique, le museau pointu. La bouche bien fendue a ses lèvres peu charnues.

Le maxillaire inférieur, légèrement plus long que la mâchoire supérieure, est pourvu sur sa face externe de petits pores disposés sur une ligne longitudinale.

Les deux mâchoires sont garnies de dents petites et coniques insérées sur une seule rangée. Il y a aussi de ces organes sur les palatins, sur la portion antérieure du vomer et sur les pharyngiens, où ils sont extrêmement fins.

Le préopercule lisse est élargi à son bord postérieur. L'opercule est bien développé, son bord supérieur est arrondi, son angle inférieur aigu. L'inter-opercule ne présente rien de particulier, il est horizontal. Le sous-opercule est triangulaire et disposé verticalement. Le préopercule seul présente des pores muqueux.

Les joues, les parties latérales du crâne et la partie supérieure de l'opercule sont garnies d'écailles très-petites et très-allongées.

L'œil est grand, son iris est doré et il est pourvu, en avant comme en arrière, d'une membrane très-délicate s'étendant sur les parties latérales de la tête et ne laissant voir qu'une portion de la surface du globe oculaire.

Les orifices externes des narines sont au nombre de deux, le premier situé entre l'œil et l'extrémité du museau, l'autre placé plus bas est dirigé verticalement.

Les ouïes sont bien fendues et les rayons branchiostéges au nombre de sept.

La ligne latérale commence en arrière du bord postérieur de l'opercule, elle est plus rapprochée du dos que du ventre. D'abord arquée au-dessus des nageoires pectorales, elle devient bientôt horizontale, puis décrit de légères ondulations jusqu'à sa partie terminale.

Les Maquereaux sont pourvus de deux nageoires dorsales. La première est de forme triangulaire, placée sur le tiers antérieur de la région du dos, et formée dans l'espèce que nous décrivons de onze rayons. Lorsque le poisson l'abaisse elle disparaît complétement dans une gouttière creusée dans les parties supérieures du corps.

La seconde nageoire dorsale, assez reportée en arrière, se décompose en plusieurs parties. La première de ces parties, qui forme à proprement parler la véritable nageoire, est composée de douze rayons dont le premier est épineux. Elle est moins haute et moins large que la première dorsale.

Viennent ensuite plusieurs séries de petits rayons séparées les unes des autres par un espace libre; on les a désignées sous le nom de fausses nageoires, tout en les rapportant à la nageoire dorsale. Ces fausses nageoires sont au nombre de cinq dans l'espèce qui nous occupe.

Les nageoires pectorales sont peu développées. Elles ont dix-neuf rayons.

Les ventrales naissent en arrière des pectorales, elles sont moins grandes que celles-ci, leurs rayons sont au nombre de six, le premier seul est épineux.

L'anale, comme la seconde dorsale, est suivie de cinq fausses nageoires, les rayons qui la composent sont au nombre de douze, le premier piquant est lui-même précédé d'une petite épine isolée.

La caudale très-fourchue et à lobes bien égaux est composée de dix-sept rayons. De chaque côté de sa base se remarquent deux petites saillies qu'on nomme carènes.

Les parties supérieures du corps du Maquereau sont d'un bleu verdâtre à reflets irisés et sont parcourues par des bandes de couleur plus foncée.

Les flancs nacrés ont des reflets rosés. Le ventre est blanc.

Les nageoires dorsales, la caudale, les pectorales et les ventrales sont grises avec des reflets verts; l'anale et ses fausses nageoires sont blancs d'argent.

Ce qui distingue le Maquereau commun des espèces que nous allons décrire à sa suite, c'est surtout l'absence d'une vessie natatoire. Il a bien quelques autres différences, mais elles résident surtout dans les couleurs et dans la forme.

Les cœcums pyloriques sont très-nombreux.

La pêche du Maquereau se fait dans la Manche pendant les mois de mai et juin. Dans la Méditerranée, elle a lieu à peu près à la même époque et le plus ordinairement depuis le mois d'avril jusqu'au mois d'août.

Le Maquereau commun, dont la taille peut s'élever jusqu'à 35 et même 40 centimètres, est un poisson très-vorace qui se jette sur toute sorte d'appât. Aussi le prend-on très-facilement à la ligne amorcée de petits poissons, de harengs ou de n'importe quelle substance animale. La ligne que l'on emploie sur les côtes de la Méditerranée est très-longue, on l'appelle *lance* et elle porte un grand nombre d'hameçons.

On prend aussi les Maquereaux avec des filets. Les pêcheurs vont alors les chercher en pleine mer; plusieurs équipages se réunissent pour cerner le poisson, et un seul coup de filet peut leur en donner souvent plusieurs milliers.

Les pêcheurs des côtes d'Angleterre, quand un banc de Maquereaux leur est signalé, se servent d'un très-long filet qu'ils fixent par une de ses extrémités à un pieu planté dans le sable du rivage. Montant ensuite dans leurs bateaux, ils font un grand détour en mer et cernent ainsi une grande quantité de poisson. C'est surtout lorsque souffle un vent particulier qu'ils connaissent très-bien et désignent sous le nom de *vent des Maquereaux* qu'ils se livrent à cette pêche.

Les pêcheurs de la Méditerranée prennent surtout le maquereau pendant la nuit; ils emploient le *filet dérivant.*

Les Maquereaux à l'état frais sont très-abondants sur nos marchés. On en trouve également dans le commerce qui sont séchés et fumés; ils sont d'une grande ressource pour les classes industrieuses de la société.

La chair de ce poisson, grasse et de bon goût, ne saurait cependant convenir pour des estomacs délicats. Les mâles sont particulièrement recherchés à l'époque du frai, on les appelle *Maquereaux laités;* ceux de l'Océan sont plus estimés que ceux de la Méditerranée, leur taille est aussi supérieure. On désigne généralement les jeunes de cette espèce sous le nom de *sansonnets.*

Lorsque le corps de ces poissons commence à entrer en décomposition, il jette des lueurs phosphorescentes; leur chair est malsaine lorsqu'ils se sont nourris de certains animaux inférieurs.

La pêche du Maquereau, comme celle du hareng et de beaucoup d'autres poissons, est soumise à des règlements particuliers.

Une femelle de Maquereau peut donner jusqu'à 500,000 œufs dans une saison.

## Pl. 46. — MAQUEREAU COLIAS.

*Scomber colias*........... Lin., *Gmel.*, t. I, p. 1329. — Bloch., *Schneid.*, p. 22. — Lacép., t. IV, p. 39. — Risso, *Ichth. Nice*, p. 171. — id., *Europ. mérid.*, t. III, p. 413. — Cuv. Valenc., t. VIII, p. 39. — Yarr, *Brit. fish.*, t. I, p. 148. — Gunth., *Cat. acanth.*, t. II, p. 361.
*Scomber macrophthalmus*. Bonap., *Cat. poiss. Europ.*, p. 74.
*Scomber maculatus*....... Touch. Mag., *Hist. nat.*, t. V, p. 22, fig. 8.

*Spanish mackerel*, Angleterre. — *Cavalla*, Portugal.

On prend dans la Méditerranée un Maquereau qui semble être le même que celui que Rondelet a décrit sous le nom de *Colias*. Risso, dans son ouvrage sur les poissons de Nice, le considère également comme étant le *Scomber colias* de Gmelin.

Ce poisson, qui ressemble assez, comme forme et comme couleur, au Maquereau commun, porte à Nice les noms de *Lacerto, Cavaluco,* etc., à la Ciotat on l'appelle *Auréol-bya;* les Languedociens le désignent sous les noms de *Gros yol* et de *Biar*. Son corps, tout en étant moins haut que celui du *Scomber Scombrus,* s'en distingue en outre par une tête et un museau plus allongés. L'œil est aussi plus grand.

La nageoire dorsale est plus élevée que dans le Maquereau commun et les ventrales plus étroites.

Les écailles de la région pectorale sont plus grandes que dans les autres espèces; on en voit aussi sur la tête.

Mais le caractère le plus saillant réside dans la présence d'une vessie natatoire, organe que nous retrouverons aussi dans l'espèce suivante et qui manque, au contraire, chez le Maquereau commun.

Les couleurs générales du Colias diffèrent très-peu, à première vue, de celles de l'espèce précédente. Cependant on remarque que les lignes qui sillonnent son dos sont plus marquées et descendent plus bas sur les flancs qui sont en outre mouchetés de taches d'un gris verdâtre et plus ou moins larges suivant les sujets.

Cette espèce, très-commune dans la Méditerranée, est aussi très-abondante dans la Manche et dans l'Atlantique; on la retrouve jusque sur les côtes des États-Unis, où on en fait une pêche très-importante.

## MAQUEREAU PNEUMATOPHORE.

*Scomber pneumatophorus*. Delaroche. An. Mus., *Hist. nat.*, t. XIII, p. 315. — 334. — Cuv. Valenc., t. VIII, p. 36. — Bonap., *Cat. poiss. Europ.*, p. 74. — Guich., *Expl. Alg.*, p. 56. — Gunth., *Cat. acanth.*, t. II, p. 359.

Cette seconde espèce de Maquereau, pourvue d'une vessie natatoire, se prend dans la Méditerranée et dans l'océan Atlantique, où elle s'étend des côtes d'Afrique aux côtes américaines. Elle se distingue de la précédente par un œil moins grand, mais dont le diamètre est cependant plus considérable que celui de l'œil du Maquereau commun.

Les dents sont aussi moins fortes et moins nombreuses que celles du Colias.

L'opercule, peu élargi, est garni d'écailles assez apparentes. Celles de la ligne latérale sont au nombre d'environ deux cents.

Les rayons de la première nageoire dorsale sont au nombre de dix; ceux de la seconde, dont le premier est épineux, sont au nombre de douze. Il y a cinq fausses nageoires. Les pectorales ont dix-neuf rayons. Les ventrales un rayon épineux, suivi de cinq rayons mous. L'anale, outre l'épine libre qui la précède, compte un rayon épineux et onze rayons mous; les fausses nageoires, qui viennent après elles, sont au nombre de cinq. La caudale a dix-sept rayons. Les couleurs du Pneumatophore sont peu différentes de celles du Maquereau commun, son dos est cependant d'un vert plus vif, les bandes qui sillonnent son corps plus étroites et plus serrées, et on remarque entre les deux yeux une tache blanchâtre. Quant à sa taille, elle est inférieure à celle des deux espèces précédentes.

---

## GENRE THON.

*Thynnus*, Cuvier.

Corps oblong, recouvert d'écailles formant un corselet dans la région thoracique; parties latérales de la queue présentant une carène.

Tête proportionnellement plus courte que dans le genre précédent.

Bouche large, garnie de dents disposées sur une seule rangée aux deux mâchoires. De semblables organes se trouvent sur le vomer et les palatins, quelquefois sur la langue.

Sept rayons branchiostéges.

Deux nageoires dorsales plus ou moins rapprochées, la seconde suivie de fausses nageoires.

Pectorales peu développées chez les vrais thons, très-allongées chez les Germons.

Appendices pyloriques en nombre considérable.

Vessie natatoire simple quand elle existe.

## Pl. 47. — THON COMMUN.

*Scomber thynnus*....... Lin., *Syst. nat.*, t. I, p. 493. — Bloch., pl. 55. — Bloch., *Schneid*, p. 21. — Lacép., t. II, p. 605. — Risso, *Ichth.*, *Nice*, p. 163.

*Thynnus mediterraneus*. Risso. *Europ. Mérid.*, t. III, p. 414.

*Thynnus vulgaris*....... Cuv. Valenc., t. VIII, p. 58, pl. 210. — Yarr., *Brit. fish.*, t. I, p. 150. — Cuv., *Règn. an. ill.*, *Poiss.*, pl. 45, fig. 2. — Bonap., *Cat. poiss. Europ.*, p. 74. — Guich., *Expl. alg.*, p. 57.

*Tunny*, Angleterre. — *Thunfisch*, *Thunen*, Allemagne. — *Thonym*, Hollande — *Tonno*, Italie. — *Atum*, Espagne, Portugal.

Le Thon est un de nos plus grands poissons de mer. La plupart des auteurs anciens en ont fait mention et Aristote nous donne dans ses écrits la description d'un de ces scombéroïdes qui ne pesait pas moins de dix-neuf cents livres. Cetti, dans son *Histoire naturelle de la Sardaigne*, prétend qu'on en pêche qui pèsent jusqu'à neuf cents kilogrammes. Mais ce sont là sans aucun doute des exagérations, car le poids ordinaire de ce poisson ne s'élève guère au delà de trois ou quatre cents livres.

Le Thon est très-abondant dans la Méditerranée, il est plus rare dans l'Océan et dans la Manche. Sa pêche était autrefois l'objet d'un commerce lucratif pour les Bysantins et les Espagnols. Aujourd'hui bien qu'on prenne de ces poissons dans toute la Méditerranée, la pêche s'en fait principalement en Sardaigne, en Sicile et sur nos côtes de Provence et de Languedoc. Les pêcheurs emploient pour s'en emparer la Thonaire et la Madrague.

La première de ces pêches consiste à entourer une bande de Thons au moyen de filets et de les pousser vers le rivage où sont disposés de semblables engins. Les Thons, ainsi enfermés dans une enceinte qui va sans cesse se rétrécissant et emprisonnés dans une espèce de sac, sont enfin jetés sur le rivage.

La Madrague au contraire est un engin fixe.

Des nappes de filets, maintenues verticalement à l'aide de plaques de liége et de boules de plomb, sont disposées parallèlement au rivage et divisées en compartiments par d'autres filets plus petits dont l'ouverture regarde la terre; une nappe est en outre tendue entre le rivage et la Madrague. Les Thons passant entre la côte et cette dernière rencontrent un obstacle, pénètrent dans les compartiments dont nous avons parlé plus haut et finissent enfin par entrer dans la dernière de ces chambres où ils sont tués à coups de harpon.

Le Thon a beaucoup d'analogie comme forme avec le maquereau. Il s'en distingue cependant, outre l'épaisseur et la hauteur de son corps, par la présence d'un bouclier thoracique qui présente postérieurement plusieurs pointes et est formé par des écailles plus grandes que celles qui recouvrent le reste du corps. Ces écailles se continuent tout le long de la ligne latérale qui est sinueuse en différents points de son parcours. Le museau de ce poisson est court et le maxillaire inférieur un peu plus long que le supérieur.

L'ouverture de la bouche est relativement petite; les mâchoires sont armées de dents coniques, pointues, recourbées en arrière et disposées sur une seule rangée.

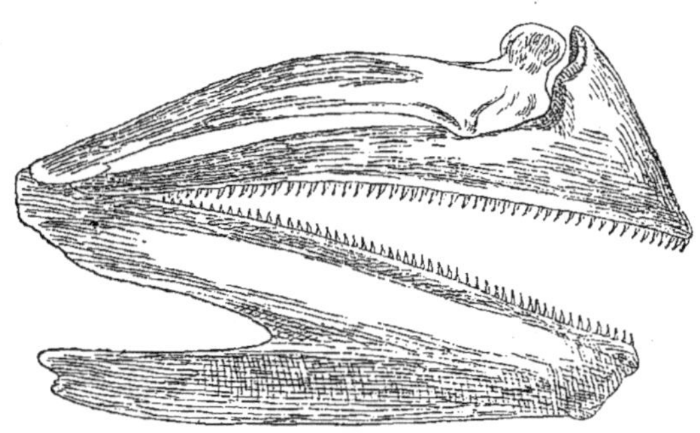

Fig. 12. — Dentition du Thon commun. (*Thynnus vulgaris.*)

Il y a sur les palatins et le vomer des dents en velours.

L'opercule est lisse, mais les parties latérales de la joue sont recouvertes d'écailles.

L'œil, de grandeur ordinaire, est recouvert en partie d'un voile membraneux analogue à celui que nous avons signalé chez le maquereau.

Les nageoires dorsales sont au nombre de deux. La première,

longue et peu élevée, peut, comme chez le maquereau se loger dans un sillon creusé sur la ligne supérieure du dos. Elle va décroissant jusqu'à la seconde dorsale dont elle n'est séparée que par une épine libre peu élevée.

La seconde nageoire dorsale, peu développée et suivie de neuf ou dix fausses nageoires, peut comme la première se loger dans un sillon. Ses rayons mous sont au nombre de treize.

Les pectorales sont falciformes, elles ont trente et un rayons.

Les ventrales, insérées très-bas, sont petites et formées d'un rayon épineux suivi de cinq rayons mous.

L'anale, peu développée, est opposée à la seconde dorsale, mais reportée un peu en arrière. Elle a deux rayons épineux et douze rayons mous. Elle est suivie de huit fausses nageoires.

La caudale, carénée latéralement à sa base, à lobes très-effilés, est très-forte et formée de dix-sept à dix-neuf rayons.

Chez le Thon commun, les cœcums pyloriques sont très-ramifiés.

Les parties supérieures du corps de ce poisson sont d'un bleu foncé tirant sur le noir; le corselet est plus clair. Les flancs et le ventre sont d'un blanc grisâtre et présentent par place des reflets argentés.

La première dorsale, les pectorales et les ventrales sont noirâtres. La caudale est brunâtre. La deuxième dorsale et l'anale sont rosées. Les fausses nageoires jaunâtres présentent un liséré noir.

Le Thon est très-prolifique et son accroissement est rapide. Il vit en troupe et se nourrit de petits poissons, de crustacés et autres animaux marins.

Ce scombéroïde, que les anciens naturalistes avaient classé parmi les poissons pélagiens, c'est-à-dire parmi ceux qui se retirent à certaines époques de l'année dans la haute mer, est très-abondant dans la Méditerranée, principalement sur les côtes de France et d'Italie. On le pêche aussi dans l'Atlantique et dans la Manche, où il est cependant beaucoup plus rare.

Les Thons portent différents noms sur les côtes de France et d'Italie. Appelé *Athon* dans certains endroits, il est désigné sous le nom de *Thoun*; à Marseille et sur les plages du Languedoc. Il se prend dans la Méditerranée, depuis avril jusqu'en octobre; il voyage par troupes et se nourrit principalement de sardines et de harengs. Il arrive fort souvent que les Thons en poursuivant ces poissons s'engagent dans les filets que les pêcheurs ont tendus pour s'en emparer, les déchirant sur plusieurs points pour s'échapper, et causent souvent des dégâts si considérables qu'il est impossible de les réparer.

La chair du Thon, qui ressemble beaucoup à celle du veau, est grasse, délicate, mais un peu lourde. Elle est livrée à la consommation soit à l'état frais, soit après avoir été marinée dans l'huile et constitue alors la préparation désignée sous le nom de *Thon mariné*.

La pêche du Thon, comme celle du Maquereau, est soumise à des règlements assez rigoureux.

## THON A PECTORALES COURTES.

*Thynnus brachypterus*. Cuv. et Valenc., *Poiss.*, t. VIII, p. 98, pl. 211. — Cuv. *Règ. an. ill.*, pl. 46, fig. 2. — Bonap., *Cat. Poiss., Europ.*, p. 74. — Gunth., *Cat. acanth.*, t. II, p. 363.
*Thynnus alicorti*....... Duhamel., *Dict., Pêches*, p. 205, pl. 7, fig. 5.

*Alicorti*, Sicile. — *Albacora*, Portugal.

Ce Thon, que l'on prend dans la Méditerranée, ressemble beaucoup à notre Thon commun. Il s'en distingue néanmoins par le moindre développement de la seconde nageoire dorsale, des pectorales et de l'anale et par la moindre étendue de son corselet.

Les parties supérieures du corps de ce poisson sont d'un bleu foncé, les flancs et le ventre sont argentés. La région dorsale est en outre marquée de taches plus claires et de bandes verticales plus foncées sur lesquelles se montrent également, d'espace en espace, d'autres petites taches d'un bleu pâle.

Les nageoires sont grisâtres et la formule de leurs rayons est la suivante :

D. 13 — 1 — 2+13 — IX. P. 31 ; V. 1+5 ; A. 2+13 — VIII. C. 19 à 35.

La longueur ordinaire de cette espèce est de quatre-vingt-dix centimètres.

## THONINE COMMUNE.

*Scomber quadripunctatus.* Geoffr., *Descrip. Eg. Poiss.*, pl. 24, fig. 3.
*Thynnus leachianus*...... Risso, *Europ. mérid.*, t. III, p. 414.
*Thynnus thunnina*....... Cuv. Valenc., *Poiss.*, t. VIII, p. 104, pl. 212. — Cuv., *Règn. anim., illust.*, pl. 46, fig. 1. — Bonap., *Cat. Poiss. Europ.*, p. 74. — Guich, *Expl. alg.*, p. 57. — Gunth., *Cat. acanth.*, t. II, p. 364.

*Cavarita*, Sicile. — *Tenn*, Égypte.

La Méditerranée fournit deux autres espèces de Thons auxquelles Cuvier a donné le nom de *Thonines* et qui ont beaucoup d'analogie avec le Thon commun.

La première de ces espèces, la *Thonine commune*, que l'on désigne en Provence sous le nom de *Thounina*, à Nice sous celui de *Touna*, et dont la taille égale presque celle du Thon commun, présente un certain nombre de caractères qui servent à la différencier de ce dernier poisson.

La Thonine a en effet le museau plus court, la première nageoire dorsale plus haute dans sa partie antérieure, la seconde plus basse ; ses pectorales sont aussi plus courtes et son corselet moins développé.

Le dos de ce poisson, d'un beau bleu en arrière du bouclier, est parcouru par des arabesques noirâtres.

Les flancs, au niveau de la ligne latérale, ont des reflets dorés. Le ventre est argenté et présente de distance en distance, principalement dans sa partie antérieure, des taches grisâtres.

La formule des rayons des nageoires est la suivante :

D. 15 — 1 — 12 + VIII. — P. 26. — V. 1 + 5 — VII. — A. 2 + 12. — C. 35.

## THONINE A PECTORALES COURTES.

*Thynnus brevipennis.* Cuv. et Valenc., *Poiss.*, t. VIII, p. 112, pl. 213. — Bonap., *Cat. Poiss. Europ.*, p. 74. — Gunth., *Cat. acanth.*, t. II, p. 365.

Cette seconde espèce méditerranéenne ressemble beaucoup à la Thonine vulgaire. Elle a cependant, et c'est là son caractère différentiel principal, des nageoires pectorales plus courtes.

Les couleurs et le nombre des rayons des nageoires sont les mêmes dans les deux espèces, sauf la seconde dorsale qui présente un rayon épineux de plus.

## Pl. 48. — BONITE A VENTRE RAYÉ.

*Scomber pelamys*.. Linn., *Syst. nat.*, t. I, p. 492. — Bloch., *Schneid.*, p. 23. — De la Roche, *An. Mus.*, t. XIII, p. 315.
*Scomber pelamides*. Lacép., t. III, p. 14.
*Thynnus Pelamys*. Cuv. et Valenc., t. VIII, p. 113, pl. 214. — Cuv., *Règn. anim. illust.*, p. 96, pl. 49. — Bonap., *Cat. poiss. Europ.*, p. 74. — Yarr., *Brit. fish.*, t. I, p. 157. — Gunch., *Cat. acanth.*, t. I, p. 364.

*Striped-bellied Tunny, Bonite*, Angleterre. — *Bonnet*, Suède. — *Palamita*, Italie. — *Bonito*, Espagne. — *Gayado*, Portugal. — *Palamit*, Turquie.

Ce poisson, qui est plus petit que le Thon ordinaire, se prend dans la Méditerranée et dans l'océan Atlantique, où il est très-abondant. Il s'aventure, mais rarement, dans la Manche, sur les côtes de France et d'Angleterre.

Sa pêche se fait pendant toute l'année, mais elle est surtout abondante du mois de mai au mois de septembre. Les Bonites, comme les autres Thons, sont très-voraces; ils se nourrissent de poissons après lesquels on les voit quelquefois s'élancer hors de l'eau. Les matelots s'amusent quelquefois à prendre des Bonites avec des poissons artificiels fixés à l'extrémité d'une ligne et auxquels ils font exécuter des mouvements à la surface des eaux.

La chair de ce poisson est plus rouge que celle du Thon et moins délicate.

Les caractères de la Bonite à ventre rayé sont les suivants : corps rappelant par sa forme celui du Thon; tête conique et allongée, museau pointu; mâchoire inférieure plus longue que la supérieure et armée de dents plus petites et moins nombreuses.

Les yeux sont placés assez haut sur les parties latérales de la tête et leur iris est argenté.

Les écailles qui recouvrent le corps sont plus grandes sur le corselet, qui n'égale pas en étendue celui du Thon.

La ligne latérale, d'abord incurvée dans la partie antérieure du corps, devient ensuite fluxueuse dans la région postérieure, où elle est pourtant sensiblement droite.

Quant à la première nageoire dorsale qui peut comme chez les autres Thons se loger dans un sillon, sa première épine est très-élevée et elle est constituée de quinze rayons. La seconde dorsale a un rayon épineux et douze rayons mous, après lesquels viennent huit fausses nageoires.

Les pectorales ont vingt-sept rayons; appliquées contre le corps, leur extrémité se trouve sur une verticale qui passerait par le onzième rayon de la dorsale.

Les ventrales ont un rayon épineux suivi de cinq rayons mous.

L'anale a deux rayons épineux et douze rayons mous, ses fausses nageoires sont au nombre de sept.

Enfin la caudale a trente-cinq rayons et elle est très-développée.

Le dos de ce poisson est teinté d'un bleu noirâtre. Les flancs sont plus clairs et ont des reflets irisés. Le ventre argenté est parcouru par quatre bandes longitudinales d'un brun verdâtre qui ont fait distinguer ce poisson des autres Thons sous le nom de Bonite à ventre rayé.

## Pl. 49. — GERMON.

*Alilonghi*.......... Duham. *Dict. pêch.*, t. II, p. 203.
*Scomber alatunga*. Linn. et Gmel. *Syst. nat.*, t. I, p. 1330. — Lacép.. t. III, p. 21.
*Orcynus alalonga* . Risso. *Europ. Mérid.*, t. III, p. 419.
*Thynnus alalonga*. Cuv. et Valenc. t. VIII, p. 120, pl. 215. — Cuv., *Règn. an. ill.*, pl. 47, fig. 1. — Yarr., *Brit. fish.*, t. II, p. 220. — Bonap., *Cat. Poiss., Europ.*, p. 74. — Gunth., *Cat. acanth.*, t. II, p. 366.

Le Germon, qui est abondant dans l'Océan, est très-rare au contraire dans la Manche. On le prend aussi quelquefois dans la Méditerranée, mais l'endroit de nos côtes où il est de beaucoup le plus abondant est le golfe de Gascogne, où on le pêche pendant les mois de mai et de juin. Après cette époque il devient plus rare, mais on en rencontre cependant jusqu'au mois d'octobre.

Comme le Thon commun, les Germons vont par troupes; comme lui aussi, ils sont d'une grande voracité et mordent à n'importe quel appât. Les engins employés pour leur pêche sont les mêmes que pour celle du Thon ordinaire et, comme celle de ces derniers poissons, leur chair est très-estimée. Ils sont très-abondants sur les marchés de l'ouest et du nord de la France.

Le corps du Germon ressemble beaucoup à celui du Thon commun, mais à première vue on peut l'en distinguer par la forme de ses nageoires pectorales, qui, très-allongées, lui ont fait donner par les matelots le nom de Thon à longues oreilles. Ces nageoires, lorsqu'elles sont appliquées contre le corps, dépassent le bord postérieur de la seconde dorsale.

Le museau est pointu et l'ouverture de la bouche de grandeur moyenne. Les mâchoires sont armées d'une rangée de dents petites, aigües, incurvées et disposées sur une seule rangée. Il y a des dents en velours au vomer, aux palatins et sur la langue.

L'œil est grand et situé au-dessus de la commissure des lèvres.

Les pièces operculaires ne présentent rien de particulier à signaler.

Tout le corps est recouvert d'écailles petites, qui figurent en avant un corselet assez semblable, comme forme, à celui du Thon ordinaire. Ce corselet est échancré à la base des pectorales et s'étend jusqu'à la base de la seconde nageoire dorsale.

La première nageoire du dos naît un peu en arrière de l'insertion des pectorales et l'espace qui la sépare de la seconde est de peu d'étendue; elle compte quatorze rayons. Les quatre premiers rayons sont les plus longs, les autres diminuent ensuite et deviennent sensiblement égaux. La seconde dorsale a deux rayons épineux suivis de douze rayons mous. Viennent ensuite huit fausses nageoires.

Les pectorales, dont nous avons donné la forme, sont composées de trente-cinq rayons. L'anale a trois rayons épineux et douze rayons mous, ses fausses nageoires sont au nombre de huit. La caudale est bien développée, elle présente, comme chez les autres Thons, une carène latérale.

La ligne latérale est sinueuse.

Le corps du Germon est d'un bleu noirâtre dans sa région dorsale. Cette couleur devient moins foncée sur les flancs, le ventre est d'un blanc jaunâtre.

Le poids de ce poisson est généralement de soixante à quatre-vingts livres.

L'océan Atlantique possède un autre Germon qu'on a désigné sous le nom de *Thynnus pacificus*; on ne l'a pas encore signalé dans les eaux de nos côtes de France.

## GENRE PELAMYS.

*Pelamys*, Cuvier.

Ce genre, qui renferme un petit nombre d'espèces, a dans nos mers un représentant, le *Pelamys sarda*.

Les Pelamydes sont caractérisés par un corps oblong et recouvert d'écailles petites. Celles de la région thoracique, un peu plus grande, forment un corselet qui est moins développé que chez les vrais Thons.

La tête est allongée, l'ouverture de la bouche grande.

Les dents qui arment les mâchoires sont plus fortes que dans le genre précédent. Il y en a sur les palatins et sur la langue, le vomer en est complétement dépourvu.

Les nageoires dorsales sont au nombre de deux. La seconde est suivie de sept à neuf fausses nageoires, il y en a un même nombre en arrière de la nageoire anale.

Les rayons branchiostéges sont au nombre de sept.

Ces poissons n'ont pas de vessie natatoire.

### Pl. 50. — PÉLAMYDE COMMUNE.

*Pelamys bellonii*........ Willugh, p. 180.
*Scomber pelamys*....... Brunn., *Ichth.*, *Mars*, p. 69.
*Scomber sarda*......... Bloch, t. X, p. 35, pl. 334.—Bloch, *Schneid*, p. 22. — Lacép., t. IV, p. 699-700.
*Scomber Mediterraneus*. Bloch, *Schneid.*, p. 23. — De la Roche, *Ann. mus.*, t. XIII, p. 336.
*Thynnus sardus*.. ..... Risso, *Europ. mérid.*, t. III, p. 417.
*Pelamys sarda*......... Cuv. Valenc., t. VIII, p. 149, pl. 217. — Yarr. et *Brit. fish.*, t. I, p. 159.—Cuv., *Règ. an. ill.*, pl. 48, fig. 2. —Bonap., *Cat. poiss. Europ.*, p. 74. — Guich., *Expl. alg.*, p. 58. — Gunth, *Cat. acanth.*, t. II, p. 367.

*Pelamid*, Angleterre. — *Bonitou*, Espagne. — *Serra*, Portugal.

La Pélamyde commune a une distribution géographique assez étendue. Elle habite la mer Noire, la Méditerranée, l'océan Atlantique, s'étendant jusqu'aux côtes d'Amérique et au cap de Bonne-Espérance.

Dans les départements méridionaux de la France, sur les côtes du Languedoc, on la nomme *Bonitou,* nom que lui donnent aussi les pêcheurs espagnols. A Iviça, on l'appelle *Bonitol.*

Sa pêche se fait de la même manière que celle du Thon.

Comme forme générale, la Pélamyde se rapproche du Maquereau, mais sa taille est beaucoup plus considérable, sans égaler pour cela celle des Thons. Elle dépasse rarement, en effet, en longueur soixante centimètres. Sa tête est allongée, sa bouche bien fendue. Ses mâchoires sont armées de dents assez fortes, nombreuses, recourbées en arrière et légèrement aplaties. Il y a de semblables organes, mais plus petits, sur les palatins et la langue.

Les pièces operculaires ne présentent rien de particulier, elles diffèrent cependant légèrement, comme forme, de celles des espèces précédentes.

Les écailles de la région thoracique forment un corselet plus petit que chez les vrais Thons.

La première nageoire dorsale est formée de vingt-deux rayons, dont le plus élevé est placé au-dessus de l'origine des pectorales. La seconde dorsale a deux rayons épineux et treize ou quatorze rayons mous. Les fausses nageoires qui suivent sont au nombre de huit ou neuf, suivant que la dernière se confond plus ou moins avec la caudale.

Les pectorales, peu développées, ont vingt-cinq rayons. Les ventrales ont un rayon épineux et cinq rayons mous. L'anale a deux rayons épineux et treize rayons mous. Ses fausses nageoires sont au nombre de sept.

La région caudale porte de chaque côté, comme chez les véritables Thons, une saillie cartilagineuse en forme de carène, et la nageoire qui la termine, assez développée, en porte deux plus petites sur ses côtés.

Le dos de la Pélamyde est bleuâtre et cette couleur devient plus claire à mesure qu'on s'approche de la ligne latérale. Cette région est en outre parcourue par des bandes obliques de couleur plus foncée, ordinairement au nombre de dix, quelquefois plus nombreuses. Les flancs sont plus clairs, le ventre a des reflets irisés. La région située au-dessous des pectorales et la gorge sont quelquefois lavées de rose.

Cette espèce est dépourvue de vessie natatoire ; sa vésicule biliaire est extrêmement développée.

---

## GENRE AUXIS.

*Auxis*, CUVIER.

Corps allongé, oblong et recouvert d'écailles fines, plus grandes dans la région thoracique et formant un corselet.

Une carène de chaque côté de la région caudale.

Ouverture de la bouche assez grande. Dents petites, très-fines et serrées aux deux mâchoires. Palais lisse.

Deux nageoires dorsales très-séparées l'une de l'autre

Sept rayons branchiostéges.

Pas de vessie natatoire.

### Pl. 51. — AUXIDE COMMUNE.

*Scomber rochei*..... Risso, *Icht. Nice*, p. 165.
*Thynnus rocheanus*. Risso, *Europ. mérid.*, t. III, p. 417.
*Auxis vulgaris*..... Cuv. et Valenc., *Poiss.*, t. VIII, p. 139, pl. 216. —Yarr., *Brit. fish.*, t. I, p. 160. — Cuv., *Règn. an. ill.*, pl. 48, fig. 1.
*Auxis bisus*........ Bonap., *Cat. Poiss.*, *Europ.*, p. 74.
*Auxis rochei*...... Gunth., *Cat. acanth.*, t. II, p. 369.

*Plain Bonito*, Angleterre. —*Biso*, Espagne. —*Judeu*, *Serra*, Portugal.

Il n'y a dans la Méditerranée qu'une seule espèce d'Auxide, l'Auxide commune qu'on prend également dans l'océan Atlantique, principalement dans ses parties tropicales. Elle est au contraire plus rare dans le Nord et ce n'est qu'accidentellement qu'on la pêche sur les côtes d'Angleterre. On prend un assez grand nombre de ces poissons en Sicile et sur les côtes de Nice, du mois de mai au mois de septembre. Suivant Risso, les Niçois désignent l'Auxide sous le nom de *Bonitou*.

La taille de ce poisson est ordinairement de quarante à cinquante centimètres, sa chair est molle et de mauvais goût. Quant à sa forme, elle rappelle à la fois celle des Maquereaux et celle des Thonines. L'Auxide a en effet, comme les premiers de ces poissons, les nageoires dorsales très-écartées l'une de l'autre, mais sa tête plus courte et son corps plus élevé la rapprochent plutôt des Thonines.

Comme les Thons, ce poisson est pourvu d'un corselet qui se termine en arrière par quatre prolongements situés sur les faces supérieure, inférieure et latérales du corps.

La bouche est relativement grande et sa mâchoire inférieure dépasse un peu la supérieure. Toutes deux sont armées de dents très-fines, petites et aiguës. Le palais est dépourvu de ces organes.

Les pièces operculaires sont de forme plus ou moins elliptique.

L'œil est de grandeur ordinaire et la partie inter-orbitaire légèrement bombée.

Les nageoires dorsales, comme nous l'avons déjà dit, sont très-écartées l'une de l'autre. La première, qui commence au-dessus et un peu en arrière de la pectorale, est formée de dix ou onze rayons dont le premier est très-court, le second au contraire très-élevé. La seconde dorsale est peu développée; on y compte douze rayons. Elle est suivie de huit fausses nageoires.

Les pectorales, petites et pointues, ne dépassent pas la pointe latérale du corselet; elles ont vingt et un rayons. Les ventrales, plus petites que les pectorales et placées au-dessous d'elles, ont un rayon épineux et cinq rayons mous. L'anale, de grandeur à peu près égale à la seconde dorsale, a de douze à quatorze rayons, ses fausses nageoires sont au nombre de sept. Enfin la caudale, moins développée que chez les Thons proprement dits, a quinze rayons.

On remarque dans la région caudale les carènes que nous avons déjà signalées dans quelques espèces de cette famille. Il y a aussi deux petits ailerons à la base de la nageoire caudale.

La ligne latérale, peu marquée dans sa partie antérieure, devient flexueuse au niveau de la seconde dorsale et très-apparente dans la région caudale.

L'Auxis a le dos d'un bleu foncé qui s'affaiblit sur les flancs; le ventre est argenté. Les jeunes sujets présentent des taches presque noirâtres au-dessus de la ligne latérale et quelquefois au-dessous. Le corselet a des reflets verts. Les parties inférieures de l'opercule, les joues et la gorge sont argentées.

Les nageoires sont d'un gris verdâtre, quelquefois lavées de jaune, surtout l'anale et les ventrales.

L'Auxide commune n'a pas de vessie natatoire.

---

## GENRE ÉCHÉNÉIS.

*Echeneis*, LINNÉ.

Corps fusiforme recouvert d'écailles très-petites.

Tête longue, large, excavée dans sa partie supérieure et recouverte d'un disque formé de nombreux segments, modification des rayons de la première nageoire dorsale et servant d'organe de fixation.

Ouverture buccale grande. Dents très-fines disposées par bandes aux mâchoires, vomer et palatins, quelquefois même sur la langue.

Deux nageoires dorsales : la première aplatie en forme de disque elliptique, la seconde reportée très en arrière.

Nageoires pectorales bien développées.

Ventrales thoraciques.

Rayons branchiostéges au nombre de sept.

Pas de vessie natatoire.

Appendices pyloriques en petit nombre.

## Pl. 52. — RÉMORE.

*Echeneis*........ Ovide, *Halieut.*, t. V, p. 99. — Pline, XXXII, cap. 1, IX; cap. 25.
*Remora*......... Rondel., XV, c. 18, p. 436.
*Echeneis remora*. Lin., *Syst. nat.*, t. I, p. 446. — Bloch, t. II, p. 134, pl. 172. — Bloch, *Schn.*, p. 240. — Lacép., p. 146, pl. 9, fig. 1. — Cuv., *Règn. an. ill.*, pl. 108, fig. 3. — Risso, *Icht. Nice*, p. 177. — Risso, *Europ. mérid.*, t. III, p. 269. — Costa, *Faun. Napl.*, pl. 26, 27, 28 *bis*. — Yarr., *Brit. fish.*, t. I, p. 670. — Bonap., *Cat. Poiss. Europ.*, p. 66. — Gunth., *Cat. acanth.*, t. II, p. 378.

*Sucking fish*, Angleterre. — *Pegador*, *Peixe piolho*, Portugal.

Ce poisson, qui avait frappé l'attention des anciens, est en effet un des plus singuliers que l'on connaisse. Il a donné lieu à un grand nombre de fables et Pline nous le montre arrêtant le vaisseau d'Antoine à la bataille d'Actium. Parlant du Rémore dans un autre passage, il dit : « Que les vents soufflent tant qu'ils voudront, que les tempêtes exercent leur rage, le poisson commande à leur furie et met des bornes à leur puissance. »

Toutes ces fables et tous les récits exagérés des anciens reposent sur un fait qui a été constaté depuis la plus haute antiquité et qui prouve combien sont différentes et curieuses à étudier les mœurs des poissons.

Au moyen d'une ventouse placée à la partie supérieure de sa tête, le Rémore se fixe aux corps sous-marins. Appliquant tantôt son disque sur la carène des vaisseaux, tantôt l'adaptant aux corps des Squales, des Dorades ou des mammifères marins, il se fait ainsi transporter à de grandes distances sans la moindre dépense d'efforts.

Le Rémore a le corps allongé, fusiforme et recouvert de très-petites écailles cycloïdes.

Sa tête est surtout très-remarquable. Elle est aplatie, large dans le sens transversal, excavée dans sa partie supérieure, bombée, au contraire, dans sa région inférieure. Elle porte à sa face supérieure un disque qui la recouvre depuis l'extrémité du museau jusque sur la partie antérieure du dos, bien au-delà de l'insertion des nageoires pectorales. Ce disque, d'une forme elliptique et très-allongé, a été tantôt considéré comme une simple ventouse, tantôt comme une nageoire dorsale transformée en organe de fixation. Les pièces qui le constituent sont disposées par segments, chacun de ces segments comprend quatre os : un inter-épineux, deux rayons et un osselet articulaire.

Le disque est entouré d'une membrane molle, plus large en arrière qu'en avant. Vus par sa face supérieure, ses différents segments ont l'aspect d'une double persienne dont les lames, en se relevant, agrandissent l'espace qu'elles laissent entre elles, et si l'animal a préalablement appliqué la partie supérieure de sa tête contre un corps quelconque, il se produit une sorte de succion qui le fixe à l'endroit qu'il a choisi.

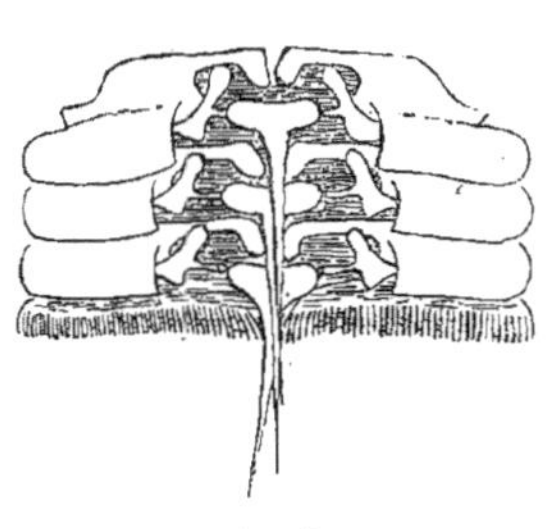

Fig. 13.
PORTION DU DISQUE CÉPHALIQUE DU RÉMORE. (*Echeneis remora.*)

Les yeux, relativement petits, sont reportés sur les parties latérales de la tête. Le museau est arrondi. La bouche, largement fendue, a sa mâchoire inférieure plus longue que la supérieure, toutes deux sont armées de dents extrêmement fines, disposées sur une bande assez large. Il y a également de ces organes sur les vomers, sur le palatin, et dans la plupart des cas, sur la langue.

Les ouïes sont larges et les rayons branchiostéges au nombre de sept.

Les nageoires dorsales sont au nombre de deux : la première, qui constitue le disque et que nous avons déjà décrite, est formée de dix-sept à dix-neuf rayons ; la seconde, reportée très en arrière et assez allongée, a ses premiers rayons très-épais à leur base et obliques, elle en a de vingt-neuf à trente-deux.

Les pectorales, larges et dirigées vers le dos de l'animal, ont leurs premiers rayons très-allongés, sauf le premier, qui est épineux et très-court. Il y en a de vingt-deux à vingt-cinq. Les ventrales, placées au-dessous des pectorales, ont cinq rayons. L'anale, opposée à la seconde dorsale et de forme à peu près semblable, a de vingt-cinq à trente rayons. La caudale, bien développée, est faiblement échancrée a son bord libre.

Le corps du Rémore est d'un brun foncé sur le dos, plus clair sur les flancs et le ventre. Les nageoires sont de même couleur.

Sa taille ordinaire est de cinquante centimètres.

Ce poisson se prend dans la Méditerranée et dans l'océan Atlantique, aussi bien dans ses régions tempérées que dans ses parties tropicales.

On prend aussi dans la Méditerranée et dans l'Océan une autre espèce d'Echeneis qui se distingue de la précédente par une bande noirâtre bordée de blanc qui s'étend du bout du museau à l'œil et de celui-ci à la région caudale; les auteurs le désignent sous le nom d'*Echeneis naucrates*.

## GENRE NAUCRATES.

*Naucrates*, Cuvier.

Corps oblong, arrondi dans sa région dorsale et recouvert d'écailles petites et elliptiques.

Mâchoires armées de dents fines et nombreuses. De semblables organes se voient sur les palatins, le vomer et la langue.

Nageoires dorsales au nombre de deux; la première formée de rayons épineux isolés.

Ventrales thoraciques.

Pas de fausses nageoires.

Rayons branchiostéges au nombre de sept.

Vessie natatoire petite.

Appendices pyloriques en nombre assez grand.

### Pl. 53. — PILOTE.

*Gasterosteus ductor*. Linn., *Syst. nat.*, t. I, p. 489. — Brunn, *Pisc. Mass.*, p. 67.
*Scomber ductor*.... Bloch, pl. 338. — Bloch, *Schneid*, p. 32.
*Centronotus ductor*.. Lacép., t. III, p. 311. — Risso, *Icht. Nice*, p. 428. — Risso, *Europ. mérid.*, t. III, p. 193.
*Naucrates ductor*... Cuv., Valenc., t. VIII, p. 312, pl. 232. — Yarr. et *Brit. fish.*, t. I, p. 170. — Bonap., *Cat. Poiss. Europ.*, p. 72. — Guich., *Expl. alg.*, p. 60. — Gunth., *Cat. acanth.*, t. II, p. 374.

*Pilot-fish*, Angleterre. — *Pampana*, Italie. — *Romeiro*, Portugal.

Le Pilote, qui est répandu dans toute la Méditerranée et que l'on prend également dans l'océan Atlantique et dans la Manche, doit son nom à l'habitude qu'il a d'accompagner les vaisseaux à des distances quelquefois considérables.

Linné l'avait placé dans son genre Épinoche à cause de piquants isolés qui se trouvent au-devant de la nageoire dorsale. Mais sa forme et ses autres caractères sont bien différents, et c'est parmi les Scombéroïdes qu'il faut le ranger.

Ce poisson est connu sur les côtes des Alpes maritimes, de Provence et du Languedoc, sous le nom de *Fanfré*. Son corps, allongé et arrondi dans sa région dorsale, dépasse rarement vingt-cinq ou trente centimètres en longueur. Il est recouvert d'écailles petites et de forme ovalaire.

La tête est courte et le museau obtus.

Les parties supérieures de l'opercule, les joues et les tempes sont recouvertes de petites écailles. Les autres parties de la tête en sont dépourvues.

L'œil est de grandeur ordinaire.

L'opercule, échancré à la partie supérieure de son bord postérieur, est faiblement strié.

Les mâchoires sont inégales, l'inférieure dépasse sensiblement la supérieure. Toutes deux sont armées de dents nombreuses et fort petites, disposées de chaque côté sur une bande étroite. On remarque de semblables organes sur les palatins, la partie antérieure du vomer et sur la langue.

Les nageoires dorsales sont au nombre de deux.

La première est réduite à quatre rayons épineux et fort petits, elle en a cependant quelquefois cinq et même six. La seconde nageoire dorsale, assez développée, commence immédiatement en arrière des quatre rayons épineux dont nous venons de parler; elle a un rayon dur suivi de vingt-six à vingt-huit rayons mous.

Les nageoires pectorales ont dix-huit rayons. Les ventrales ont un rayon épineux et neuf rayons mous. L'anale est précédée de deux petits aiguillons, et les rayons qui la constituent sont au nombre de seize à dix-sept. La caudale a dix-sept rayons, sans compter les décroissants; elle est très-développée et très-échancrée à son bord postérieur, et présente de chaque côté une petite carène.

Ce poisson, si curieux par ses mœurs, est revêtu de couleurs brillantes; il est d'une teinte bleue à reflets argentés très-accentuée dans la région dorsale, plus claire sur les flancs. Cinq bandes d'un bleu plus foncé cerclent le corps en différentes hauteurs; la première, immédiatement en arrière de l'opercule, s'étend au delà de l'insertion de la pectorale. La seconde se trouve en arrière des ventrales; la troisième est située entre les ventrales et les rayons piquants qui précèdent l'anale; la quatrième est placée sur le tiers antérieur de cette dernière nageoire; enfin la cinquième envahit une partie de la région caudale. On remarque quelquefois une tache de même couleur sur les parties supérieures de la tête. Les portions de l'abdomen comprises entre ces différentes zones sont d'une belle couleur nacrée.

Les nageoires sont bleu uniforme. On remarque en avant de la dorsale, de l'anale et à l'extrémité de chaque lobe de la caudale de petites taches d'un blanc jaunâtre.

La chair du Pilote est délicate, elle rappelle assez celle du Maquereau.

Les cœcums pyloriques sont au nombre de douze à quinze.

---

## GENRE LICHE.

*Lichia*, Cuvier.

Corps oblong, comprimé et revêtu de très-petites écailles. Point de carène latérale à la région caudale.

Tête courte; ouverture de la bouche de grandeur moyenne.

Mâchoires armées de dents en velours. De semblables organes sur le vomer et les palatins.

Rayons branchiostéges au nombre de huit ou neuf.

Deux nageoires dorsales; la première formée de rayons épineux isolés dont l'antérieur est dirigé en avant.

Anale précédée de deux épines libres.

Appendices pyloriques en plus ou moins grand nombre.

Vessie natatoire bifurquée postérieurement.

## Pl. 54. — LICHE GLAYCOS.

*Prima glauci species*. Rondel., p. 252.
*Scomber glaucus*.... Lin., *Syst. nat.*, t. I, p. 494. — Bloch, *Schn.*, p. 33.
*Gasterosteus glaucus*. Bloch, *Schn.*, p. 539.
*Caranx glaucus*..... Lacép., t. III, p. 58.
*Centronotus glaycos*. Risso, *Icht. Nice*, p. 194.
*Lichia glaucus*...... Risso, *Europ. mérid.*, t. III, p. 429. — Cuv., et Valenc., t. VIII, p. 358, pl. 234. — Yarrel, *Brit. fish.*, t. II, p. 232. — Bonap., *Cat. Poiss. Europ.*, p. 72.
*Lichia glauca*....... Gunth., *Cat. acanth.*, t. II, p. 477.

*Derbio*, Angleterre. — *Ciodera*, Italie.

La Liche Glaycos, que l'on nomme plus communément Derbio, se trouve dans la Méditerranée et dans l'Océan, on le prend également dans la Manche, mais elle y est très-rare.

Elle était déjà connue des Grecs et des Romains; Pline en fait mention, et Aristote nous dit qu'au plus fort de l'été ce poisson quitte les plages pour se retirer dans la haute mer.

Rondelet en fait sa première espèce de son genre Glaucus, mais ce poisson est loin d'atteindre la taille qu'il lui donne.

Le corps de la Liche Glaycos est oblong, très-comprimé sur ses flancs et recouvert d'écailles très-petites.

Sa ligne latérale décrit une très-légère courbe au-dessus des pectorales, on pourrait même la dire presque droite.

La tête est courte, l'œil est grand.

Le préopercule aplati et lisse a son bord postérieur presque droit. L'opercule, assez développé, présente une petite encoche sur son bord postérieur. Le subopercule est plus court que l'interopercule.

Les mâchoires presque égales sont armées de petites dents en velours, très-serrées et disposées par bandes. On en voit aussi sur le vomer et les palatins.

Les nageoires dorsales sont au nombre de deux. La première est formée de cinq ou six rayons libres assez forts et de hauteur sensiblement égale; le premier seul est dirigé en avant. La seconde dorsale, qui vient immédiatement après, présente un rayon épineux et de vingt-quatre à vingt-sept rayons mous.

Les pectorales sont petites et formées de dix-sept rayons. Les ventrales qui naissent un peu en arrière de ces dernières sont également peu développées, elles ont six rayons dont le premier est épineux. L'anale opposée à la seconde dorsale est précédée de deux piquants libres, elle a vingt-quatre rayons, dont un épineux. La caudale, très-fourchue, a vingt-cinq rayons.

La vessie natatoire de ce poisson est bilobée postérieurement.

Les cœcums qui entourent le pylore sont au nombre de quatorze à seize.

Le dos du Derbio est d'une couleur bleuâtre qui s'atténue sur les flancs, où l'on remarque des bandes verticales de couleur foncée. Les régions inférieures des flancs et le ventre sont jaunes.

Les nageoires dorsales et l'anale lavées de jaune présentent souvent une tache foncée à leur bord antérieur; les pectorales, les ventrales et la caudale sont d'un gris plus ou moins foncé.

La chair de ce poisson, blanche et de bon goût, est assez recherchée.

## LICHE AMIE.

*Scomber amia*..... Lin., *Syst. nat.*, t. I, p. 495. — Bloch, *Schn.*, p. 34.
*Caranx amia*..... Lacép., t. III, p. 65.
*Centronotus vadigo.* Lacép., t. III, p. 318.
*Centronotus lyzan.* Lacép., t. III, p. 316. — Risso, *Ichth. Nice*, p. 195. — Id., *Poiss., Europ. mérid.*, t, III, p. 430.
*Lichia amia*...... Cuv., *Règn. anim.*, t. II, p. 203. — Cuv. et Valenc., t. VIII, p. 348. Cuv., *Règn. anim. illust.*, pl. 54, fig. 3. — Bonap., *Cat. Poiss. Europ.*, p. 72. — Gunth., *Cat. acanth.*, t. II, p, 476.

*Cerviola, Lica, Lizza,* Italie.

Cette seconde espèce de Liche se prend dans la Méditerranée, où elle est assez rare, et dans tout l'Atlantique, principalement dans ses parties chaudes. Les Niçois la nomment *Lica*, les Provençaux et les Languedociens la désignent assez généralement sous le nom de *Litcha*.

La Liche amie a, comme l'espèce précédente, le corps oblong, très-comprimé et recouvert de petites écailles; sa plus grande hauteur est égale au quart de la ligne, qui s'étend de l'extrémité du museau à l'extrémité caudale.

Sa tête est relativement petite; son œil assez grand. Les pièces operculaires bien développées et l'ouverture buccale assez large.

Les mâchoires, à peu près égales, sont armées de fines dents en velours disposées sur une bande. Il y a également de ces organes sur le vomer, sur les palatins et sur la langue.

Les nageoires dorsales sont au nombre de deux : la première, formée par sept épines libres, de hauteur à peu près égale, est peu séparée de la seconde, qui, d'abord plus haute, décroît insensiblement jusqu'à sa partie postérieure. Cette dernière nageoire est formée par un rayon épineux suivi de vingt et un rayons mous.

Les pectorales et les ventrales sont peu développées. Les premières ont vingt et un rayons, les secondes un rayon épineux suivi de cinq rayons mous.

La nageoire anale présente à sa partie antérieure deux épines libres assez fortes, vient ensuite un rayon épineux et à suite vingt et rayons mous.

La caudale très-échancrée a ses deux lobes très-effilés, elle compte un dix-sept rayons.

La ligne latérale chez cette espèce part du bord postérieur de l'opercule, décrit une courbure assez prononcée au-dessus des pectorales, puis devient rectiligne dans le reste de son trajet. Les écailles qui la constituent sont très-petites. Mentionnons aussi la présence de ces organes sur les joues du poisson.

Les parties supérieures du corps de la Liche amie sont bleuâtres ; les flancs et le ventre ont des reflets argentés ou dorés. Les jeunes sujets présentent sur le corps quelques bandes transversales noirâtres.

C'est un poisson assez recherché pour sa chair.

## LICHE VADIGO.

*Centronotus glaycos*. Lacép., t. III, p. 315.
*Centronotus vadigo*.. Risso, *Itch., Nice*, p. 196.
*Lichia vadigo*....... Risso. *Europ. mérid.*, t. III, p. 430. — Cuv. Valenc., t. VIII, p. 363, pl. 235. — Bonap., *Cat. Poiss. Europ.*, p. 73. — Gunth., *Cat. acanth.*, t. II, p. 478.

*Cerviola imperiali*, Italie.

Cette Liche, appelée sur les côtes de la Méditerranée *Litcha* et *Lizza*, noms qu'on donne aussi, comme nous l'avons vu, à l'espèce précédente, est assez commune sur les côtes de Sicile, plus rare au contraire sur nos plages de Provence et de Languedoc, où on ne la pêche qu'en février et mars. On la rencontre aussi dans l'océan Atlantique, surtout dans les parages de l'île de Madère.

Elle se rapproche assez comme forme de la Liche amie, son corps est cependant un peu plus allongé et les rayons qui constituent sa nageoire dorsale sont aussi en plus grand nombre. On en compte de vingt-neuf à trente-deux. Il en est de même pour l'anale, dont les rayons mous sont au nombre de vingt-trois ou vingt-quatre.

La courbure de la ligne latérale est peu prononcée.

Les parties supérieures du corps de la Liche Vadigo sont d'un bleu noirâtre, qui s'étend sur les flancs, et forme dans le voisinage de la ligne latérale une vingtaine de bandes verticales assez rapprochées et de peu d'étendue.

---

## GENRE SAUREL.

*Trachurus*, Cuvier.

Corps oblong, fusiforme, un peu comprimé dans sa région ventrale. Écailles très-petites. Celles qui constituent la ligne latérale en forme de plaques assez larges et terminées en arrière par une pointe.

Tête relativement courte, bouche fendue obliquement. Mâchoires, palatins et vomer armés de dents très-fines.

Deux nageoires dorsales, dont la première présente une petite épine dirigée en avant. L'anale est précédée de deux rayons épineux.

Vessie natatoire bilobée à sa partie postérieure.

Appendices pyloriques nombreux.

Rayons branchiostéges au nombre de sept.

## Pl. 55. — SAUREL.

*Trachurus* .......... Rondelet, t. VIII, p. 233.
*Scomber trachurus*.. Lin., *Syst. nat.*, t. I, p. 494. — Bloch, pl. 56. — Bloch, *Schn.*, p. 27.
*Caranx trachurus*... Lacép., t. III, p. 63. — Risso, *Icht.*, *Nice*, pl. 173. — Id., *Europ. mérid.*, t. III, p. 421. — Cuv. et Valenc., t. IX, p. 11, pl. 246. — Cuv., *Règn. an. ill.*, pl. 57, fig. 1. — Bonap., *Cat. Poiss. Europ.*, p. 75. — Guich., *Expl. alg.*, p. 61.
*Trachurus europæus*. Gronov., *Syst. ed. Gray.*, p. 125.
*Trachurus trachurus*. Casteln., *Anim. nouv. ou rares, poiss.*, p. 23. — Gunth., *Cat. acanth.*, t. II, p. 420.

*Horse Mackarel, Scad*, Angleterre. — *Müsken*, Allemagne. — *Marsbankers*, Hollande. — *Steikker*, Danemark. — *Savaro*, Italie. — *Xurel*, Espagne. — *Chicharro (Ad.)*, *Carapau (Jun)*, Portugal.

Le Saurel habite l'Océan et la Méditerranée, et, comme le Maquereau, avec lequel il a beaucoup d'analogie, il voyage par troupes, quelquefois fort nombreuses. Ce poisson apparaît sur nos côtes en mars, et les individus qui figurent sur nos marchés mesurent généralement trente et trente-cinq centimètres en longueur; il y en a cependant de plus grands.

Ses noms vulgaires sont très-nombreux, ils diffèrent d'une province à l'autre, et souvent sur des points très-rapprochés d'une même localité. Les Marseillais le nomment *Souvereau*, les Languedociens *Saurel Sieurel, Gascoun*, etc. Aux environs de Bordeaux, on l'appelle *Cicharou*. C'est le *Casec* des Bretons, le *Maquereau bâtard* des Normands, etc.

Le corps du Maquereau bâtard, de forme oblongue est légèrement comprimé dans sa région ventrale. La ligne du dos et le profil du ventre présentent une convexité peu marquée. Les écailles qui recouvrent le corps sont très-petites, celles qui constituent la ligne latérale sont au contraire très-larges et forment une série de plaques carénées se terminant en pointe à leur bord postérieur. Le trajet de cette ligne, faiblement convexe à son origine, s'abaisse vers le milieu du corps, puis devient rectiligne jusqu'à sa terminaison.

La tête est courte, ses parties supérieures et latérales sont recouvertes de petites écailles.

L'œil assez grand est en partie caché par une membrane muqueuse.

Le préopercule est arrondi à son bord libre, il présente à sa surface les ouvertures de nombreux pores irrégulièrement disposés; l'opercule, deux fois aussi haut que large, est échancré à la partie supérieure de son bord postérieur. L'interopercule est bien développé et le subopercule, plus petit que l'interopercule, est cependant assez allongé.

Les rayons branchiostéges sont au nombre de sept.

L'ouverture de la bouche de grandeur ordinaire est fendue obliquement. Les mâchoires dont l'inférieure présente à sa face externe une ligne de pores muqueux, généralement au nombre de quatre, sont sensiblement égales. Elles sont armées de dents très-fines, et l'on peut reconnaître la présence de semblables organes sur le vomer et les palatins.

Les nageoires dorsales sont au nombre de deux. La première de forme triangulaire est constituée par neuf rayons, dont le premier est dirigé en avant. Le troisième est le plus élevé de tous.

La seconde dorsale, très-rapprochée de la première, est d'abord assez haute à son origine, elle diminue graduellement jusqu'à son bord postérieur, qui n'est séparé de la nageoire caudale que par un faible intervalle. Elle compte un rayon épineux et de trente et un à trente-trois rayons mous.

Les pectorales sont très-développées, elles ont vingt et un rayons.

Les ventrales, beaucoup plus petites, n'ont qu'un rayon épineux suivi de cinq rayons mous. La nageoire anale, qui naît un peu en arrière de l'origine de la seconde dorsale, est précédée de deux rayons épineux reliés par une petite membrane, elle est composée d'un rayon épineux et de vingt-six à vingt-neuf rayons mous. Enfin la caudale très-fourchue, mais peu développée, a dix-sept rayons, sans compter les décroissants.

La couleur du Caranx trachurus est d'un gris bleuâtre sur le dos, plus clair sur les flancs; le ventre est argenté ou légèrement lavé de jaune. On remarque, en outre, une tache noire sur le rieur de l'opercule. Les nageoires dorsales et les pectorales sont de couleur foncée, les ventrales et l'anale sont plus claires.

La vessie natatoire de ce poisson, bifurquée postérieurement, communique par un petit canal avec la cavité branchiale. Cette observation est due à M. Armand Moreau, qui a constaté en outre que la vessie natatoire des poissons est un organe d'équilibration, non de sation, et que c'est par le jeu des muscles, que la fonction d'équilibration s'accomplit. Les cœcums qui entourent le pylore sont au nombre de douze à vingt.

Les poissons de cette espèce atteignent une taille assez comparable à celle de nos maquereaux et leur chair d'assez bon goût.

On trouve encore dans la Méditerranée deux autres espèces de Carangidés, qui appartiennent au genre Caranx proprement dit. Elles habitent principalement la Méditerranée orientale ou les côtes d'Afrique, ce sont : le *Caranx ronfleur* (*Caranx rhonchus*), Cuv. et Valenc., T. IX, p. 35, et le *Caranx Melanosaurus*, Bonap., *Cat. Poiss. Europ.*, p. 75.

La première de ces espèces ressemble assez au Saurel, on la rencontre aussi dans l'océan Atlantique.

---

## GENRE CAPROS.

*Capros*, LACÉPÈDE.

Ce genre n'est représenté que par une seule espèce qui vit dans la Méditerranée et se rencontre quelquefois dans l'Océan. Ses caractères sont les suivants :

Corps elliptique très-élevé, très-comprimé latéralement et recouvert d'écailles ciliées rudes et de médiocre grandeur.

Tête courte excavée, dans sa région supérieure.

Œil très-grand. Bouche petite et très-protractile. Dents nombreuses et petites disposées par bandes aux mâchoires et au vomer.

Deux nageoires dorsales. Trois épines libres en avant de la nageoire anale.

Rayons branchiostéges au nombre de cinq.

Vessie natatoire grande. Appendices pyloriques en petit nombre.

PI. 56. — SANGLIER.

*Aper*.......... Rondelet, t. V, ch. XXVII, p. 161. — Aldrov., t. III, p. 297. — Willug., p. 296. pl. J. 4, fig. 4.
*Zeus aper*...... Lin. *Syst. nat.*, t. I, p, 455. — Bloch, *Schn.*, p. 88.
*Perca pusilla*... Brunn, *Ichth. mass.*, pl. 62. — Bloch, *Schn.*, *Syst.*, pl. 88.
*Perca brunnich*. Lacép., t. IV, p. 412.
*Capros aper*.... Lacép., t. IV, p. 591. — Risso, *Europ. mérid.*, t. IV, p. 380. — Yarr., *Brit. fish.*, t. I, p. 190. — Cuv. et Valenc., t. X, p. 30, pl. 281. — Cuv., *Règn. anim.*, t. II, p. 211. — Id., *Règn. anim.* ill., pl. 60, fig. 2. — Bonap., *Cat. Poiss. Europ.*, p. 70. — Gunth. *Cat. acanth.*, t. II, p. 495.

*Boar-fish*, Angleterre. — *Tinta empe*, Espagne. — *Strivale*, Italie.

Connu des anciens et figuré par Rondelet, le Sanglier doit son nom à la forme particulière de son museau, qui est très-protractile et peut s'allonger considérablement, de manière à doubler presque la longueur de la tête.

Ce poisson, assez rare dans la Méditerranée, l'est encore plus dans l'Océan; on l'a pris cependant aux environs de l'île de Madère, et il a été signalé sur les côtes d'Angleterre. On le nomme *Verrat* sur les côtes de Nice, et *Peïporc* sur celles du Languedoc.

Le corps du Sanglier rappelle assez comme forme celui da la Dorée, il est très-haut, très-comprimé latéralement et recouvert d'écailles de grandeur médiocre et ciliées. La courbure du dos, très-arquée dans sa région médiane, s'abaisse brusquement vers la tête, qui est très-aplatie et excavée sur sa face supérieure.

L'œil est très-grand et bordé d'un beau cercle doré.

La bouche, petite, est très-protractile. Elle est fendue obliquement, et ses mâchoires sont armées de dents nombreuses et petites disposées en bandes. Il y a également de ces organes sur le vomer.

Le préopercule est triangulaire; l'opercule peu développé et étroit; le subopercule est adhérent à l'opercule et l'interopercule est styliforme.

Les parties latérales des joues sont couvertes d'écailles.

Les rayons branchiostéges sont au nombre de cinq.

Ce poisson a deux nageoires dorsales. La première assez haute est formée de rayons piquants, dont le troisième est le plus élevé, on y en compte neuf en tout; elle est contiguë à la seconde dorsale qui, moins haute et plus allongée, a vingt-trois ou vingt-quatre rayons mous.

Les pectorales sont peu développées, leurs rayons sont au nombre de quatorze.

Les ventrales, plus longues et plus larges que les pectorales, ont un rayon épineux et cinq rayons mous. L'anale, précédée de trois épines libres, allongée et d'une faible hauteur, se compose de vingt-trois rayons ; enfin la caudale, peu développée et coupée presque carrément à son bord postérieur, a douze ou treize rayons.

La ligne latérale, très-rapprochée du dos dont elle suit la convexité, s'abaisse brusquement au-dessous de la terminaison de la première nageoire dorsale pour gagner la région caudale, où elle est peu apparente.

Le *Capros aper* a les parties supérieures du corps d'un beau jaune orangé à reflets rougeâtres, les flancs sont plus clairs, le ventre est blanc. Les nageoires sont comme le corps teintées d'un rouge plus ou moins vif.

Ce poisson, dont la chair est excellente, pond vers le mois d'avril. Son corps dépasse rarement vingt centimètres en longueur.

La vessie natatoire est grande et les appendices du pylore en petit nombre.

---

## GENRE ZEUS.

*Zeus*, ARTEDI.

Corps ovalaire, très-comprimé et recouvert d'écailles extrêmement petites lorsqu'elles existent.

Tête courte; bouche grande et très-protractile.

Mâchoires et vomer garnis de dents très-petites.

Deux nageoires dorsales contiguës. Trois ou quatre épines en avant de l'anale. De chaque côté de ces nageoires une rangée d'épines quelquefois assez développées. Il y a aussi de ces organes entre les pectorales et l'anale.

Sept rayons branchiostéges.

Vessie natatoire développée. Appendices pyloriques en nombre considérable.

## Pl. 57. — DORÉE.

*Zeus sp. l.*. Artedi, *Genera*, p. 50.
*Dorée*...... Pennant, *Brit. zool.*, t. III, p. 193, pl. 41.
*Zeus faber*.. Linné, *Syst. nat.*, t. I, p. 454. — Brunn., *Pisc. Massil.*, p. 33. — Bloch, pl. 41. — Bloch, *Schn.*, p. 94. — Lacép., t. IV, p. 577. — Risso, *Icht. Nice*, p. 303. — Id., *Europ. mérid.*, t. III, p. 379. — Yarr., *Brit. fish.*, t. I, p. 183. — Cuv. et Valenc., t. X, p. 6. — Cuv., *Règn. an.* ill., pl. 60, fig. 1. — Guich., *Expl. alg.*, p. 64. — Bonap., *Cat. Poiss. Europ.*, p. 75. — Gunth., *Cat. acanth.*, t. II, p. 393.

*Dory, Doree*, Angleterre. — *Goldspiegelfisch*, Allemagne. — *San pietro*, Italie. — *Gallo, Christo psaro*, Espagne. — *Peixe gallo, Alfaquim*, Portugal.

La Dorée a été décrite pour la première fois par Pline ; les anciens la tenaient en si grande estime, qu'ils lui ont donné le nom de Zeus en l'honneur de Jupiter.

Ce poisson est en effet très-remarquable par ses couleurs et par sa forme. Commun dans la Méditerranée et dans la mer Adriatique, on le trouve aussi dans l'Océan, jusque sur les côtes des îles Britanniques, mais il est rare à mesure qu'on remonte plus au nord.

On lui donne différents noms sur nos côtes ; les Bretons le nomment *Couret* et *Poule de mer* ; les Provençaux *Truette*, les Languedociens *Gal, Peï san Pierré*, etc.

Le Zeus faber a le corps très-comprimé, de forme ovalaire et élevé. La tête est grande, très-comprimée et anguleuse sur ses parties latérales et supérieures. Sa longueur, lorsque la bouche est projetée en avant, est égale à celle du reste du corps.

L'œil est grand et reporté très-haut, son diamètre transverse est sensiblement plus grand que son diamètre vertical. L'espace interorbitaire est de faible dimension, il présente une dépression longitudinale. Immédiatement en avant de lui se trouve l'ouverture des narines.

Le préopercule, très-allongé, est dirigé de haut en bas et d'arrière en avant, il part du bord postérieur de l'orbite et gagne la partie postérieure du maxillaire inférieur. L'interopercule est également fort long. L'opercule, en forme de triangle dont la base est dirigée du côté de la région dorsale, est très-aplati et d'une faible consistance. Le subopercule est peu développé. La bouche est grande et protractile ; les mâchoires à peu près égales sont armées de dents petites et nombreuses, disposées sur une bande étroite. Il existe également de ces organes du vomer, mais les palatins en sont dépourvus. Les os branchiostéges sont au nombre de sept et armés de petites dents.

La peau qui recouvre le corps présente de petits tubercules, faiblement espacés les uns des autres, et qui ne sont autre chose que des saillies produites par les écailles cachées sous la peau. Ces organes de forme elliptique sont cycloïdes et hérissées dans certaines régions de petits piquants dont le nombre n'est pas constant. Il y a aussi quelques écailles sur les joues et au-dessus de l'opercule.

Fig. 14. — Écaille de la région ventrale de la dorée. (*Zeus faber*.)

La ligne latérale, qui commence au niveau d'une crête placée en arrière de l'orbite, s'élève d'abord faiblement, puis décrit une courbe assez prononcée pour aller retrouver la région caudale où elle est rectiligne.

Les nageoires dorsales sont au nombre de deux. La première, formée de neuf rayons dont le second et le troisième sont les plus élevés, a sa partie membraneuse terminée à son bord supérieur par des filaments très-allongés, également au nombre de neuf dont la longueur est triple des rayons épineux en arrière desquels ils sont placés. La seconde nageoire dorsale, qui est contiguë à la première, est formée de vingt-deux rayons, elle est aussi longue que celle-ci, mais beaucoup moins haute. De chaque côté de cette seconde nageoire se remarquent des plaques osseuses formant de chaque côté une série d'épines au nombre de neuf, mais le nombre de ces organes n'est pas constant, car certains individus en présentent sept et quelquefois dix.

Les pectorales, courtes et arrondies, ont treize rayons. Les ventrales placées en avant des pectorales sont longues et grêles et formées de neuf rayons. L'anale, opposée à la partie molle de la dorsale, est précédée d'une portion épineuse formée de quatre fortes épines reliées entre elles par une membrane et contiguës à la nageoire anale proprement dite qui a vingt et un rayons.

Sur toute la courbure inférieure du corps, depuis la gorge jusqu'à la région caudale, on remarque une série de plaques osseuses semblables à celles de la région dorsale et armées de chaque côté d'une épine crochue et dirigée en arrière; il y en a généralement en tout treize de chaque côté.

La caudale, petite et arrondie, a son bord libre et est formée de treize rayons.

La Dorée a les parties supérieures du corps d'un brun olivâtre teinté de jaune, présentant des reflets métalliques. Les flancs sont jaune clair, le ventre est blanc. Au-dessus et en arrière des pectorales, on voit une tache circulaire assez large d'un beau noir violacé au centre, plus claire à sa circonférence.

Les nageoires de ce poisson, constituées par des rayons épineux, sont d'un brun clair, les autres nageoires sont plus foncées.

Dans cette espèce, la vessie natatoire est grande et les appendices pyloriques très-nombreux.

On pêche des Dorées qui ont jusqu'à soixante centimètres et plus de longueur.

## ZEUS PIQUANT.

*Zeus pungio*. Cuv. et Valenc., t. X, p. 25, pl. 280.—Bonap., *Cat. Poiss. Europ.*, p. 75. — Guich., *Expl. alg.*, p. 64. — Gunth., *Cat. acanth.*, t. II, p. 394.

On trouve encore dans la Méditerranée une autre espèce du genre Zeus, que Cuvier a désignée sous le nom de *Zeus pungio*. Elle est caractérisée par la présence de quatre à cinq plaques osseuses situées de chaque côté de la seconde nageoire dorsale. Chacune de ces plaques, très-proéminente et arrondie, est terminée par une forte épine acérée et recourbée en arrière. On remarque également de ces piquants le long de la courbure du ventre; ceux qui bordent l'anale sont au nombre de neuf de chaque côté.

L'huméral et le scapulaire présentent le premier une grosse épine dirigée en arrière, le second une pointe aiguë qui en porte elle-même une autre plus petite et dirigée vers le haut.

Quant aux couleurs de ce poisson elles sont généralement plus sombres que celles de la première espèce que nous venons de décrire et la tache des flancs est moins apparente.

---

## GENRE LAMPRIS.

*Lampris*, Retzius.

Corps ovalaire un peu comprimé latéralement et recouvert d'écailles très-petites.

Tête assez forte bombée dans sa région supérieure.

Bouche petite, peu protractile et dépourvue de dents.

Nageoire dorsale unique très-élevée dans sa région antérieure. Nageoire anale sans rayons épineux distincts.

Six rayons branchiostéges.

Vessie natatoire grande et bifurquée postérieurement.

Appendices pyloriques très-nombreux.

### Pl. 58. — LAMPRIS TACHETÉ.

*Zeus luna*.......... Lin., *Gm.*, t. 1225. — Bloch, *Schn.*, p. 96. — Donov., *Brit. fish.*, t. V, pl. 97.

*Lampris guttatus*.. Cuv. et Valenc., t. X, p. 39, pl. 282. — Cuv., *Règn. an.*, t. II, p. 211. — Id., *Règn. an.*, ill., pl. 61, fig. 1.— Yarr., *Brit. fish.*, t. I, p. 194. — Bonap., *Cat. Poiss. Europ.*, p. 75.

*Chrysotosus luna*.. Lacép., t. IV, p. 586, pl. 9, fig. 3.

*Lampris luna*..... Risso, *Europ. mérid.*, t. III, p. 341.—Gunth., *Cat. acanth.*, t. II, p. 416.

*Opah, King-fish*, Angleterre. — *Laxe-Störjen*, Allemagne. — *Sölv-Plettet-Guldfisch*, Norwége. — *Koningvisch*, Bretagne.

Très-rare dans la Méditerranée et dans l'Océan, ce poisson a été signalé dans la mer du Nord jusque sur les côtes de Scandinavie. Il atteint une taille assez forte et on en a pris qui mesuraient jusqu'à un mètre.

Les couleurs du Lampris sont très-remarquables et il est sous ce rapport classé parmi les plus beaux poissons. Les parties supérieures de son corps sont d'un gris bleuâtre présentant des reflets métalliques, ses flancs sont rosés ou rouges, et quelquefois teintés de jaune. Le ventre d'un jaune rosé a des reflets nacrés. Telles sont les couleurs générales de ce poisson, mais elles varient tellement suivant les sujets, que les auteurs qui en ont donné la description ne sont pas d'accord à leur égard. Le corps est en outre marqué de nombreuses taches arrondies d'un blanc laiteux qui ont fait donner à ce poisson le nom de Poisson-Lune, sous lequel on le désigne quelquefois. On l'appelle aussi, en France, *poisson royal.*

Les nageoires sont d'un beau rouge vif. La tête présente également des teintes rouge orangé, mais les taches de sa partie supérieure sont plus petites que celles du corps et manquent quelquefois.

Le corps du Lampris, de forme ovalaire, est un peu comprimé latéralement et recouvert d'écailles petites et peu adhérentes.

La tête assez grande, bombée dans sa région supérieure, se termine en avant par un museau très-court et protractile. La bouche est petite, la mâchoire inférieure dépasse un peu la supérieure, toutes deux sont dépourvues de dents. L'intérieur de la cavité buccale est aussi privé de ces organes.

L'œil est assez grand, son iris est doré. On remarque entre lui et l'extrémité du museau les orifices des narines qui sont très-étroits.

Le préopercule est bien développé, il est ainsi que l'opercule, le subopercule et l'interopercule, arrondi sur son bord postérieur.

La ligne latérale qui part du point le plus élevé du bord postérieur de l'opercule est d'abord très-convexe, elle devient ensuite légèrement concave et se termine en ligne droite dans la région caudale.

La nageoire dorsale, dont les premiers rayons sont très-élevés et généralement beaucoup plus allongés que ne le représente la figure que nous en donnons ici, est d'une faible hauteur dans sa région médiane, ses derniers rayons sont plus hauts. Elle occupe les deux tiers de la courbure dorsale et ses rayons sont au nombre de cinquante-trois à cinquante-cinq.

Les pectorales, qui sont très-développées et falciformes, ont vingt-quatre rayons. Les ventrales insérées en arrière des pectorales sont également très-longues, leurs rayons sont au nombre de quatorze ou quinze. L'anale courte et basse est plus élevée à sa région postérieure, elle est formée de trente-huit à quarante et un rayons.

La caudale à lobes très-développées et très-échancrée, a trente ou trente-quatre rayons, y compris les décroissants.

Ce poisson se nourrit d'animaux inférieurs, principalement de Céphalopodes et de Méduses. Sa vessie natatoire est grande et bilobée à sa partie postérieure.

---

## GENRE CORYPHÈNE.

*Coryphœna*, ARTEDI.

Corps allongé et comprimé.

Tête longue, arrondie et tranchante dans sa partie supérieure.

Bouche large. Dents en carde sur les mâchoires, le vomer et les palatins; de semblables organes villiformes sur la langue et les arcs branchiaux.

Une seule nageoire dorsale.

Sept rayons branchiostéges.

Pas de vessie natatoire. Appendices pyloriques très-nombreux.

### Pl. 59. — CORYPHÈNE HIPPURUS.

*Hippurus*............ Rondelet, t. VIII, p. 255. — Gesn., pp. 423, 501. — Willugh, p. 213.

*Coryphœna hippurus*.. Linn., *Syst. nat.*, p. 446.— Bloch, pl. 174.—Id., *Schn.*, p. 295. — Lacép., t. III, p. 173. — Risso, *Icht. Nice*, p. 178. — Id., *Hist. nat. Europ. mérid.*, t. III, p. 339. — Cuv. et Valenc., t. IX, p. 278, pl. 266. — Cuv., *Règn. anim.*, t. II, p. 215.— Bonap., *Cat. Poiss. Europ.*, p. 77. — Id., *Faun. Ital.*, — Guich., *Expl. alg.*, p. 63. — Gunth., *Cat. acanth.*, t. II, p. 405.

*Dolfyn*, Hollande. — *Lampugo*, Espagne. — *Capone imperiale*, *Lampugu*, Italie.

La Coryphène Hippurus est commune dans les parties chaudes de la Méditerranée, surtout dans le voisinage des côtes de Sicile. Elle se rencontre aussi sur nos plages françaises et aux environs de Nice on lui a donné le nom de *Féra*. Ce poison se trouve aussi dans l'Océan et certaines espèces décrites par les auteurs sous des noms différents, semblent se rapporter à celle que nous décrivons ici.

Les navigateurs lui ont donné le nom de Dorade qui doit s'appliquer au *Crysophris aurata,* ce qui a fait attribuer mais à tort à ce dernier poisson des instincts carnassiers. C'est en effet la Coryphène et non la Dorade qui chasse les poissons volants.

La Coryphène a le corps fusiforme, sa plus grande hauteur est au niveau des nageoires pectorales. La tête est assez longue et comprise six fois dans la longueur totale du corps.

La bouche assez grande est fendue obliquement.

Les mâchoires sont sensiblement égales, l'inférieure dépasse pourtant un peu la supérieure; elles sont armées de dents fines et aiguës disposées en carde. Il y a de semblables organes sur le vomer et les palatins.

La langue présente aussi de petites dents en velours ainsi que les arcs branchiaux.

L'œil situé au-dessus de la commissure des lèvres est de grandeur médiocre et son iris est doré. Au-devant de lui, et très-rapprochées l'une de l'autre, sont les ouvertures des narines placées à égale distance entre l'œil et l'extrémité du museau.

Le préopercule a son bord libre presque membraneux et finement strié. L'opercule se termine en arrière par une pointe arrondie. Le subopercule est crénelé, ainsi que l'interopercule qui a son bord inférieur parallèle à celui du préopercule.

Tout le corps et certaines parties de la tête sont recouverts de petites écailles minces et oblongues.

La ligne latérale qui part du bord supérieur de l'opercule est formée d'une série d'écailles qui se dirigent d'abord horizontalement. Après un court trajet, elle décrit une courbe à convexité supérieure, puis elle gagne la partie postérieure du corps se plaçant à égale distance du dos et du ventre.

La nageoire dorsale naît au-dessus du bord postérieur de l'œil, elle s'étend sur tout le dos et n'est séparée de la caudale que par un très-faible espace. Son premier rayon est très-court, les suivants augmentent jusqu'au dixième qui est le plus haut, puis elle décroît pour s'élever de nouveau près de sa terminaison. Elle a en tout cinquante-huit ou soixante rayons.

Les pectorales sont falciformes et ont vingt et un rayons.

Les ventrales placées au-dessous des pectorales sont formées d'un rayon épineux et de cinq rayons mous.

L'anale de moitié moins longue que la dorsale a de vingt-trois à vingt-sept rayons.

La caudale très-fourchue a vingt-quatre rayons.

Rien n'égale en beauté les couleurs de ce poisson lorsqu'il vient d'être sorti de l'eau. Les parties supérieures de son corps sont d'un bleu à reflets argentés ou dorés. Les flancs sont jaunâtres ainsi que le ventre. Les parties supérieures du corps sont mouchetées de taches bleu foncé, celles des flancs sont plus claires.

Les nageoires dorsale et caudale sont lavées de bleu ; les pectorales, jaunes à la base, sont d'un bleu cendré sur leurs deux faces ; les ventrales sont grisâtres et l'anale, qui est jaune, a son bord libre teinté de bleu.

Cette espèce est dépourvue de vessie natatoire.

Les cœcums pyloriques sont extrêmement nombreux.

On trouve dans la Méditerranée une autre Coryphène qu'on a désignée sous le nom de *Coryphène des Açores,* parce que le premier sujet décrit a été pris dans les parages de ces îles. Retrouvée depuis sur d'autres points de la Méditerranée, on l'a reconnue comme appartenant à l'espèce connue sous le nom de *Coryphène pélagique* (Coryphœna pelagica) de Risso, Bonaparte, etc., etc. Elle se distingue de la précédente par la longueur de sa tête, par des couleurs plus vives et par sa taille.

---

## GENRE CASTAGNOLE.

*Brama*, SCHNEIDER.

Corps comprimé, élevé et recouvert d'écailles tantôt petites, tantôt de grandeur moyenne.

Tête courte. Bouche fendue obliquement.

Mâchoire inférieure plus longue que la supérieure et toutes deux armées de dents en cardes, bordées chez quelques espèces de dents plus fortes. De semblables organes se voient sur les palatins et le vomer, mais ils tombent facilement.

Sept rayons branchiostéges.

Pas de vessie natatoire. Appendices pyloriques en petit nombre.

### Pl. 60. — CASTAGNOLE.

*Brama marina*...... Willugh., pl. 5, fig. 2.
*Sparus raji*......... Bloch, pl. 273. — Donov., *Brit. fish.*, t. II, pl. 37.
*Brama raii*......... Bloch, *Schn.*, p. 99. — Risso, *Icht. Nice*, p. 248. — Id., *Poiss. Europ. mérid.*, t. III, p. 433.—Cuv. et Valenc., t. VII, p. 210, pl. 190.—Yarr., *Brit. fish.*, t. I, p. 133.—Guich., *Expl. alg*, p. 56. — Gunth., *Cat. acanth.*, t. II, p. 408. — Lunel, *Révis.* Genre Castag, p. 6, pl. I.
*Sparus castaneola*... Lacép., t. IV, p. 110.

*Ray's Bream*, Angleterre. — *Braam*, *Zeebrassem*, Hollande.
*Freira*, *Chaputa*, Portugal.

Ce poisson qui est assez rare sur nos côtes est au contraire assez commun sur celles d'Espagne et sur quelques autres points de la Méditerranée ; on le prend aussi dans l'Océan. On lui donne à Nice le nom de *Castagnolo*, en Provence celui de *Castagnolo dei gran foun*, les Languedociens l'appellent *Castagnola*.

La Castagnole qui avait été classée parmi les Squammipennes en a été retirée depuis et rangée auprès des Coryphènes.

C'est un beau poisson dont la chair est assez délicate et qui atteint une longueur de soixante-dix à quatre-vingts centimètres. Son poids s'élève à cinq ou six kilogrammes. On en prend à toutes les époques de l'année, mais sa pêche est difficile car la Castagnole se tient à de grandes profondeurs.

Ce poisson a le corps haut, comprimé et recouvert d'écailles de grandeur ordinaire, finement striées et pourvues à leurs bords supérieur et inférieur de pointes aiguës plus ou moins développées suivant les régions du corps où on les examine.

La tête est petite, le museau court, l'œil assez grand.

La bouche est fendue obliquement, sa mâchoire inférieure dépasse un peu la supérieure qui est armée d'une rangée de dents fortes et aiguës, en arrière desquelles se voit une bande de ces organes plus petits et en cardes. Le maxillaire inférieur a deux rangées de dents assez fortes, entre lesquelles se voient également des dents très-fines.

Les pharyngiens et les palatins présentent également de ces organes; il y en a quelquefois, mais toujours en petit nombre, sur le Vomer.

Le préopercule dont le bord est lisse se termine par un angle obtus.

Les bords des autres pièces operculaires sont également sans dentelures et de peu d'épaisseur. L'ouverture des ouïes est large et les rayons branchiostéges au nombre de sept.

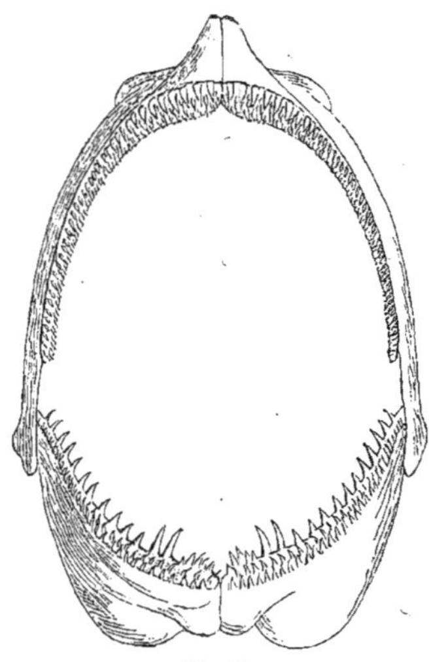

Fig. 15.
DENTITION DE LA CASTAGNOLE.
(*Brama raii.*)

La nageoire dorsale naît sur le prolongement d'une verticale qui passerait par le milieu de l'insertion des pectorales. Elle a trois rayons épineux plus petits que les premiers rayons mous, ceux qui viennent ensuite décroissent rapidement jusqu'au niveau du vingtième à partir duquel ils s'élèvent sensiblement, jusqu'à la terminaison de la nageoire qui a en tout trente-trois rayons. Ses parties membraneuses sont recouvertes de petites écailles.

Les pectorales bien développées, étroites et pointues, ont dix-neuf ou vingt rayons. Les ventrales sont triangulaires, elles comptent un rayon épineux et cinq rayons mous.

L'anale qui commence au-dessous du point le plus élevé de la dorsale a comme cette dernière nageoire de petites écailles sur sa membrane, elle est moins longue que la dorsale, moins élevée, mais à peu près de la même forme. Ses rayons épineux sont au nombre de deux, elle a vingt-huit rayons mous.

La caudale très-échancrée et très-développée a vingt-six rayons.

La ligne latérale, qui est assez rapprochée du dos et en suit la courbure, compte de soixante-dix à soixante-quinze écailles.

La Castagnole a les parties supérieures du corps d'un noir bleuâtre ; les flancs sont gris plombé, le ventre est plus pâle. Les parties latérales de la tête et la gorge présentent des reflets cuivrés. Certains individus ont le corps parcouru de bandes brunes qui forment à sa surface des dessins très-variés.

Cette espèce n'a pas de vessie natatoire. Ses appendices pyloriques sont au nombre de cinq.

La Castagnole fraye en été.

## GENRE CENTROLOPHE.

*Centrolophus*, LACÉPÈDE.

Corps en ovale plus ou moins allongé, comprimé sur ses parties latérales et revêtu d'écailles extrêmement petites.

Tête courte, bouche médiocrement fendue.

Mâchoires pourvues d'une seule rangée de petites dents.

Nageoire dorsale unique et écailleuse ainsi que l'anale.

Sept rayons branchiostéges.

Vessie natatoire petite. Appendices pyloriques en nombre variable.

### Pl. 61. — CENTROLOPHE POMPILE.

*Pompilus*............ Rondel., t. VIII, p. 250.
*Pompilus rondeletii*... Willgh., p. 215, pl. O, I, fig. 6.
*Coryphœna pompilus*.. Linn., *Syst. nat.*, t. I, p. 447. — Bloch, *Schn.*, p. 296. — Lacép., t. III, p. 198. — Risso, *Icht. Nice*, p. 180.
*Holocentrus niger*..... Lacép., t. IV, p. 330.
*Centrolophus niger*.... Lacép., t. IV, p. 441, pl. 10, fig. 2.

*Centrolophus pompilus.* Cuv. et Valenc., t. IX, p. 334, pl. 269. — Yarr., *Brit. fish.*, t. I, p. 247. — Cuv., *Règn. anim.*, ill., pl. 65, fig. 2. — Bonap., *Faun. Ital.*, fig. . — Id., *Cat. Poiss. Europ.*, p. 77. — Guich., *Expl. alg.*, p. 63. — Gunth., *Cat. acanth.*, t. II, p. 403.
*Centrolophus morio*.... Cuv. et Valenc., t. IX, p. 342.

*Black-fish,* Angleterre. — *Pesce-Paolo,* Italie. — *Pescada, preta,* Portugal.

Le Centrolophe-Pompile peu commun dans la Méditerranée est très-rare dans l'océan Atlantique, il remonte pourtant quelquefois jusque dans la Manche et on l'a pris sur les côtes d'Angleterre.

La chair de ce poisson est molle et fade; il se nourrit de mollusque. Sa ponte a lieu en automne. Son corps en forme d'ovale très-allongé est assez comprimé latéralement, il est recouvert de petites écailles, très-nombreuses, arrondies et striées.

Sa tête est courte, son museau arrondi, les écailles qui la recouvrent sont encore plus petites que celles du corps.

La bouche est de grandeur médiocre et fendue obliquement. Les mâchoires sont armées de dents isolées, courtes et très-fines, disposées sur une seule rangée. Le palais et la langue ne présentent pas de ces organes.

L'opercule se termine par une pointe très-arrondie, il est plus épais que les autres pièces operculaires.

La ligne latérale qui part de l'angle supérieur de l'opercule, décrit d'abord une faible courbe à convexité tournée du côté du dos, elle devient ensuite rectiligne dans le reste de son trajet.

La nageoire dorsale très-longue a de trente-neuf à quarante et un rayons. Les pectorales sont de forme ovale, et composées de vingt-deux rayons. Les ventrales placées un peu en avant de ces dernières et sensiblement plus courtes, ont un rayon épineux suivi de cinq rayons mous. L'anale de moitié moins longue que la dorsale et se terminant en arrière au même niveau, a de vingt-trois à vingt-cinq rayons. Enfin la caudale très-développée, mais faiblement échancrée, a vingt-deux rayons.

Le corps de ce Centrolophe, d'un bleu foncé sur ses parties supérieures et latérales, a sa région ventrale d'une couleur plus claire; ses flancs présentent sur quelques points des reflets d'argent, visibles surtout chez les jeunes sujets; les côtés de la tête sont marqués de petites bandes d'un noir verdâtre.

Les nageoires diffèrent peu comme couleurs de celles du reste du corps.

Les rayons branchiostéges sont au nombre de sept.

La vessie natatoire est petite et les appendices pyloriques au nombre de neuf.

## GENRE ASTRODERME.

*Astrodermus*, Bonelli.

Corps elliptique, comprimé et recouvert de petites écailles rudes au toucher.

Tête élevée, comprimée et tranchante à sa région supérieure.

Museau tronqué; bouche peu fendue armée de dents filiformes sur les mâchoires, les palatins et la base de la langue.

Une seule nageoire dorsale.

Cinq rayons branchiostéges.

Appendices pyloriques en petit nombre.

### Pl. 62. — ASTRODERME ÉLÉGANT.

*Diana semilunata*........... Risso, *Europ. mérid.*, p. 267, pl. 7, fig. 4. — Gunth., *Cat. acanth.*, t. II, p. 413.
*Astrodermus coryphænoides*. Cuv. et Valenc., t. IX, p. 353, pl. 270.
*Astrodermus guttatus*....... Cuv., *Règ. anim.*, t. II, p. 216.
*Diana Valenciennesii*........ Cocco., *Giorn. Sc. lett. art, sic.*, fig. 153.
*Astrodermus elegans*......... Bonap., *Faun. Ital.*, — Id., *Cat. poiss. Europ.*, p. 76.

L'Astroderme que quelques auteurs ont désigné sous le nom de Diane est assez rare dans la Méditerranée où il a été signalé sur les côtes de Sicile et aux environs de Nice. On le rencontre aussi dans l'océan Atlantique, dans les parages de Madère.

Ce poisson a le corps en forme d'ellipse très-allongée, sa tête est haute et tranchante dans sa partie supérieure, son museau est tronqué.

La bouche est peu fendue et la mâchoire inférieure dépasse un peu la supérieure ; elles sont toutes deux armées de dents petites, filiformes et caduques. Il y a aussi de ces organes sur les palatins et à la base de la langue. Une particularité anatomique assez curieuse se montre chez cette espèce, elle consiste dans la disposition du voile du palais, qui, outre son repli ordinaire, en présente en arrière un second échancré sur la ligne médiane.

Les pièces operculaires se montrent sur le squelette fortement striées. La fente des ouïes est large et les rayons branchiostéges au nombre de cinq.

Tout le corps et la tête de l'Astroderme sont recouverts d'un nombre considérable de petites écailles pédonculées, rudes et portant sur leur face externe une petite tache en forme d'étoile. La ligne latérale peu marquée court d'abord parallèlement au dos, puis elle disparaît pour reprendre bientôt son trajet jusqu'à la partie postérieure du corps.

La nageoire dorsale, qui naît un peu au-dessus et en arrière de l'œil, est longue et haute. Elle est formée de rayons piquants, flexibles et reliés entre eux par une membrane très-délicate. Le point le plus élevé de cette nageoire se trouve entre le douzième et le dix-septième rayon.

Les pectorales, assez développées, ont dix-huit rayons.

Les ventrales, très-grêles et très-longues, ont deux rayons osseux et cinq rayons mous.

L'anale, qui commence un peu en arrière de l'insertion des ventrales, se termine au même niveau que la dorsale, elle a dix-huit rayons. Sa hauteur est moindre que celle de la dorsale, mais sa forme est à peu près la même.

La caudale, peu développée et taillée en croissant à son bord libre, a vingt et un rayons.

Les différents auteurs qui ont décrit ce poisson ne sont pas d'accord sur ses couleurs. Cocco et Bonaparte nous le représentent avec une teinte acajou à reflets dorés; Cuvier et Valenciennes, au contraire, nous le représentent avec une belle couleur rose argenté et cinq ou six séries longitudinales de taches noires. Ce poisson, comme nous l'avons dit, étant fort rare, et ne pouvant nous prononcer d'après des sujets conservés dans l'alcool, nous nous rapportons à la description de Cocco qui a vu l'animal à l'état frais.

Les nageoires pectorales sont jaunes, la caudale est de même couleur, mais tirant un peu sur le brun rouge ; l'anale et la dorsale sont d'un bleu foncé ; les ventrales jaunâtres ont leurs deux premiers rayons mous roses.

Ce poisson a cinq cœcums pyloriques.

---

## GENRE STROMATÉE.

*Stromateus*, Artedi.

Corps oblong, comprimé et recouvert d'écailles très-petites.

Tête courte et obtuse. Bouche médiocrement fendue et armée de dents très-fines.

Nageoire dorsale unique. Nageoire ventrale peu apparente et disparaissant avec l'âge.

Cinq à sept rayons branchiostéges.

Pas de vessie natatoire. Appendices pyloriques en très-grand nombre.

L'œsophage de ces poissons présente à sa face interne de nombreuses rugosités en forme de dents.

### Pl. 63. — STROMATÉE FIATOLE.

*Stromateus*.............. Rondel., t. V, p. 157. — Willugh., p. 156, pl. 1 et 4, fig. 2.
*Fiatola*.................. — Bellon, p. 153. — Gesner, p. 926. — Rondel., t. VIII, p. 257.
*Stromateus fiatola*....... Linn., *Syst. nat.*, t. I, p. 432. — Bloch, *Schn. Syst.*, p. 492. — Lacép., t. II, p. 316. — Cuv. et Valenc., t. IX, p. 373, pl. 272. — Risso, *Ichth. Nice*, p. 100. — Cuv., *Règn. an.*, ill., pl. 63, fig. 1. — Bonap., *Faun. Ital.*, fig. 5. — Id., *Cat. Poiss. Europ.*, p. 76. — Guich., *Expl. alg.*, p. 64. — Gunth., *Cat. acanth.*, t. II, p. 397.
*Chrysostomus fiatoloides*.. Lacép., t. IV, p. 697.

*Lampuga dorata*. Italie. — *Pampo, Pombo*, Portugal.

Ce poisson, très-rare dans la Méditerranée, ne dépasse guère trente centimètres en longueur. Son corps, de forme ovalaire et un peu comprimé latéralement, a sa plus grande hauteur au niveau de la partie médiane de la courbure dorsale ; il est recouvert d'écailles petites et finement striées. Celles de la ligne latérale qui est parallèle à la courbure du dos sont plus allongées.

La tête est petite, obtuse; la bouche est fendue obliquement et la mâchoire inférieure dépasse un peu la supérieure; toutes deux sont armées de dents extrêmement petites. L'opercule dont le bord est anguleux est recouvert d'écailles.

Les rayons branchiostéges sont au nombre de six.

La nageoire dorsale commence au-dessus de l'insertion des pectorales, elle est très-longue, peu élevée et très-épaisse. Elle compte cinquante et un rayons. Les pectorales, arrondies à leur bord libre et assez développées, ont vingt-huit rayons. Les ventrales sont représentées par une petite saillie de la peau et l'anale a son origine sur le prolongement d'une ligne qui passerait par le point le plus élevé de la nageoire dorsale, elle se termine en arrière au même niveau qu'elle, et compte trente-six rayons. La caudale, très-développée et très-fourchue, a deux rayons.

Le dos de ce poisson et les parties supérieures de sa tête sont d'un gris brun présentant quelquefois des reflets bleuâtres ; les flancs sont plus clairs, le ventre est blanc. Tout le corps est moucheté de taches de couleur jaune d'or, qui sont plus allongées dans le voisinage des flancs.

Les nageoires dorsale, anale et pectorales sont grisâtres et lavées de jaune, la caudale est généralement jaune pâle et argentée à l'extrémité de ses croissants.

L'œil, petit, a son iris doré.

Cette espèce est dépourvue de vessie natatoire et ses appendices pyloriques sont très-nombreux.

On trouve dans la Méditerranée une autre espèce de Stromatée, que les auteurs ont distinguée sous le nom de *Stromateus microchirus* et qui est le *Lampuga fasciata* des Italiens. Elle ressemble beaucoup à la Fiatole, mais s'en distingue cependant par la présence de nageoires ventrales apparentes et par ses couleurs qui sont d'un gris plombé uniforme, excepté dans la région dorsale qui est parcourue par des bandes noirâtres.

La formule des rayons des nageoires est la suivante :

D. 50. — P. 25. — V. 1 + 5 — A. 35. — C. 30.

Sa taille est inférieure à celle de la précédente espèce.

# FAMILLE DES XIPHIDÉS.

## *XIPHIIDÆ.*

Les poissons de cette famille, qui se rapprochent beaucoup des Scombéroïdes et qui ont été placés par Cuvier dans ce groupe, présentent cependant quelques caractères distinctifs dont le plus sailllant réside dans les pièces qui constituent la mâchoire supérieure, pièces formant un rostre plus ou moins allongé, et plus ou moins aigu.

Les dents manquent chez certaines espèces, dans d'autres elles sont extrêmement petites.

Leur corps est tantôt lisse, tantôt recouvert de fines écailles.

Ils possèdent une ou deux nageoires dorsales, et l'anale est quelquefois composée de deux parties distinctes.

Les ventrales ne sont pas constantes. Lorsqu'elles existent elles sont réduites à un petit nombre de rayons.

Ils ont une vessie natatoire.

Leurs rayons branchiostéges sont au nombre de sept, et les cœcums pyloriques très-nombreux.

---

## GENRE XIPHIAS.

*Xiphias*, Cuvier.

Corps allongé, cylindro-conique et recouvert d'écailles très-fines.

Tête courte. Mâchoire supérieure terminée par un long rostre en forme d'épée. Maxillaire inférieur court, dépourvu, ainsi que la mâchoire supérieure, de véritables dents.

Nageoire dorsale unique chez le jeune, divisée en deux parties plus ou moins séparées chez l'adulte.

Pas de nageoires ventrales.

Anale divisée en deux portions chez l'adulte, complète chez le jeune.

Sept rayons branchiostéges. Branchies en forme de lamelles.

Appendices pyloriques extrêmement nombreux.

Une vessie natatoire.

### Pl. 64. — ESPADON.

*Xiphias gladius*.... Linné, *Syst. nat.*, t. I, p. 432. — Bloch, pl. 76.— Id., *Schneid. Syst. Ichth.*, p. 93.— Risso, *Ichth. Nice*, p. 99.— Id., *Europ. mérid.*, t. III, p. 208. — Cuv., *Règn. an.*, t. II, p. 201.— Cuv. et Valenc., t. VIII, p. 255, pl. 275. — Cuv., *Règn. an. ill. Poiss.*, pl. 50, fig. 1, pl. 51, fig. 2. — Yarr., *Brit. fish.*, t. I, p. 164. — Bonap., *Cat. Poiss. Europ.*, p. 80.— Guich., *Expl. alg.*, p. 60.—Gunth., *Cat. acanth.*, t. II, p. 511.

*Xiphias Cetti*...... Duham, t. IX, p. 334.

*Xiphias Rondeletii*.. Leach, *in Wern.*, Mém., t. II, p. 58, pl. 2, fig. 1.

*Sword fish*, Angleterre. — *Schwertfisch*, Allemagne. — *Pez Espada*, Espagne. — *Agulhão, Agulha*, Portugal. — *Pesce Spada*, Italie.

L'Espadon est un de nos poissons de mer qui attire le plus l'attention, non-seulement par la taille considérable à laquelle il parvient, mais aussi par la forme de son museau qui se prolonge en une pointe longue et aiguë rappelant assez la forme d'une épée à deux tranchants et avec laquelle il attaque les plus forts habitants des mers.

Les anciens le connaissaient fort bien et nous trouvons dans Œlien, Oppien, Ovide, Pline, etc., des descriptions exactes de ses caractères et de ses mœurs.

L'Espadon est répandu dans toute la Méditerranée. On en pêche également dans l'Océan et il remonte quelquefois jusque dans la Manche, la mer du Nord et la Baltique.

Il porte sur nos côtes différents noms. On le désigne généralement sur celles de Provence et de Languedoc sous les noms de *Peï espada* et sous celui de *Peï emperur*.

L'Espadon a le corps allongé, sensiblement cylindro-conique et recouvert d'écailles extrêmement petites. Sa région caudale porte deux carènes latérales assez prononcées. Sa tête, relativement courte, a sa partie supérieure aplatie. Elle est terminée en avant par un rostre, espèce d'épée à deux tranchants dans la composition duquel entrent l'ethmoïde, le vomer et les intermaxillaires. Ce rostre présente une rainure à sa face inférieure ; la supérieure au contraire est finement striée et rugueuse ; les bords sont finement denticulés.

Le maxillaire inférieur se termine au niveau de la base du rostre. Ses bords sont rugueux, mais il n'a pas de véritables dents. Les pharyngiens présentent des dents en velours. Quant à la langue, elle est très-petite. On remarque à l'intérieur de la bouche deux voiles membraneux, l'un dépendant de la face inférieure du crâne, l'autre placé entre les branches du maxillaire inférieur.

L'œil est grand. Au-devant de lui et à une petite distance, on aperçoit les orifices des narines assez rapprochés l'un de l'autre et de forme arrondie. Les ouïes sont très-fendues et les rayons branchiostéges au nombre de sept.

Lorsqu'on examine des jeunes sujets de cette espèce et qu'on les compare à l'adulte, on est frappé de la différence qui existe dans la forme et la hauteur de la nageoire dorsale.

Chez les jeunes Espadons, en effet, cette nageoire est extrêmement développée en hauteur, mais peu à peu avec l'âge ses rayons intermédiaires finissent par s'user et même disparaître complétement chez l'adulte où l'on croirait alors voir deux nageoires dorsales. Chez ce dernier, le premier rayon de la dorsale est inséré au-dessus du bord postérieur de l'opercule. Il est, ainsi que le second, plus court que le troisième, ceux qui viennent à la suite diminuent brusquement et la nageoire prend la forme d'une faux. La nageoire se continue encore par quelques rayons de faible hauteur, puis vient l'intervalle usé dont nous avons parlé et enfin les quelques rayons de la partie postérieure insérés à une faible distance de la caudale.

La nageoire dorsale est formée de trois rayons épineux suivis de quarante rayons mous chez le jeune; leur nombre est sujet à de grandes variations chez l'adulte. Les pectorales sont petites, allongées et falciformes; on y compte seize rayons. Il n'y a point de ventrales.

L'anale, complète chez le jeune Espadon, subit comme la dorsale des modifications chez l'adulte; elle est composée, lorsqu'elle est complète, de deux rayons épineux suivis de quinze rayons mous.

Enfin la caudale, qui rappelle par sa forme celle des thons, a dix-sept rayons.

Les parties supérieures du corps de l'Espadon sont d'un bleu noirâtre à reflets d'argent, le ventre est blanc. Le corps des jeunes sujets est recouvert de tubercules qui s'usent à mesure que le poisson avance en âge.

L'Espadon se nourrit de petits poissons et de plantes marines. Il parvient à une taille assez considérable. Sa chair est assez délicate, plus légère que celle du thon, ce qui fait que les pêcheurs saisissent toutes les occasions qui leur sont offertes de s'emparer de ce poisson, et sa pêche ne manque pas d'un certain attrait.

C'est généralement avec le harpon qu'on l'attaque, et lorsque le fer a pénétré dans ses chairs on le voit ordinairement disparaître dans les profondeurs des eaux. D'autres fois entrant en fureur il se jette sur les corps qui sont à sa portée, les frappe de son rostre et fait quelquefois subir aux embarcations qui s'approchent de lui de graves avaries. On conserve dans certains musées des fragments de navires perforés par ces animaux et dans lesquels sont encore fixées des portions de leur rostre. Quand le poisson s'enfuit les pêcheurs lui donnent de la corde pour éviter les secousses quelquefois assez fortes pour faire chavirer la barque, et lorsqu'il a épuisé ses forces ils le ramènent à bord.

## GENRE TÉTRAPTÈRE.

*Tetrapterus,* RAFINESQUE.

Corps allongé, arrondi dans sa région dorsale et légèrement comprimé dans sa région ventrale. Région caudale présentant deux crêtes latérales.

Tête plus longue que dans le genre précédent, pourvue également d'un rostre, mais plus effilé et armé ainsi que le maxillaire inférieur et les palatins de dents fines.

Deux nageoires dorsales, deux nageoires anales.

Ventrales réduites à une, deux ou trois épines au plus.

Sept rayons branchiostéges.

Appendices pyloriques en grand nombre.

Une vessie natatoire.

### Pl. 65. — TETRAPTÈRE BELONE.

*Tetrapterus belone*.......... Cuv. et Valenc., *Poiss.*, t. VIII, p. 280, pl. 227. — Cuv., *Règn. an.*, t. II, p. 201.—Cuv., *Règn. an.*, ill., pl. 51, fig. 1. — Agass., *Rech. poiss. foss.*, t. V, p. 89.—Bonap., *Cat. Poiss. Europ.*, p. 80.

*Histiophorus belone*.......... Gunth., *Cat. acanth.*, t. II, p. 513.

*Aguglia, Aguia,* Italie.

La Méditerranée possède un second genre de la famille des Espadons : c'est le Tétraptère belone. Il se rapproche beaucoup comme forme de l'Espadon commun et son museau est comme celui de ce dernier poisson en forme de rostre, mais beaucoup plus effilé. Ce Tétraptère est en outre pourvu de nageoires ventrales, organes qui font complétement défaut chez l'Espadon.

Le Belone atteint de fortes dimensions et on en pêche qui ont jusqu'à deux mètres de long, mais sa chair est peu estimée.

La tête de ce poisson est un peu plus allongée que dans le genre précédent, les pièces operculaires sont plus développées, celle qui constitue l'opercule proprement dit, est de forme carrée.

Les rayons branchiostéges sont au nombre de sept.

La mâchoire inférieure est plus courte que la supérieure qui est elle-même proportionnellement plus allongée que celle de l'Espadon. Toutes deux sont armées de dents fines et nombreuses, dents qui s'étendent tout le long de la partie inférieure du rostre. On remarque de semblables organes sur les palatins; le vomer en est dépourvu.

La ligne latérale naît sur le bord postérieur de l'opercule. D'abord convexe du côté du dos, elle devient ensuite rectiligne jusqu'à la région caudale qui porte deux petites carènes latérales.

La première nageoire dorsale, formée de quarante-trois rayons, a sa plus grande hauteur au niveau du cinquième; elle diminue ensuite pour devenir horizontale, se relever et décroître de nouveau jusqu'à sa terminaison. La seconde dorsale, peu élevée et de peu d'étendue, est formée de six rayons branchus; les pectorales falciformes ont dix-huit rayons et les ventrales sont réduites à un seul rayon épineux inséré au-dessous et un peu en avant des pectorales.

Les nageoires anales sont au nombre de deux : la première a quinze rayons, dont les deux premiers, plus courts que le troisième, sont rigides. Les derniers sont peu développés et quelquefois cachés sous la peau.

La seconde anale, dont l'étendue et la forme sont à peu près les mêmes que celles de la seconde dorsale à laquelle elle est opposée, a sept rayons.

Enfin la caudale, très-développée, a vingt-cinq rayons y compris les décroissants.

Le Tétraptère belone a les parties supérieures du corps bleuâtres; cette teinte est plus foncée sur la courbure du dos, les flancs sont plus clairs et le ventre argenté.

Cette espèce est pourvue d'une vessie natatoire et ses cœcums pyloriques sont très-nombreux.

# FAMILLE DES TRICHIURIDÉS.

## *TRICHIURIDÆ.*

La famille des Trichiuridés comprend des poissons très-remarquables par leur forme et leurs couleurs. Ils ont tous le corps allongé, comprimé latéralement et ne présentant que des écailles fort petites lorsqu'il en est pourvu. Les deux genres que nous décrivons ne présentent aucune trace de ces organes et leur peau, recouverte d'un épiderme très-délicat, présente une belle couleur argentée.

Leur bouche est large, armée de dents fortes, aplaties et tranchantes. La mâchoire inférieure dépasse la supérieure.

Les nageoires ventrales manquent quelquefois ou sont rudimentaires.

Les poissons de cette famille ont sept à huit rayons branchiostéges, une vessie natatoire assez allongée et des appendices pyloriques nombreux.

---

## GENRE TRICHIURE.

*Trichiurus*, LINNÉ.

Corps très-allongé et comprimé latéralement. Région caudale filiforme. Peau nue.

Tête longue. Ouverture de la bouche large. Mâchoires inégales, armées de fortes dents aiguës et tranchantes. Palatins recouverts de dents en velours. Vomer lisse.

Nageoire dorsale unique composée d'un grand nombre de rayons.

Pas de nageoire ventrale. Anale réduite à des rayons piquants isolés.

Sept rayons branchiostéges.

Vessie natatoire simple et cœcums pyloriques très-nombreux.

### Pl. 66. — TRICHUIRE DE L'ATLANTIQUE

*Trichiurus lepturus*.. Linn., *Syst. nat.*, t. I, p. 429. — Bloch, pl. 158. — Bloch, *Schneid. Syst. Ichth.*, p. 517. — Cuv. et Valenc., *Poiss.*, t. VIII, p. 237.— Cuv., *Règn. anim.*, t. II, p. 218. — Bonap., *Cat. Poiss. Europ.*, p. 78.— Gunth., *Cat. acanth.*, t. II, p. 346.
*Gymnogaster*........ Linn., *Syst. Nat.*, éd. 7, p. 53.
*Trichiurus argenteus*. Shaw, *Zool.*, t. IV, p. 90, pl. 12.

*Hair-Tail*, — Angleterre.

Ce beau poisson, qui est très-répandu dans l'océan Atlantique, n'a pas encore été signalé dans la Méditerranée. On le rencontre très-rarement sur nos côtes de l'Océan, mais il est plus abondant dans les parties plus chaudes, particulièrement vers la mer des Antilles.

L'océan Indien possède aussi des poissons de ce genre, mais différents de notre *Trichiurus lepturus*. On en connaît aujourd'hui cinq espèces distinctes.

Le Trichiure de l'Atlantique a le corps comprimé, très-allongé, diminuant considérablement de hauteur dans sa région caudale et se terminant par une extrémité très-grêle. Sa peau est dépourvue d'écailles.

La ligne latérale, qui part du bord supérieur de l'opercule, est à son origine très-rapprochée des parties supérieures du corps ; elle descend ensuite brusquement en arrière des pectorales, se rapproche de la ligne ventrale à laquelle elle est parallèle et qu'elle suit jusqu'à l'extrémité postérieure du corps.

La tête est allongée, aplatie sur ses faces latérales ainsi que dans sa région frontale ; elle est au contraire arrondie dans sa région mandibulaire.

Le museau est conique et les mâchoires qui le constituent sont très-inégales, l'inférieure dépassant de beaucoup la supérieure. Les dents

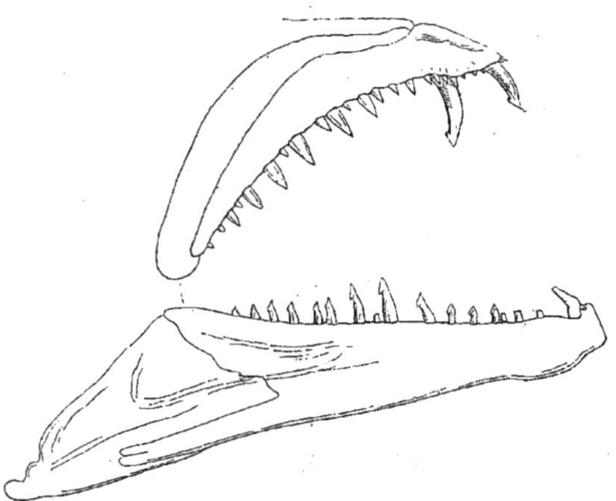

Fig. 16. — Dentition du Trichiure de l'Atlantique.

(*Trichiurus lepturus.*)

insérées sur la mâchoire supérieure sont au nombre de quinze à vingt de chaque côté. Elles sont comprimées, tranchantes sur leurs deux bords, très-aiguës et légèrement recourbées en arrière. Celles qui sont situées à la partie antérieure de l'intermaxillaire, au nombre de deux de chaque côté sont plus fortes et présentent à leur extrémité un petit crochet qui regarde l'intérieur de la bouche.

Le maxillaire inférieur est armé de dents égales en nombre à celui du maxillaire supérieur. Celles de la partie antérieure de cet os, tout en étant plus fortes que les autres, sont cependant moins développées que celles de la mâchoire supérieure. Les palatins portent des dents en velours. Le vomer ainsi que la langue en sont dépourvus.

Les pièces operculaires ne présentent rien de particulier à noter, si ce n'est l'opercule, qui est très-développé, très-mince et arrondi à son bord postérieur; il s'étend au-dessus de l'insertion de la nageoire pectorale.

L'ouverture des ouïes est très-large et les rayons branchiostéges au nombre de sept.

La nageoire dorsale, qui s'étend sur tout le dos depuis la tête jusqu'à l'origine de la portion filiforme du corps, est composée d'environ cent trente-cinq rayons dont ceux qui occupent la partie médiane sont les plus élevés.

Les pectorales sont petites et formées de onze rayons. Les ventrales n'existent pas. L'anale est constituée par une série de petits rayons isolés les uns des autres et généralement au nombre de cent quinze. Enfin la caudale semble être représentée par un rayon unique et peu développé.

Ce poisson, examiné dans nos collections, paraît d'un blanc d'argent uniforme et très-brillant; mais si on l'étudie au moment où on le sort de l'eau, il présente des reflets irisés du plus bel effet. Ses nageoires sont lavées de jaune et la dorsale présente à son bord libre de petites macules noirâtres qui forment une tache entre les premiers rayons.

L'œil est grand et son iris doré.

Ce poisson est pourvu d'une vessie natatoire, et ses cœcums pyloriques sont au nombre de vingt-quatre.

Les espèces des mers tropicales, par l'abondance de leurs représentants, ont attiré l'attention des pêcheurs de ces contrées qui les salent et les livrent ensuite à la consommation. C'est d'ailleurs un mets généralement peu recherché.

## GENRE LÉPIDOPE.

*Lepidopus*, Gouan.

Corps très-allongé et présentant l'aspect d'un ruban. Peau dépourvue d'écailles.

Tête longue. Mâchoires inégales armées de dents fortes et tranchantes.

Une nageoire dorsale s'étendant sur toute la région du dos.

Anale courte et composée de rayons fort petits.

Pas de nageoires ventrales.

Huit rayons branchiostéges.

Vessie natatoire allongée. Appendices pyloriques en nombre considérable.

### Pl. 67. — LÉPIDOPE ARGENTÉ.

*Lepidopus caudatus*.. Euphrasen, *Stockh. Acad.*, 1788, t. IX, p. 52, pl. 9, fig. 2.— Gunth., *Cat. acanth.*, t. II, p. 344.

*Lepidopus Gouanii*.... Bloch, *Schneid.*, p. 239, pl. 53, fig. 2. — Risso, *Ichth. Nice*, p. 151.—Risso, *Ichth. Europ. mérid.*, t. III, p. 290.

*Lepidopus argyreus*... Cuv., *Règn. anim.*, t. II, p. 217. — Cuv. et Valenc., t. VIII, p. 223, pl. 223. — Yarrel, *Brit. fish.*, t. I, p. 198.— Guich., *Expl. alg.*, p. 59.

*Lepidopus ensiformis*. Bonap., *Cat. Poiss. Europ.*, p. 78.

*Scabbard-fish*, Angleterre.

Le Lépidope, que les pêcheurs de la Méditerranée appellent *Poisson d'argent* et ceux de l'Océan *Jarretière d'argent*, est un de nos plus beaux poissons. Il se prend pendant les mois d'avril et de mai dans la Méditerranée, dans l'Océan et sur les côtes de la Manche. Sa forme est très-caractéristique.

Il a en effet, comme tous les poissons de la famille à laquelle il appartient, le corps très-allongé, comprimé latéralement et la tête très-effilée à sa partie antérieure. Ses yeux sont assez grands, et ses mâchoires inégales portent des dents qui rappellent, comme forme et comme disposition, celles du Trichiure. Comme chez ce dernier poisson, les palatins sont garnis de dents en velours; il y en a sur les pharyngiens et les arcs branchiaux; le vomer est dépourvu de ces organes.

Le préopercule est lisse et l'opercule, de forme quadrangulaire, est, ainsi que le sous-opercule, terminé par un bord très-mince et frangé.

La nageoire dorsale s'étend sur toute la région du dos. Elle commence immédiatement en arrière de la tête, conserve à peu près la même hauteur dans tout son trajet et se termine à une très-faible distance de la nageoire caudale. Elle a environ cent quatre rayons.

Les pectorales sont peu développées et les rayons inférieurs sont les plus longs; il y en a douze en tout.

A la place de la ventrale on remarque une petite écaille.

L'anale est relativement courte; elle se termine au même niveau que la dorsale et ne compte que vingt-quatre à vingt-cinq rayons. Elle est précédée de quarante-cinq piquants isolés quelquefois à peine sensibles au toucher.

Enfin la caudale, petite et faiblement échancrée, a dix-sept rayons.

La ligne latérale part du bord supérieur de l'opercule, se place bientôt à égale distance du dos et du ventre et s'étend jusqu'à la nageoire caudale.

Le corps est dépourvu d'écailles.

Le Lépidope est argenté et présente, comme le Trichiure, des reflets irisés bien plus apparents dans la région dorsale. Ses nageoires sont grises.

Les rayons branchiostéges sont au nombre de huit, les cœcums pyloriques au nombre de vingt-trois et la vessie natatoire simple.

# FAMILLE DES TRACHYPTÉRIDÉS.

## *TRACHYPTERIDÆ.*

La famille des Trachyptéridés est représentée sur nos côtes par les genres Trachyptère et Gymnètre.

Les poissons qui la composent ont tous le corps très-allongé et très-comprimé latéralement, ce qui les avait fait réunir par Cuvier aux Trichiurides et aux Cépolidés, dont il formait un seul groupe sous le nom de Tænioïdes.

Leur bouche est très-protractile. Leurs dents sont peu nombreuses et assez fortes.

Leur nageoire dorsale occupe toute la longueur du dos et sa portion antérieure forme, au-dessus de la tête, une sorte de panache.

Ils n'ont pas de nageoire anale. Leurs ventrales, quelquefois très-longues, sont toujours formées d'un petit nombre de rayons ; elles sont parfois nulles ou rudimentaires.

La nageoire caudale n'est pas dans l'axe du corps, elle regarde en haut et en arrière.

Ces poissons sont très-rares sur nos côtes.

---

## GENRE TRACHYPTÈRE.

*Trachypterus*, Gouan.

Corps très-allongé et très-comprimé.

Bouche petite et très-protractile. Dents en petit nombre sur les mâchoires et le vomer.

Une seule nageoire dorsale occupant toute la longueur du dos, avec une portion antérieure élevée.

Pas de nageoire anale.

Caudale plus ou moins dirigée en haut et en arrière.

Six rayons branchiostéges.

Appendices pyloriques en nombre considérable.

### Pl. 68. — TRACHYPTÈRE BOGMARE.

*Gymnogaster arcticus*... Brunn., t. III, p. 408, pl. B, fig. 1-3.
*Bogmarus islandicus*.... Cuv., *Règn. anim.*, t. II, p. 219.
*Trachypterus bogmarus*. Cuv. et Valenc., t. X, p. 346. — Yarrel, *Brit. fish.*, t. I, p. 191.—Gaymard (Voy. *Isl. et Grönl.*), pl. 12. — Bonap., *Cat. Poiss. Europ.*, p. 79.
*Trachypterus arcticus*... Nilss. Skand. *Faun. Fisk*, p. 162. — Gunth., *Cat. acanth.*, t. III, p. 305.

*Vaagmär*, Islande. — *Dealfish*, Angleterre.

Ce poisson, très-rare et d'une forme singulière, ne se prend que dans les parties les plus froides du nord de l'Europe. On l'a signalé sur les côtes de Finlande, de Norwége et d'Islande, et, suivant Olafsen, on ne le prendrait dans cette dernière localité qu'à de rares intervalles.

Yarrel et Couch citent ce Trachyptère comme ayant été pris sur les côtes d'Écosse.

Le corps du Bogmare est très-allongé et comprimé latéralement, sa plus grande hauteur se trouve vers son milieu. La tête également comprimée se termine par un museau tronqué très-protractile. La bouche est fendue très-obliquement et devient ovalaire lorsque les mâchoires sont reportées en avant; la mâchoire supérieure très-protractile est ainsi que l'inférieure, armée de dents coniques très-aiguës et dirigées en arrière. Ces organes sont peu nombreux, il y en a quatre à la mâchoire supérieure et de six à huit à l'inférieure.

Le vomer porte une ou deux dents.

La surface du corps du poisson est granuleuse, principalement dans la région ventrale et la ligne latérale est formée par une rangée de petites plaques pourvues d'une épine.

La nageoire dorsale commence à peu de distance de la tête, sa partie antérieure, élevée et en forme de panache, se compose de huit rayons. Elle décrit ensuite une courbe régulière jusqu'à sa partie postérieure, et compte en tout cent soixante-douze rayons.

Les nageoires pectorales sont petites et formées de onze rayons.

Les ventrales, encore moins développées que les pectorales, ont un rayon épineux et sept rayons mous.

La caudale singulièrement conformée est étroite à sa base, large à son bord libre et se dirige en haut et un peu en arrière ; elle compte un petit nombre de rayons.

Les parties supérieures du corps du Bogmare sont d'un gris plombé à reflets argentés et présentent deux taches noires ; les flancs et le ventre sont blancs. Les nageoires sont rougeâtres, à l'exception des pectorales et des ventrales qui sont ordinairement plus claires.

## TRACHYPTÈRE FAUX.

*Cepola trachyptera*... Lin., *Gm.*, t. I, p. 1187.
*Trachypterus tænia*... Bl., *Schn.*, p. 480. — Gunth., *Cat. acanth.*, t. III, p. 302. — Bonap., *Cat. Poiss. Europ.*, p. 78.
*Gymnetrus Lacepedii*. Risso, *Ichth. Nice*, p. 146, pl. 5, fig. 17.
*Trachypterus falx*.... Cuv. et Valenc., t. X, p. 333.

On prend aux environs de Nice, sur les côtes de Languedoc, dans les eaux de la Sicile et dans celles de l'Algérie, un Trachyptère qui a reçu le nom de Trachyptère faux. Les Siciliens le nomment *Bandiera imperiale*; les Languedociens l'appellent *Peï d'artjen*, nom qu'ils donnent du reste indistinctement aux différents Trachyptères qui fréquentent leur côte.

Ce poisson se distingue du précédent par certains caractères qui sont les suivants :

Mâchoires armées de six à huit dents; vomer présentant trois ou quatre de ces organes; palatins rugueux.

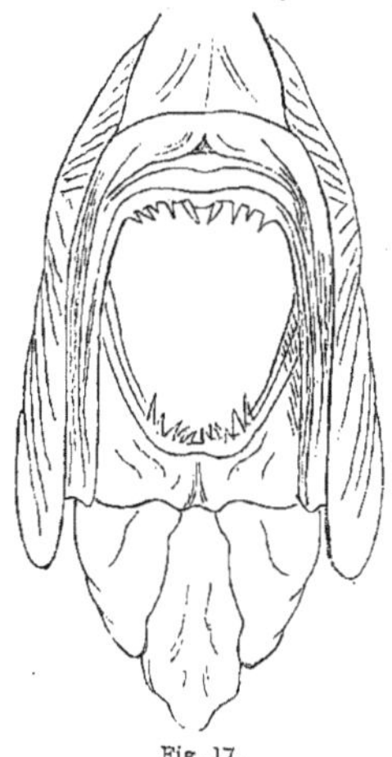

Fig. 17.
DENTITION DU TRACHYPTÈRE FAUX.
(*Trachypterus falx.*)
Bouche vue de face.

La nageoire dorsale est formée d'un moins grand nombre de rayons que dans l'espèce précédente. Il y en a ordinairement de cent soixante-deux à cent soixante-huit. Les pectorales ont onze rayons, les ventrales huit. L'anale n'existe pas; quant à la caudale elle est formée de sept rayons longs et flexibles, réunis par une membrane et au-dessous desquels on en voit six ou sept très-petits isolés les uns des autres.

La ligne latérale se rapprochant de plus en plus du ventre finit, dans la région caudale, par se réunir à celle du côté opposé, et au point de jonction se trouve une petite épine. Les plaques qui constituent cette ligne sont elles-mêmes épineuses.

Ce poisson est d'un beau blanc d'argent, son dos présente trois taches noirâtres et on remarque quelquefois une ou deux taches plus pâles sur les parties latérales de l'abdomen. Toutes les nageoires sont roses.

Certains auteurs réunissent à cette espèce le Trachyptère iris dont on a fait quelquefois une espèce distincte. On prend dans la Méditerranée de ces poissons, qui ont généralement 60 ou 80 centimètres de longueur; il y en a de beaucoup plus grands et nous en avons reçu un de deux mètres qui nous a été envoyé de Marseille, par M. Marion, professeur à faculté des sciences de cette ville; ce sujet ne possédait pas de nageoires ventrales. Mais les Trachyptères sont fort rares et on n'en prend qu'à de longs intervalles.

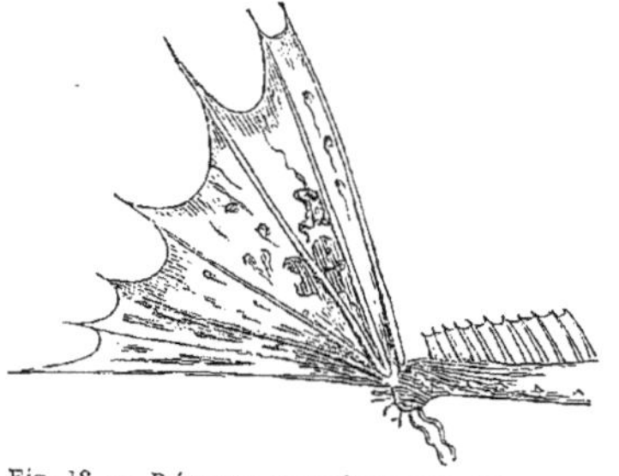

Fig. 18. — RÉGION POSTÉRIEURE DU CORPS ET NAGEOIRE CAUDALE DU TRACHYPTÈRE FAUX. (*Trachypterus falx.*)

## TRACHYPTÈRE DE SPINOLA.

*Trachypterus Spinolæ*. Cuv. et Valenc., t. X, p. 328, pl. 296. — Bonap., *Cat. Poiss. Europ.*, p. 79. — Gunth., *Cat. acanth.*, t. III, p. 300.

Autre espèce de la Méditerranée qui se prend aux environs de Nice, le Trachyptère de Spinola se distingue des autres espèces par le nombre de ses rayons dorsaux, qui sont au nombre de cent quarante-quatre et quelquefois plus nombreux.

La nageoire caudale porte douze rayons.

Ses couleurs générales sont les mêmes que celles des précédents et on remarque sur les parties supérieures de son corps des taches noires au nombre de deux ou trois, la dernière est souvent très-pâle.

## TRACHYPTÈRE DE BONELLI.

*Trachypterus cristatus*. Bonelli, *Mém.* Acad. Turin, t. XXIV, p. 485, pl. 9.— Gunth., *Cat. acanth.*, t. III, p. 301.
*Trachypterus Bonellii*.. Cuv. et Valenc., t. X, p. 331.

Espèce très-voisine de la précédente qui se prend quelquefois sur les côtes de France et sur celles de Corse et d'Italie.

Ce Trachyptère est argenté sur tout le corps; il présente deux taches noires sur la portion antérieure de sa nageoire dorsale et cinq ou six sur sa partie postérieure.

Il a cent vingt rayons à sa nageoire dorsale.

## TRACHYPTÈRE A RAYONS LISSES.

*Bogmarus Aristotelis?*... Risso, *Europ. mérid.*, t. III, p. 297.
*Trachypterus leiopterus*. Cuv. et Valenc., t. X, p. 342.—Gunth., *Cat. acanth.*, T. III, p. 304.

Espèce prise à Nice, à Toulon et sur les côtes d'Italie. Elle ressemble beaucoup au Trachyptère précédent. Son corps est cependant moins élevé, ses rayons de la dorsale sont sans aspérités et il ne porte que deux taches noirâtres.

Sa dorsale a de cent soixante-seize à cent quatre-vingts rayons.

## GENRE GYMNÈTRE.

*Gymnetrus*, Bloch.

Corps très-allongé et très-comprimé.

Tête courte. Museau tronqué. Mâchoire supérieure très-protractile. Dents nulles ou très-petites.

Une seule nageoire dorsale occupant toute la longueur du dos et formant en avant une sorte de panache.

Ventrales allongées et réduites à un seul rayon.

Nageoire anale nulle.

Caudale rudimentaire ou manquant complétement.

Six rayons branchiostéges.

Pas de vessie natatoire.

Les poissons de ce genre sont très-rares et les sujets qu'on parvient à se procurer étant souvent fort incomplets, leurs caractères ne sont pas encore complétement connus.

### Pl. 69. — GYMNÈTRE DE BANKS.

*Gymnetrus hawkenii?*. Bloch, t. XII, p. 88, pl. 425.—Lacép., t. III, p. 380.
*Gymnetrus hawkinsii*. Bloch, *Schn.*, p. 481.— Cuv. et Valenc., t. XII, p. 372.
*Gymnetrus hawkenii*.. Yarr., *Brit. fish.*, t. I, p. 221.
*Gymnetrus banksii*... Cuv. et Valenc., t. X, p. 365.
*Regalecus banksii*.... Gunth., *Cat. acanth.*, t. III, p. 309.

*Ribbon-Fish, Oar-Fish*. Angleterre.

On trouve dans la mer du Nord et dans la Manche, principalement sur les côtes d'Angleterre, une espèce de Gymnètre qu'on a désignée sous le nom de Gymnètre de Banks. Ce poisson, dont on ne connaît qu'un petit nombre de sujets dans les collections, est d'une beauté remarquable. Son corps très-allongé mesure chez certains individus de trois à quatre mètres de longueur, sa hauteur est d'environ trente centimètres, son épaisseur peut aller jusqu'à un décimètre.

La tête est courte; sa longueur est généralement le seizième de la longueur totale du corps. Le museau est tronqué et la bouche fendue verticalement est dépourvue de dents. La mâchoire supérieure est très-protractile.

Toute la peau du poisson est garnie de petits tubercules osseux dont les plus apparents sont disposés sur quatre longs sillons longitudinaux, occupant toute la longueur du corps au-dessus de la ligne latérale, qui est formée par des écailles aplaties et allongées.

La nageoire dorsale occupe toute la région du corps, elle débute au-dessus de la nuque par des rayons allongés formant une sorte de panache qui se conserve très-rarement et que notre planche montre d'une manière très-imparfaite. Ces rayons sont ordinairement de douze à quinze. Après eux commence la vraie nageoire dorsale qui est peu élevée et se compose de deux cent quatre-vingts à deux cent quatre-vingt-dix rayons.

Les pectorales très-courtes ont onze ou douze rayons.

Les ventrales sont réduites à une seule épine allongée.

Le Gymnètre de Banks a le corps argenté et parcouru par des lignes verticales d'un noir bleuâtre assez espacées les unes des autres. Sa nageoire dorsale est légèrement teintée de rouge.

Les rayons branchiostéges de cette espèce sont au nombre de six.

## GYMNÈTRE ÉPÉE.

*Spada marina*.......... Imperato, p. 597.
*Cepola gladius*.......... Walb., art. III, p. 617.
*Gymnetrus longeradiatus*. Risso, *Europ. mérid.*, t. III, p. 296.
*Gymnetrus gladius*...... Cuv. et Valenc., t. X, p. 352, pl. 298.
*Regalecus gladius*....... Gunth., *Cat. acanth.*, t. III, p. 308.

On trouve dans la Méditerranée, principalement aux environs de Nice, une autre espèce de Gymnètre qui a reçu le nom de Gymnètre épée.

La forme de ce poisson est à peu près semblable à celle du précédent, il en diffère cependant par certains caractères : ses maxillaires sont armés de petites dents très-fines et à peine visibles, et le rayon de sa nageoire ventrale, élargi à son extrémité, est allongé et flexible.

Enfin le panache qui constitue la partie antérieure de la nageoire dorsale n'est composé que de cinq rayons dont les premiers sont très-élevés.

Le corps du Gymnètre épée est argenté et marqué de petites taches grisâtres.

## GYMNÈTRE TRAIT.

*Gymnetrus telum*. Cuv. et Valenc., t. X, p. 361, pl. 299. — Gunth., *Cat. acanth.* t. III, p. 309.

Cette espèce ressemble beaucoup à la précédente et on la prend dans les mêmes localités. Son œil est cependant sensiblement plus petit et les rayons de sa nageoire dorsale plus nombreux. Il y a aussi des différences dans le développement des pièces operculaires.

Citons encore le *Gymnètre Glesne*, que l'on rencontre quelquefois mais très-rarement dans la mer du Nord et qui a été signalé sur les côtes d'Angleterre. On le désigne généralement dans ce pays sous le nom de *King of the Herrings*. Les Norwégiens l'appellent *Silde Konge*.

## FAMILLE DES LOPHOTIDÉS.

### *LOPHOTIDÆ.*

Les poissons de cette famille, comme ceux de la famille précédente, ont le corps très-allongé et très-comprimé.

Leur tête est courte, surmontée d'une crête au sommet de laquelle commence la nageoire dorsale dont les premiers rayons forment un panache et qui occupe toute la longueur du dos.

Leurs pectorales sont peu développées, leurs ventrales rudimentaires, leur anale courte, et leur caudale située dans l'axe du corps.

Ces poissons, qui deviennent fort grands, sont très-rares dans le voisinage de nos côtes.

---

## GENRE LOPHOTE.

*Lophotes*, GIORNA.

Corps très-allongé, très-comprimé et dépourvu d'écailles.

Tête courte, présentant dans sa partie supérieure une crête osseuse très-élevée.

Ouverture de la bouche étroite, mâchoires armées de dents en carde et assez espacées les unes des autres. On retrouve de semblables organes sur le vomer et les palatins.

Nageoire dorsale occupant toute la région supérieure du corps et présentant au-dessus de la crête du crâne une portion élevée en forme de panache.

Pectorales assez larges.

Ventrales anale et caudale faiblement développées.

Six rayons branchiostéges.

Une vessie natatoire.

### Pl. 70. — LOPHOTE.

*Lophotes cepedianus*. Giorna, *Mem. Accad. Torino*, 1803, t. IX, p. 19, pl. 11, fig. 1. — Cuv., *Règn. anim.*, t. II, p. 222.— Cuv. et Valenc., t. X, p. 405, pl. 301. — Bonap., *Cat. Poiss. Europ.*, p. 79. — Gunth., *Cat. acanth.*, t. III, p. 312.
*Lophotes siculus*..... Sw. Fish, fig. 126.
*Lophotes Lacepede*... Risso.

Cette espèce propre à la Méditerranée a le corps très-allongé et très-comprimé latéralement, mais il est dépourvu d'écailles.

Sa tête très-élevée à la partie supérieure est pourvue d'une crête très-haute à l'extrémité de laquelle commence la nageoire dorsale, ce qui donne au poisson une physionomie étrange. Le museau est tronqué. La bouche médiocrement fendue est très-oblique et peu protractile; ses mâchoires sont armées de dents fines et serrées; il y a aussi de ces organes, mais en petit nombre, sur les palatins et le vomer.

L'œil est très-grand et son iris argenté.

L'ouverture des ouïes est large, les pièces operculaires striées et les rayons branchiostéges au nombre de six.

La nageoire dorsale qui naît sur la crête crânienne, occupe toute la région supérieure du corps ; elle commence par une portion très-élevée et formant une sorte de panache, puis elle s'abaisse brusquement pour se relever dans sa partie moyenne et diminuer ensuite graduellement jusqu'à la région caudale. Elle est formée de deux cent trente rayons.

Les pectorales sont falsiformes, assez larges et on y compte quinze ou seize rayons. Les ventrales placées au-dessous des pectorales et un peu en arrière d'elles sont très-petites, elles ont un rayon épineux et cinq rayons mous. L'anale reportée très-loin en arrière est peu développée, elle a trois rayons épineux et quinze rayons mous.

Enfin la caudale étroite et petite a dix-sept rayons.

La ligne latérale partant de l'angle antérieur et supérieur de la crête qui surmonte la tête, descend très-obliquement vers la région de la nuque, puis se place vers la fin du premier tiers de la hauteur du corps pour se diriger en ligne droite jusqu'à la région caudale, où elle semble se relever un peu.

Les couleurs du Lophote sont très-brillantes, son corps argenté sur toutes ses parties présente de distance en distance de larges taches d'un blanc d'argent très-brillant. Les nageoires sont roses.

La longueur du corps de ce poisson est le plus souvent d'un mètre, il atteint quelquefois cependant de beaucoup plus grandes dimensions.

# FAMILLE DES CÉPOLIDÉS.

## *CEPOLIDÆ.*

Cette famille, dont les représentants habitent les mers tempérées et tropicales, est composée de poissons dont le corps en forme de ruban est recouvert de fort petites écailles cycloïdes.

Leurs nageoires dorsale et anale très-longues se joignent à la caudale généralement terminée en pointe.

Leurs nageoires pectorales et ventrales sont assez développées.

Leurs appendices pyloriques sont en petit nombre et leur vessie natatoire assez grande.

---

## GENRE CÉPOLE.

*Cepola*, LINNÉ.

Corps très-allongé, très-comprimé et recouvert de très-petites écailles.

Tête courte, arrondie dans sa partie antérieure. Bouche largement fendue et garnie sur les mâchoires, dont l'inférieure dépasse un peu la supérieure, de dents fines et pointues.

Nageoires dorsale et anale, très-longues. Nageoire caudale étroite. Ventrales placées au-dessous des pectorales.

Six rayons branchiostéges. Appendices pyloriques peu nombreux.

Vessie natatoire allongée.

### Pl. 71. — CÉPOLE ROUGEATRE.

*Serpens rubescens*..... Rond., t. XIV, p. 410. — Gesner, p. 863. — Willug., p. 118.
*Tœnia rubra*.......... Willug., p. 117. — Ray., *Syn.*, p. 71.
*Cœpola tœnia*......... Linn., *Syst.*, t. I, p. 445. — Bloch, t. V, p. 103, pl. 170. — Bloch, *Schn. Syst.*, p. 241. — Lacép., t. II, p. 526. — Risso, *Ichth. Nice*, p. 153.
*Cepola serpenti formis*. Lacép., t. II, p. 529.
*Cepola marginata*..... Rafin, pl. 16, fig. 4.
*Cepola rubescens*...... Lin., *Syst. nat.*, t. I, p. 445. — Bloch, *Schn.*, p. 241. — Brunn., *Ichth. mass.*, p. 28. — Risso, *Ichth. Nice*, p. 153. — Id., *Europ. mérid.*, t. III, p. 294. — Yarr., *Brit. fish.*, t. I, p. 195. — Cuv. et Valenc., t. X, p. 388, pl. 300. — Bonap., *Cat. Poiss. Europ.*, p. 79. — Guich., *Expl. alg.*, p. 65. — Gunth., *Cat. acanth.*, t. III, p. 486.

*Bandfish.* — Angleterre.

Le Cépole rougeâtre se prend sur toutes les côtes occidentales et méridionales de l'Europe. C'est un beau poisson, d'une forme très-singulière et bien différent dans le jeune âge de ce qu'il doit être à l'état adulte. Son corps, d'abord arrondi chez les jeunes individus, s'allonge peu à peu, s'aplatit et finit par prendre la forme d'un long ruban ou d'une lame d'épée, ce qui, dans quelques localités, lui a fait donner le nom de *Poisson glaive.*

On le désigne généralement sur nos côtes sous les noms de *Ruban rouge*, de *Flamme*, *Roudgeole*, *Démouëïsèla*, etc., etc.

Ses habitudes sont peu connues; on sait cependant qu'il se tient près des côtes et se nourrit de crustacés et de mollusques. Sa chair est peu estimée.

Le corps de ce poisson très-allongé, grêle et comprimé, est recouvert d'écailles extrêmement petites.

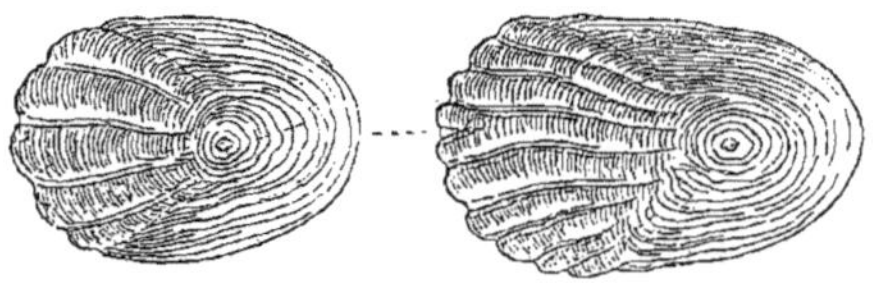

Fig. 19. Fig. 20.

Écailles du Cépole rougeatre. (*Cepola rubescens.*)

19. Écaille du dos. — 20. Écaille des flancs.

La tête est courte et obtuse; l'ouverture buccale large et oblique. La mâchoire inférieure est plus longue que la supérieure, toutes deux sont armées d'une seule rangée de dents coniques, pointues et recourbées. L'intérieur de la bouche est dépourvu de ces organes.

L'œil grand a son iris argenté et sa pupille bleuâtre.

Les pièces operculaires et les parties latérales de la joue sont dépourvues d'écailles.

La nageoire dorsale commence un peu en arrière du bord postérieur de l'opercule, elle s'étend jusqu'à la nageoire caudale à laquelle elle est contiguë. Plus élevée à sa partie antérieure, elle diminue graduellement jusqu'à sa terminaison. Elle est formée de soixante-sept à soixante-neuf rayons.

Les pectorales sont petites et arrondies, le nombre de leurs rayons est de seize.

Les ventrales placées au-dessous des pectorales et un peu en avant d'elles ont un rayon épineux et cinq rayons mous.

La nageoire anale un peu moins longue que la dorsale s'étend comme elle jusqu'à la nageoire caudale, on y compte soixante rayons. A cause de la longueur de cette nageoire, l'ouverture postérieure du tube digestif est donc reportée très en avant.

La caudale de forme lancéolée a ses rayons médians très-effilés, elle en a en tout onze.

La ligne latérale d'abord un peu recourbée se dirige ensuite en ligne droite jusqu'à la partie postérieure du corps; elle est peu apparente.

Les cæcums pyloriques, chez cette espèce, sont au nombre de huit. La vessie natatoire est très-grande.

Le Cépole est d'une belle couleur rouge qui, plus foncée sur le dos passe au rose sur les flancs ; le ventre est blanc rosé.

La nageoire dorsale rouge orangé est quelquefois d'un beau jaune et au niveau de son huitième rayon ; on y remarque une tache d'un beau rouge vif.

Les pectorales et les ventrales sont rouges. La caudale de même couleur est lavée de jaune à sa partie la plus effilée. L'anale, à peu près semblable comme coloration à la dorsale, est cependant d'un jaune plus foncé.

---

# FAMILLE DES MUGILIDÉS.

*MUGILIDŒ.*

La Famille des Mugilidés renferme un grand nombre d'espèces dont quelques-unes fréquentent nos côtes. Ce sont des poissons migrateurs qui remontent les fleuves par bandes quelquefois très-nombreuses.

Ces poissons, dont la chair est très-estimée et qui sont d'une grande ressource pour l'alimentation, sont caractérisés par un corps allongé et fusiforme recouvert de grandes écailles. Leurs nageoires dorsales, au nombre de deux et assez espacées, sont courtes. Leurs ventrales s'insèrent un peu en arrière des pectorales.

Leur tête est comme le corps recouverte de grandes écailles.

Leurs dents généralement petites sont quelquefois imperceptibles. Leurs os pharyngiens sont très-développés.

Leur vessie natatoire est très-grande et leurs cæcums pyloriques sont en petit nombre.

---

## GENRE MUGE.

*Mugil*, Artedi.

Corps plus ou moins oblong, peu comprimé et recouvert d'écailles grandes et cycloïdes.

Tête de grandeur ordinaire, un peu aplatie supérieurement et recouverte d'écailles. Museau court, bouche plus ou moins fendue suivant les espèces. Maxillaire inférieur pourvu à sa partie symphysaire d'un tubercule plus ou moins apparent et pénétrant dans une fossette correspondante creusée dans la mâchoire supérieure. Dents très-peu apparentes.

Deux nageoires dorsales courtes.

Nageoires ventrales abdominales.

Vessie natatoire grande.

Appendices pyloriques en petit nombre.

Six rayons branchiostéges.

### Pl. 72. — MUGE CAPITON.

*Mugil capito*... Cuv., *Règn. an.*, t. II, p. 232.—Bonap., *Faun. Ital.*— Id., *Cat. Poiss. Europ.*, p. 60.— Cuv. et Valenc., t. XI, p. 36, pl. 308.— Yarr., *Brit. fish.*, t. I, p. 200.— Guich., *Expl. alg.*, p. 67.—Gunth., *Cat. acanth.*, t. III, p. 439.

*Mugil ramada*. Risso, *Europ. mérid.*, p. 390.

*Mugil cephalus*. Penn., *Brith. Zoolog.*, pl. 77.— Turton, *Brit. Faun.*, p. 106.— Gray, *Cat.*, p. 162.

*Grey mullet*, Angleterre. — *Lissa*, Italie. — *Bouri*, Égypte.

Le Muge Capiton que l'on désigne en France sous les noms de *Mulet de mer*, de *Meuille*, de *Mule* porte aussi les noms de *Mujon* à Marseille, de *Yol negré* en Languedoc, de *Ramado* à Nice. On le trouve communément sur toutes les côtes de l'Europe et il est très-abondant dans la Manche, l'Océan et la Méditerranée. Il remonte par milliers les fleuves qui se jettent dans ces mers et on le pêche en France dans le Rhône, la Loire et la Garonne, etc., etc.

Le corps de ce poisson, cylindrique, allongé et comprimé latéralement, est recouvert d'écailles grandes et finement striées. Sa tête, de forme presque conique, est comprise quatre fois dans la longueur totale du corps. La bouche de grandeur moyenne est pourvue de lèvres charnues. Le maxillaire inférieur présente à sa partie médiane une saillie angulaire qui se loge dans une fossette correspondante creusée dans la mâchoire supérieure. Les dents qui arment ces mâchoires sont petites, nombreuses et disposées sur une seule rangée, les supérieures sont très-apparentes, mais celles qui garnissent les mandibules sont si petites qu'on ne les aperçoit que très-difficilement.

L'œil assez grand a son iris jaune verdâtre.

Les pièces operculaires assez larges sont garnies d'écailles, on voit aussi de ces organes sur les parties supérieures et latérales de la tête.

Les nageoires dorsales sont au nombre de deux. La première, placée sur le milieu de la ligne supérieure du corps, est plus haute que longue et comprend quatre rayons très-durs dont le premier est le plus haut.

La deuxième dorsale, séparée de la première par un intervalle assez grand, a son premier rayon osseux. Son bord antérieur est élevé, elle diminue graduellement jusqu'à son bord postérieur qui n'est que le quart environ de la hauteur du bord antérieur. Elle a en tout huit ou neuf rayons.

Les pectorales sont assez développées, on y compte dix-sept rayons. Il y a à leur base une écaille courte et obtuse.

Les ventrales, moins larges et moins longues que les pectorales, ont un rayon épineux et cinq rayons mous.

L'anale, placée au-dessous de la seconde dorsale, a trois rayons épineux et neuf rayons mous.

La caudale, très-développée et coupée en croissant sur son bord libre, a dix-huit ou dix-neuf rayons.

Le corps du Capiton a ses parties supérieures d'un gris bleuâtre, les flancs et le ventre sont d'un blanc verdâtre et parcourus par des bandes longitudinales d'un jaune plus ou moins vif. Les parties latérales de la tête ont des reflets dorés et on remarque à la base des pectorales une tâche noirâtre.

Les nageoires sont d'un vert plus ou moins foncé.

Ce poisson atteint une taille assez considérable et on en prend qui mesurent de quarante à cinquante centimètres, il y en a de plus grands, mais ils sont moins communs. La chair du Capiton est assez délicate, il pond au milieu de l'été.

## MUGE CÉPHALE.

*Cephalus*...... Rondel., t. IX, p. 260.
*Mugil tang*.... Bloch, pl. 395.—Id., *Schn.*, p. 115, pl. 33, fig. 1.
*Mugil cephalus*. Cuv., *Règn. anim.*, t. II, p. 231. — Risso, *Ichth. Nice*, p. 343. — Id., *Europ. mérid.*, t. III, p. 388. — Bonap., *Faun. Ital.* — Id., *Cat. Poiss. Europ.*, p. 60. — Cuv. et Valenc., t. XI, p. 19, pl. 307. — Guich., *Expl. alg.*, p. 395. — Gunth., *Cat. acanth.*, t. III p. 417.

*Cephalu, Lissa, Cefalo,* Italie. — *Bouria,* Égypte.

Le Muge Céphale, qu'on prend en grand nombre dans la Méditerranée, passe quelquefois de cette mer dans l'Océan et on le prend aux environs de Madère. Comme le précédent il s'engage dans les fleuves et on en prend dans le Rhône jusqu'auprès d'Avignon.

Les Niçois le nomment *Carida,* les Languedociens *Cabot.* Sa taille est parfois supérieure à celle du Capiton dont il se rapproche beaucoup pour la forme générale, mais s'en distingue cependant par plusieurs particularités.

Son œil, caractère que nous ne retrouvons pas chez le Capiton, est recouvert en partie d'une membrane semi-transparente, adhérente aux bords antérieurs et postérieurs de l'orbite et s'étendant jusque sur la partie antérieure de l'opercule.

L'os sous-orbitaire recouvre complétement le maxillaire. Le tubercule du maxillaire inférieur est moins développé que dans l'espèce précédente. Le corps est en outre moins comprimé et les écailles qui le protégent sont plus grandes.

Les couleurs du Muge Céphale sont plus brillantes que celles du Capiton, son dos est gris bleuâtre et ses flancs argentés sont parcourus par sept bandes longitudinales à reflets dorés.

Les nageoires dorsales sont d'un gris verdâtre ; les pectorales de même couleur présentent à leur base une tache d'un bleu noirâtre.

Les ventrales, l'anale et la caudale sont plus claires et teintées de jaune ocre.

Comme le Capiton ce Muge se nourrit d'annelides et de petits mollusques.

## Pl. 73. — MUGE DORÉ.

*Mugil auratus.* Risso, *Ichth. Nice*, p. 344.—Id., *Europ. mérid.*, t. III, p. 390.—Cuv., *Règn. anim.*, t. II, p. 232. — Bonap., *Faun. Ital.* — Id., *Cat. Poiss. Europ.*, p. 60.—Cuv. et Valenc., t. XI, p. 43, pl. 308.—Guich., *Expl. alg.*, p. 67.— Cuv., *Règn. anim.* ill., pl. 76, fig. 1.— Gunth., *Cat. acanth.*, t. III, p. 442.

*Long-finned grey Mullet, Golden mullet*, Angleterre. — *Badijia d'oro, Muggine orifrangio*, Italie.

On prend aux environs de Nice et sur tout notre littoral méditerranéen, une autre espèce de Muge à laquelle Risso a donné le nom de Muge doré en raison d'une belle tache jaune à reflets métalliques qui orne ses opercules.

Sur les côtes des Alpes-Maritimes on l'appelle *Mugon d'aurin*, sur celles du Languedoc *Gaouta-Roussa.*

Il diffère du Capiton par une tête moins large et plus effilée dans sa région nasale. Son maxillaire supérieur est entièrement recouvert par le sous-orbitaire, les dents de la mâchoire sont aussi plus apparentes; quant au maxillaire inférieur il n'est point recourbé à sa partie antérieure. Ajoutons encore que ses écailles sont différentes comme forme et signalons l'absence de tache à la région axillaire de la pectorale.

La formule des rayons des nageoires est la suivante :

D. 4. — 1 + 8. — P. 18. — V. 1 + 5. — A. 3 + 9. — C. 18.

Cette espèce d'une taille inférieure aux précédentes est aussi plus rare.

## MUGE SAUTEUR.

*Mugil saliens.* Risso, *Ichth. Nice*, p. 345.--Id., *Europ. mérid.*, t. III, p. 391. — Cuv., *Règn. anim.*, t. II, p. 232.—Bonap., *Faun. Ital.* — Id., *Cat. Poiss. Europ.*, p. 60. — Guich., *Expl. alg.*, p. 67.— Gunth., *Cat. acanth.*, t. III, p. 443.

*Cefalo musino, Filzetta, Verzellata*, Italie.

Voici encore une espèce méditerranéenne moins abondante sur nos côtes que les précédentes et que les habitants de Nice nomment *Flaveton* ou *flûte.*

Son corps est assez svelte et sa tête plus effilée que celle des Muges précédents. Son préorbitaire ne recouvre pas entièrement le maxillaire, ses lèvres sont peu épaisses, sa nageoire dorsale antérieure est basse et ses ouvertures nasales plus rapprochées.

Les écailles qui recouvrent son corps sont disposées sur quatorze à quinze files; ses couleurs sont plus tendres que celles du Capiton, on remarque sur les parties latérales et supérieures du dos des lignes d'un bleu azuré et sur les pièces operculaires trois taches dorées.

La rapidité des mouvements et l'agilité de ce poisson l'ont fait nommer Muge Sauteur.

La formule des rayons de ses nageoires est la suivante :

D. 4. — 1 + 8. — P. 15 à 17. — V. 1 + 5. — A. 3 + 9 C. 17.

## MUGE LABÉON.

*Mugil. labeo*...... Cuv., *Règn. anim.*, t. II, p. 233. — Bonap., *Faun. Ital.* — Id., *Cat. Poiss. Europ.*, p. 60. — Cuv. et Valenc., t. XI, pl. 310. — Gunth., *Catal. acanth.*, t. III, p. 453.

*Mugil provencialis.* Risso, *Ichth.*, p. 346. — Id., *Europ. mérid.*, t. III, p. 391.

Autre espèce de la Méditerranée très-caractérisée par l'épaisseur démesurée de sa lèvre supérieure et dont la lèvre inférieure est munie d'un bord membraneux saillant. Son corps est en outre plus élevé et sa tête plus raccourcie. Ajoutons que sa nageoire dorsale est basse et que son anale a onze rayons mous.

La formule des rayons de ses nageoires est la suivante :

D. 4. — 1 + 9. — P. 16. — V 1 + 5. — A. 3 + 11 — C. 14 à 16.

Ce Muge se rapproche beaucoup comme couleur du Muge chélo, il n'atteint jamais qu'une faible taille et sa chair est peu estimée.

## MUGE A GROSSES LÈVRES.

*Chelon*......... Rondel., *Pisc.*, t. I, lib. IX, p. 266.

*Mugil chelo*.... Cuv., *Règn. anim.*, t. II, p. 232. — Bonap., *Faun. Ital.* — Id., *Cat. Poiss. Europ.*, p. 60.— Cuv. et Valenc., t. XI, p. 50, pl. 309. — Guich., *Expl. alg.*, p. 67. — Gunth., *Cat. acanth.*, t. III, p. 454.

*Mugil labrosus.* Risso, *Europ. mérid.*, t. III, p. 389.

*Thick-lipped Grey mullet*, Angleterre. — *Cefalo pietra, Lissa, Sciorina, Buosega*, Italie. — *Tainha da moda*, Espagne.

Ce Muge, que Rondelet a désigné du nom de Chelon, se trouve dans la Méditerranée et dans l'océan Atlantique. On le désigne sur nos côtes sous les noms de *Muge à grosses lèvres*, de *Mulet Chaluc*. A Nice il est plus spécialement nommé *Labru*, dans le Languedoc *Cañuda*.

Les lèvres de ce Muge sont très-épaisses, très-charnues, et portent trois séries de larges papilles. Son museau est très-raccourci et les dents de ses maxillaires sont très-fines.

Son corps est élevé, sa première dorsale haute ; quant à ses couleurs elles sont assez vives et se rapprochent beaucoup de celles du Céphale. Comme ce dernier poisson, l'aisselle de la pectorale du Muge à grosses lèvres présente une tache noire.

Les rayons de ses nageoires sont ainsi distribués.

D. 4. — 1 + 8. — P. 17. — V 1 + 5. — A 3 + 9. — C 14 à 16.

Sa taille se rapproche de celle du Muge Céphale et on trouve généralement dans son estomac des conferves et des diatomées.

La chair des Muges est surtout excellente en été, car à cette époque ils sont très-gras et les femelles sont pleines d'œufs ; c'est aussi vers la fin de cette saison qu'on les sale et qu'on fabrique avec leurs ovaires, séchés et fumés, un mets très-recherché que l'on désigne sous le nom de Poutargue de Muge.

# FAMILLE DES ATHÉRINIDÉS.

## *ATHERINIDÆ.*

Les poissons de cette famille ont une certaine analogie de forme avec les Mugilidés.

Leur corps est oblong, allongé et recouvert d'écailles de grandeur ordinaire.

Leur bouche protractile ne présente qu'un petit nombre de dents.

Leurs nageoires dorsales sont au nombre de deux et leurs ventrales sont abdominales.

Ces poissons, qui vivent par bandes assez nombreuses, habitent les mers des régions tempérées et tropicales.

Leur régime est carnivore.

---

## GENRE ATHERINE.

*Atherina*, Artedi.

Corps allongé, légèrement comprimé et recouvert d'écailles de grandeur ordinaire.

Bouche assez grande et protractile armée de dents très-petites.

Nageoires dorsales écartées et au nombre de deux.

Ventrales reportées en arrière des pectorales.

Pas d'appendices pyloriques.

Vessie natatoire dont l'extrémité postérieure se loge dans une cavité formée par les apophyses transverses des dernières vertèbres abdominales.

### ATHERINE SAUCLET.

*Atherina hepsetus*. Linn , *Syst. nat.*, t. I, p. 519. — Lacép., t. V, p. 66. — Bloch, pl. 393, fig. 3.—Id., *Schneid.*, p. 110, pl. 29, fig. 2.— Risso, *Ichth. Nice*, p. 337. —Id., *Europ. mérid.*, t. III, p. 469.— Cuv., *Règn. anim.*, t. II, p. 234.— Cuv. et Valenc., t. X, p. 423, pl. 302, fig. 1. — Bonap., *Faun. Ital.*— Id., *Poiss. Europ.*, p. 59.— Guich., *Expl. alg.*, p. 66.— Gunth., *Cat. acanth.*, t. III, p. 393.

*Atherine*, Angleterre. — *Chucleto*, Espagne. — *Latterino*, Italie. — *Atherno*, Grèce.

Le Sauclet, qui est très-commun dans la Méditerranée, est appelé *Cabassoun* par les pêcheurs provençaux, et Saouclet par ceux du Languedoc. Il rappelle assez par sa forme celle de l'Éperlan. Il a en effet le corps très-allongé et très-comprimé, sa ligne dorsale est presque droite, et le profil de son ventre légèrement convexe. Il est recouvert d'écailles petites, striées, arrondies sur leur bord et peu adhérentes.

La tête est de forme pyramidale; l'œil, très-rapproché de la face supérieure du crâne, est assez grand. La bouche, petite et fendue obliquement, a sa mâchoire inférieure un peu plus longue que la supérieure, mais cette dernière est très-protractile ; toutes deux portent de petites dents très-difficiles à apercevoir. Il y a également de ces organes sur les pharyngiens ; quant au vomer et aux ptérygoïdiens, ils sont rudes à leur surface.

Le préopercule est de forme rectangulaire, l'opercule arrondi sur son bord ; tous deux sont recouverts ainsi que les autres pièces operculaires d'écailles très-petites, que l'on retrouve aussi sous la gorge et sur les joues.

La ligne latérale presque droite est formée de soixante écailles.

Les nageoires dorsales sont au nombre de deux. La première de forme triangulaire est placée sur le milieu de la courbure dorsale, elle est composée de neuf rayons. La seconde, placée sur le milieu de la seconde moitié du corps, est plus haute et plus longue que la première, elle a douze ou treize rayons.

Les pectorales naissent en arrière de l'opercule, elles sont allongées et formées de quinze rayons.

Les ventrales sont petites et placées sur la courbure inférieure du corps entre les pectorales et la première dorsale ; elles ont un rayon épineux et cinq rayons mous. Il y a entre elles et sur la face externe de leur insertion une petite écaille pointue.

L'anale, placée au-dessous de la seconde dorsale et de même forme qu'elle, a un rayon osseux et douze rayons mous.

La caudale très-fourchue est formée de dix-sept rayons.

Les couleurs du Sauclet sont très-tendres, les parties supérieures de son corps sont d'un rose couleur chair, et chaque écaille présente de petits points noirs. Les flancs argentés sont traversés par une bande bleuâtre ; le ventre est d'un blanc rosé à reflets argentés. On remarque aussi de petites taches sur les parties latérales et supérieures de la tête.

Ce poisson vit par bandes assez nombreuses.

## Pl. 74. — ATHÉRINE PRÊTRE.

*Atherina hepsetus*.. Donov., *Brit. fish.*, t. IV, pl. 87. — Flem., *Brit. anim.*, p. 217. — Turton, *Brit. faun.*, p. 105.
*Atherina presbyter*. Cuv., *Règn. anim.*, t. II, p. 235. — Yarr., *Brit. fish.*, t. I, p. 214. — Cuv. et Valenc., t. X, p. 439, pl. 305. — Bonap., *Cat. Poiss. Europ.*, p. 59. — Guich., *Expl. alg.*, p. 66. — Cuv., *Règn. anim.*, ill., pl. 76, fig. 3. — Gunth., *Cat. acanth.*, t. III, p. 392.

*Sand Smelt*, Angleterre. — *Koornærvisch*, Flandre. — *Kornæhrenfisch*, Allemagne.

Cette espèce d'Athérine qui se pêche dans l'Océan et dans la Manche a été également signalée sur les côtes d'Algérie. On la désigne généralement, en France, sous les noms de *Prêtre, Abusseau, Roseré*, etc. Elle a le corps moins allongé que la précédente et son museau est aussi plus court. Les dents qui arment ses mâchoires sont très-fines, il y en a quelquefois sur le vomer.

La première nageoire dorsale de l'Athérine prêtre a un rayon de moins que celle du Sauclet, et son anale en a trois ou quatre de plus.

Quant aux couleurs de ce poisson elles sont encore plus transparentes que celles de l'espèce précédente, les parties supérieures du corps sont verdâtres, la région des flancs a des reflets jaunes, le ventre est d'un beau blanc à reflets dorés.

## ATHÉRINE MOCHON.

*Atherina mochon*. Cuv., *Règn. anim.*, t. II, p. 235. — Cuv. et Valenc., t. X, p. 434, pl. 304. — Bonap., *Faun. Ital.* — Guich., *Expl. Alg.*, p. 66.
*Atherina mocho*.. Gunth., *Cat. acanth.*, t. III, p. 396.

Le Mochon se rapproche beaucoup comme caractères du Sauclet. Certains auteurs en ont fait une variété de l'Hepsetus ; Cuvier, Bonaparte et Gunther le considèrent comme une espèce particulière. Il est assez rare dans la Méditerranée, et n'atteint qu'une taille peu élevée ; sa tête est courte et son œil relativement grand.

Les rayons de ses nageoires sont ainsi distribués :

D. 7 ou 8. — 1 + 11 — P. 15 — V. 1 + 5 — A. 1 + 17 — C. 17.

Les écailles de cette espèce semblent plus grandes que celles des autres Athérines.

## ATHÉRINE TJOL.

*Atherina boyeri*, Risso, *Ichth. Nice*, p. 333, pl. 10, fig. 38.—Id., *Europ. mérid.*, t. III, p. 470.—Cuv., *Règn. anim.*, t. II, p. 235.—Cuv. et Valenc., t. X, p. 432, pl. 303. — Bonap., *Faun. Ital.* — Id., *Cat. Poiss. Europ.*, p. 59. — Guich., *Expl. alg.*, p. 66. — Gunth., *Cat. acanth.*, t. III, p. 395.

*Moscioni*, Sardaigne. — *Capoccione*, Italie. — *Cabasuda*, Espagne.

Le Tjol ou Joël abondant dans la Méditerranée se prend aussi dans l'océan Atlantique sur les côtes d'Espagne voisines du détroit de Gibraltar, et dans les eaux de Madère. On l'appelle généralement *Tjol* sur nos côtes, il est aussi désigné sous le nom de *Cabassou*.

Cette Athérine se distingue des précédentes par un corps plus élevé, une tête plus forte, une bouche fendue plus obliquement, un œil plus grand et des nageoires dorsales plus rapprochées.

Ses couleurs se rapprochent beaucoup de celles des précédentes, mais on remarque sur sa partie dorsale de nombreux petits points noirs réguliers, qui s'étendent quelquefois en ligne sous la bande argentée des flancs.

La formule des rayons des nageoires est la suivante :

D. 7 — 1 + 12 — P. 14. — V. 1 + 5. — A. 1 + 13 — C. 17.

Cette espèce dépasse rarement dix centimètres en longueur.

# FAMILLE DES TÉTRAGONURIDÉS.

## *TETRAGONURIDÆ.*

Le genre Tétragonure, que l'on a classé tantôt avec les Mugilidés comme l'a fait Cuvier, tantôt avec les Scombéroïdés comme l'a fait Lowe, et que M. Gunther range parmi les Athernidés, nous semble devoir former une famille distincte en raison des caractères qui l'éloignent des différents groupes dont nous venons de parler.

Les principaux caractères de ce genre résident principalement dans la conformation du maxillaire inférieur, dans la disposition et la structure des écailles et surtout dans la présence sur les parties latérales de la région caudale, d'une double carène armée d'écailles rugueuses.

Les Tétragonures, habitant les eaux profondes, sont rares sur nos côtes, on n'en possède encore qu'un petit nombre d'individus et la nature de leurs différents organes n'est pas encore complétement étudiée.

---

## GENRE TÉTRAGONURE.

*Tetragonurus*, Risso.

Corps cylindrique recouvert d'écailles fortement striées, rugueuses et très-épaisses.

Tête assez allongée, museau arrondi et recouvert ainsi que le crâne d'une peau très-épaisse et rugueuse.

Pièces operculaires recouvertes d'écailles semblables à celles du corps. On en trouve aussi de ces écailles, mais de plus petite dimension, sur les joues.

Mâchoires armées de dents petites et comprimées, disposées sur une seule rangée ; il y en a également sur les palatins. Le maxillaire inférieur, élevé sur ses parties latérales, a son bord dentaire fortement convexe.

Nageoires dorsales, au nombre de deux ; la première épineuse, la seconde élevée et formée de rayons mous, sauf le premier qui est épineux.

Ventrales petites et abdominales.

Base de la caudale pourvue de deux carènes latérales.

Pas de vessie natatoire. Appendices pyloriques fort nombreux.

### Pl. 75. — TÉTRAGONURE DE CUVIER.

*Mugil niger*........... Rondelet, t. XV, chap. vi, p. 423. — Willug., p. 276, pl. R, fig. 4.

*Corvus niloticus*....... Ald., t. V, c. xxv, p. 610.

*Tetragonurus Cuvieri*.. Risso, *Ichth. Nice*, p. 347, pl. 10, fig. 37. — Id., *Europ. mérid.*, t. III, p. 382. — Cuv., *Règn. anim.*, t. II, p. 234. — Cuv. et Valenc., t. XI, p. 172, pl. 318. — Guich., *Expl. alg.*, p. 68. — Gunth., *Cat. acanth.*, t. III, p. 408.

Voici une espèce très-singulière par ses formes, et dont les caractères anatomiques ne sont pas encore connus d'une manière suffisante.

Comme elle habite les eaux profondes on ne la rencontre que très-rarement sur nos côtes de la Méditerranée où on l'a seulement signalée jusqu'ici, dans le voisinage de Nice et sur les côtes de la Sicile. Classée d'abord par Cuvier et Valenciennes parmi les Mugiloïdes, avec lesquels elle a quelques ressemblances, elle a ensuite éte rangée par M. Gunther parmi les Athérénides avec lesquelles elle a quelques affinités. Mais tout en se rapprochant de ces deux groupes de poisson, elle en diffère tellement sous d'autres rapports que nous croyons nécessaire d'en faire une famille distincte, celle des Tétragonuridés, comme on a du reste déjà proposé de le faire.

Risso qui a décrit le premier ce poisson lui a donné le nom de Tétragonure, en raison de la forme bizarre de sa queue qui est pourvue de chaque côté de deux carènes fortes pourvues d'écailles dentelées sur leur bord et rappelant assez celles que nous avons vues chez certains Scombéroïdes.

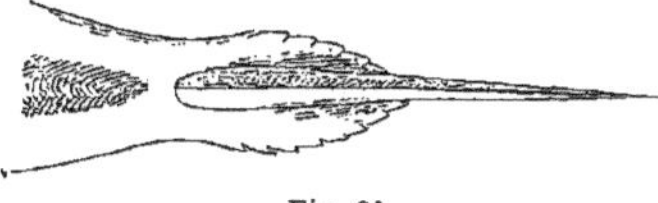

Fig. 21.
Région caudale du Tétragonure de Cuvier. (*Tetragonorus Cuvieri.*)
Vue par sa face supérieure.

Les pêcheurs de la côte de Nice le désignent sous le nom de *Courpata*.

Le Tétragonure a le corps très-allongé, arrondi surtout dans la région caudale, légèrement comprimé sur les flancs. Il est recouvert d'écailles très-épaisses, triées et rugueuses, disposées par files obliques de haut en bas et d'arrière en avant au nombre de cent vingt, si on les compte de la partie antérieure à la partie postérieure du corps, et de trente dans le sens de la hauteur.

Sa tête assez allongée, épaisse et terminée par un museau arrondi, a ses pièces operculaires recouvertes d'écailles assez semblables à celles du corps. L'os orbitaire, le bout du museau et les parties supérieures du crâne sont protégés par une peau très-épaisse et rugueuse à sa surface.

L'œil assez grand a son iris doré. Les ouvertures des narines, très-rapprochées de la ligne supérieure de la face, sont assez écartées l'une de l'autre et placées entre l'œil et l'extrémité du museau.

La bouche est grande et les mâchoires sont armées de dents disposées sur une seule rangée. Ces organes sont plus larges au maxillaire inférieur qui présente en outre une forme très-singulière et tout à fait caractéristique de l'espèce que nous décrivons. Il est en effet très-élevé sur ses parties latérales et le bord sur lequel sont implantées les dents est convexe. Les palatins sont aussi pourvus de dents.

Les nageoires dorsales sont au nombre de deux. La première est composée de rayons piquants et de peu de hauteur au nombre de vingt qui sont réunis par une membrane très-délicate et peuvent, en s'appliquant sur la courbure du dos, disparaître dans une gouttière creusée dans cette région.

La seconde dorsale formée de rayons mous est très-courte et plus élevée que la première, elle est précédée d'un rayon piquant suivi de treize rayons mous.

Les pectorales sont fort petites et formées de seize rayons.

Les ventrales insérées un peu en arrière des pectorales ont six rayons dont le premier est épineux.

L'anale, placée au-dessous de la seconde portion de la dorsale, a douze rayons, dont les trois premiers plus petits sont simples.

La caudale très-fourchue est remarquable comme nous l'avons dit par les carènes latérales et les rayons qui la constituent sont, suivant Risso, au nombre de trente-six.

La ligne latérale, qui part du bord postérieur et supérieur de l'opercule, est d'abord légèrement convexe, elle s'abaisse ensuite pour devenir rectiligne dans la région caudale.

Les parties supérieures du corps de ce poisson sont d'un brun violacé, les flancs sont plus clairs et présentent des reflets verdâtres argentés ou dorés.

Les nageoires dorsale et anale sont de couleur plus claire et bordées de noir, les pectorales sont légèrement teintées de rouge, la caudale est verdâtre.

Le Tétragonure n'a pas de vessie natatoire et ses appendices pyloriques sont très-nombreux.

La chair de ce poisson est très-dangereuse, il se nourrit d'animaux inférieurs, principalement de Méduses qui lui communiquent des propriétés vénéneuses.

---

# FAMILLE DES BLENNIIDÉS.

## *BLENNIIDÆ.*

La famille des Blenniidés, qui correspond en partie aux Gobioïdes de Cuvier, se compose d'un très-grand nombre d'espèces caractérisées par un corps en général assez allongé, recouvert d'une peau visqueuse, lisse ou pourvue de très-petites écailles.

Leurs nageoires dorsales sont au nombre de deux ou de trois.

Leurs ventrales, quelquefois absentes, sont placées, lorsqu'elles existent, en avant des pectorales.

Ils n'ont pas d'appendices pyloriques et manquent en général de vessie natatoire.

Quelques Blennies sont vivipares, certaines de leurs espèces habitent les eaux douces, d'autres sont exclusivement marines.

Ces poissons ont peu de valeur au point de vue de l'alimentation publique.

---

## GENRE ANARRHIQUE.

*Anarrhichas*, LINNÉ.

Corps allongé, comprimé et recouvert d'écailles très-petites.

Tête courte, arrondie et un peu aplatie dans sa région supérieure. Bouche largement fendue.

Mâchoires armées à leur partie antérieure de dents fortes et coniques ; celles des parties latérales du vomer et des palatins sont plus petites et implantées sur des tubercules osseux.

Nageoire dorsale longue, haute, et composée de rayons flexibles. Pas de nageoires ventrales.

Rayons branchiostéges au nombre de sept.

Ni vessie natatoire, ni appendices pyloriques.

### Pl. 76. — ANARRHIQUE LOUP.

*Anarrichas lupus*. Linn., *Syst. nat.*, t. I, p. 430. — Id., *Gm.*, t. I, p. 1142.— Bloch, *Sch.*, p. 495. — Lacép., t. II, p. 299, pl. 9, fig. 2. — Cuv., *Règn. anim.*, t. II. p. 241.—Yarr., *Brit. fish.*, t. I, p. 247. — Cuv. et Valenc., t. XI, p. 473, pl. 341. — Cuv., *Règn. anim. ill.* pl., 79, fig. 2. — Gaim. (voy. *Isl. et Groënl. Poiss.*, pl. 4.)—Id. (voy. *Scand. et Lapon. Poiss.*, pl. 12, fig. 2.)— Bonap., *Cat. Poiss. Europ.*, p. 69.—Gunth., *Cat. acanth.*, t. III, p. 208.

*Steinbitr*, Islande. — *Kingutilik*, Groënland. — *Wolf-fish*, Angleterre. — *Klippfisch*, Allemagne.

Ce poisson se prend sur les côtes du nord de l'Europe, on le retrouve aussi sur celles d'Amérique qui correspondent aux mêmes latitudes. Il doit son nom de *Loup Marin*, aux dents fortes et nombreuses qui arment sa bouche ainsi qu'à sa voracité. Très-commun sur les côtes d'Islande, de Scandinavie, de Danemark et des Pays-Bas, il est plus rare sur celles des Iles Britanniques et de France.

L'Anarrhique a comme les Blennies le corps allongé, comprimé et recouvert de très-petites écailles engagées dans la peau. Elles sont finement striées et présentent de nombreux rayons partant d'un centre commun.

La tête est courte, large et arrondie; sa partie supérieure est légèrement aplatie et elle est, ainsi que la gorge, dépourvue d'écailles.

La bouche, largement fendue, est entourée de lèvres épaisses. Les deux mâchoires sont armées à leur partie antérieure de dents fortes, coniques et pointues; celles des côtés sont aplaties et implantées sur des tubercules osseux. Il y a également de ces organes sur les palatins et sur le vomer. En arrière de la rangée de dents coniques qui se trouvent à la partie antérieure de l'incisif et du maxillaire inférieur se trouve une rangée de dents plus faibles.

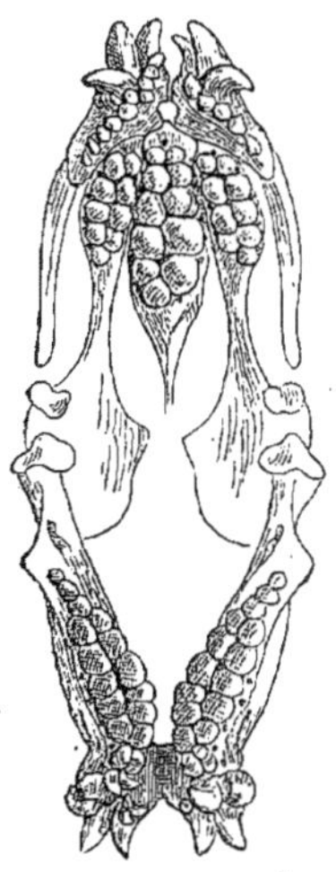

Fig. 22. — Dentition de l'Anarrhique loup. (*Anarrhicas lupus.*)

L'œil est petit, reporté en haut et en avant, son iris a des reflets rougeâtres. Un peu au-dessous et en avant de lui sont les ouvertures des narines, qui sont très-étroites.

Le préopercule est caché sous la peau et l'opercule est plus haut que long. Il y a sept rayons branchiostéges.

La ligne latérale n'est pas apparente.

La nageoire dorsale s'étend depuis la nuque jusqu'à la partie postérieure de la région caudale. Elle a à peu près la même hauteur dans toutes ses parties et arrondie à son bord postérieur. Elle est formée de soixante-quinze rayons.

Les pectorales sont bien développées et en forme d'éventail; elles ont vingt rayons.

Les ventrales manquent.

L'anale, de moitié moins longue que la dorsale, naît sur le prolongement d'une ligne qui couperait en deux parties égales cette dernière nageoire; elle est moins haute qu'elle et n'a que quarante-six rayons.

La caudale arrondie a seize rayons.

Ce poisson n'a ni cœcums pyloriques, ni vessie natatoire.

Ses couleurs sont peu brillantes. Les parties supérieures de son corps sont d'un brun olivâtre ; les flancs sont plus clairs, le ventre est blanc. Ces différentes régions sont mouchetées de taches noirâtres, qui, par leur rapprochement, forment des marbrures transversales de même couleur. La tête est également marbrée de couleurs foncées, noires sur certains points, brunes sur d'autres.

La chair de ce poisson est assez délicate, sa taille est parfois assez considérable, car on en prend qui pèsent de quinze à vingt livres.

L'Anarrhique se nourrit principalement d'Oursins.

---

## GENRE BLENNIE.

*Blennius*, Artedi.

Corps plus ou moins allongé, et recouvert par une peau visqueuse et lisse.

Tête courte, museau obtus. Mâchoires armées de dents longues en forme d'incisives disposées sur une seule rangée terminée de chaque côté, chez quelques espèces, par une dent caniniforme existant tantôt sur les deux mâchoires, ou sur le maxillaire inférieur seulement.

Cercle orbitaire présentant généralement un tentacule membraneux qui manque dans quelques especes.

Une seule nageoire dorsale.

Ventrale réduite à deux ou trois rayons.

Six rayons branchiostéges.

Ni vessie natatoire, ni appendices pyloriques.

## Pl. 77. — BLENNIE GATTORUGINE.

*Gattorugine*.......... Villughby, p. 132, pl. H. 2, fig. 2.
*Blennius gattorugine?*. Bloch, pl. 167, fig. 2. — Bloch, *Schneid.*, p. 168.
*Blennius gattorugine*. Brunn., *Pisc. Mass.*, p. 27. — Lacép., t. II, p. 468.— Risso, *Ichth. Nice*, p. 127. — Id., *Europ. mérid.*, t. III, p. 230.— Cuv. et Valenc., t. XI, p. 200. — Yarrel, *Brit. fish.*, t. I, p. 256.—Bonap., *Cat. Poiss. Europ.*, p. 66.— Guich., *Expl. Alg.*, p. 69.— Gunth., *Cat. acanth.*, t. III, p. 212.

*Gattorugine*, Angleterre. — *Gattorusola, Piscialetta,* Italie.

La Blennie gattorugine, qui se prend dans la Méditerranée et dans l'océan Atlantique, se plaît au milieu des rochers qui bordent les côtes. Comme tous les poissons de la famille à laquelle elle appartient et dont nous avons déjà décrit, dans la première partie de cet ouvrage, deux espèces habitant les eaux douces, la Gattorugine est remarquable par la singularité de ses formes. Son corps forme en effet une espèce de cône allongé, large dans sa portion antérieure, étroit dans sa région caudale. La peau qui le recouvre est lisse et visiqueuse.

La tête, courte et bombée dans sa région faciale, est aplatie au contraire en arrière des orbites, puis elle se relève brusquement pour rejoindre la courbure dorsale.

L'œil est assez grand et au-dessus de chaque orbite, on remarque un tentacule membraneux plus ou moins allongé suivant les sujets et généralement ramifié à son extrémité libre.

Les ouvertures des narines, placées entre l'œil et le bout du museau, sont écartées l'un de l'autre; celle qui est placée en avant est munie d'une petite membrane frangée sur ses bords.

Les mâchoires, sensiblement égales, sont armées d'une rangée de dents longues et grêles, mais nous ne retrouvons pas à la mâchoire supérieure les canines que nous avons signalées chez les Blennies d'eau douce; ces mêmes dents ne sont représentées au maxillaire inférieur que par deux de ces organes, un de chaque côté. Ils sont petits et recourbés en arrière.

Les parties latérales de la tête et la gorge de ce poisson sont très-renflées. L'opercule est remarquable par la large échancrure que présente son bord postérieur. Les rayons branchiostéges sont au nombre de six.

La nageoire dorsale qui occupe toute la courbure supérieure du corps est assez haute ; les rayons qui la constituent sont au nombre de trente-trois dont les treize premiers sont osseux, les autres mous. Les pectorales, qui sont larges et arrondies, ont quatorze rayons. Les ventrales, placées au-dessous de la gorge, sont réduites à deux petits rayons dont l'externe se dédouble. L'anale, de moitié moins longue que la dorsale et plus basse que cette dernière, se compose de vingt et un à vingt-deux rayons. Enfin la caudale arrondie est formée de onze à treize rayons.

La ligne latérale de la Blennie gattorugine est représentée par une série de petits pores. D'abord très-rapprochée du dos, elle s'infléchit brusquement au niveau de l'anus, et se plaçant sur le milieu de la région caudale, elle se dirige en droite ligne jusqu'à la partie postérieure du corps.

Les couleurs de ce poisson sont assez ternes. Les parties supérieures de son corps et de sa tête sont d'un brun rougeâtre qui s'atténue sur les flancs et passe au brun jaunatre sous le ventre. Les joues présentent des couleurs analogues, les lèvres sont rosées. Toutes les parties du corps sont marquées de petites taches nombreuses et de couleur très-foncée. Les nageoires tachetées comme le corps et d'une couleur peu différente sont lavées de rose.

Telles sont les couleurs que l'on observe le plus souvent chez la Blennie gattorugine. Les petites taches dont nous venons de parler se groupant ensemble constituent quelquefois des marbrures plus ou moins larges ; d'autres fois leur absence donne au poisson une teinte d'un brun uniforme plus ou moins foncé.

La Blennie gattorugine est généralement désignée sous le nom de *baveuse*. Elle est de beaucoup supérieure en taille à toutes les autres espèces que l'on prend sur nos côtes. Sa chair est peu estimée.

## Pl. 78. — BLENNIE PAPILLON.

*Scorpioides*....... Rondel., t. VI, p. 204.
*Blennius*.......... Artedi, *Gen.*, p. 26.
*Blennius ocellaris.* Linn., *Syst. nat.*, t. I, p. 442. — Brunn., *Pisc. Mass.*, p. 25.— Bloch, *Schneid.*, p. 168.— Bloch, pl. 167, fig. 1. — Risso, *Ichth Nice*, p. 125.— Id., *Europ. mérid.*, t. III, p. 229. — Cuv. et Valenc., t. XI, p. 220. — Yarrel, *Brit. fish.*, p. 253. — Bonap., *Cat. Poiss. Europ.*, p. 67. — Gunther, *Cat. acanth.*, t. III, p. 222.
*Blennius papilio*.. Linn., *Gm.*— Guich., *Expl. Alg.*, p. 70.
*Blennius lepus*.... Lacép., t. II, p. 461.

*Butterfly blenny*, Angleterre.— *Bavosa*, Italie.

Cette Blennie, que l'on prend sur les côtes de la Méditerranée et qui fréquente également celles de l'Océan et de la Manche, est fort remarquable à part de ses couleurs qui sont harmonieuses, par la forme particulière de sa nageoire dorsale, qui, très-haute dans sa première moitié, s'abaisse vers le milieu du corps, pour se relever bientôt, mais toutefois, sans reprendre sa hauteur primitive. Son premier rayon est le plus élevé, il est osseux et suivi de onze épines de même nature ; la seconde portion de la nageoire est constituée par quinze ou seize rayons mous. Les autres nageoires ne diffèrent que très-peu de celles de l'espèce précédente.

Les tentacules qui ornent le bord supérieur de l'orbite sont bien développés dans cette espèce et les mâchoires sont pourvues d'une dent caniniforme de chaque côté et séparée des dents en forme d'incisives.

Les parties supérieures du corps de ce poisson sont d'un brun très-pâle à reflets verdâtres. Les flancs, plus clairs, sont généralement d'un gris bleuâtre ou verdâtre ; le ventre est blanc.

Certains individus présentent des bandes d'un brun noirâtre qui sillonnent le corps dans le sens de la hauteur.

La première portion de la nageoire dorsale présente entre son cinquième et son huitième rayon une large tache circulaire placée près du bord supérieur; elle est de couleur noirâtre généralement bordée d'un cercle blanc. Tout le reste de la nageoire est d'un gris verdâtre.

C'est à cette tache qui rappelle celle que l'on voit sur l'aile de certains papillons et au développement de la nageoire elle-même que cette blennie doit le nom sous lequel elle est désignée.

On l'appelle *Blennie papillon, Blennie scorpion, Baveuse,* etc. Sur les côtes de Languedoc, où elle est très-commune, on la désigne sous les noms de *Lèbra* et de *Diablè.* Sa taille est inférieure à celle de la précédente.

## Pl. 79, fig. 1. — BLENNIE DE MONTAGU.

*Blennius galerita..* Linn., *Syst. nat.*, t. I, p. 441. — Bloch, *Schneid. Syst.*, p. 169. — Montagu, *Wern. Mem.*, I, p. 98, pl. 5, fig. 2.— Gunth., *Cat. acanth.*, t. III, p. 222.

*Blennius Montagui.* Flemm., *Brit. Anim.*, p. 206.— Cuv. et Valenc., t. XI, p. 234, pl. 322. — Yarrel, *Brit. fish.*, t. I, p. 249.— Guich., *Expl. Alg.*, p. 72.

Cette espèce, que l'on prend dans la Méditerranée, dans l'Océan et dans la Manche, est moins connue que celles que nous venons de décrire. Sa taille est peu considérable et ses couleurs sont très-brillantes.

La Blennie de Montagu a le corps verdâtre dans ses parties supérieures, les flancs sont plus clairs et ont des points argentés ; le ventre est d'un jaune plus ou moins tendre. Des marbrures noirâtres interrompues de taches d'un brun roux se remarquent sur les parties supérieures du dos et sur la tête.

Les nageoires sont jaunes avec des points rouge-orangé ; la caudale est lavée de rouge.

La tête de cette espèce est très-caractéristique comme forme ; son museau est court et sa face peu oblique. Dans la région interorbitaire, on aperçoit un tentacule plus ou moins développé, découpé sur ses bords, et, en arrière de lui, une petite crête membraneuse également très-découpée sur son bord libre.

Les mâchoires sont armées de nombreuses dents, l'inférieure seule est pourvue d'une canine.

Ajoutons enfin que les deux portions de la nageoire dorsale sont bien délimitées par l'échancrure profonde du bord supérieur et que cette nageoire ainsi que l'anale ne rejoignent pas la caudale.

## Pl. 79, fig. 2. — BLENNIE PHOLIS.

*Pholis*.......... Rondelet, t. VI, p. 206.—Willug., p. 135, pl. H. 6, fig. 4.
*Blennius Pholis*. Linn., *Syst. nat.*, t. I, p. 443.—Bloch, t. II, p. 184, pl. 71, fig. 2. — Bloch, *Schneid.*, p. 170.—Lacép., t. II, p. 489.—Yarr., *Brit. fish.*, t. I, p. 230.— Gunth., *Cat. acanth.*, t. III, p. 226.
*Pholis lævis*..... Cuv. et Valenc., t. XI, p. 269. — Cuv., *Règn. anim. ill.*, pl. 77, fig. 2.— Bonap., *Cat. Poiss. Europ.*, p. 68.
*Adonis Pholis*... Gronov., *Syst. et Gray*, p. 96.

*Shanny*, *Smooth shan*, Angleterre. — *Meerlerche*, Allemagne. *Steenslymmvisch*, Hollande.

Cette Blennie, qu'on prend sur toutes les côtes du nord-ouest, de l'ouest et du sud de l'Europe, ressemble assez comme forme à la Blennie gattorugine. Elle en diffère cependant par la forme de sa tête qui est plus allongée et moins comprimée; par son crâne bombé jusqu'à sa partie frontale et par sa face descendant obliquement jusqu'à l'extrémité du museau qui est arrondi. La bouche assez fendue est garnie de dents semblables à celles des espèces précédentes et possède, comme la Blennie papillon, une canine de chaque côté de ses mâchoires. La nuque présente, en outre, une petite crête molle.

La nageoire dorsale, qui se rapproche beaucoup de la caudale à sa terminaison, est plus haute dans sa seconde portion que dans la partie épineuse; elle a trente-deux rayons dont les douze premiers sont durs. L'anale, plus étendue vers la caudale que ne le représente notre figure, a dix-huit ou vingt rayons.

Les pectorales, très-développées, ont treize rayons.

Les ventrales, courtes, n'ont que deux rayons dont un se dédouble.

La caudale, arrondie, a comme les précédentes espèces ses rayons médians fourchus, elle en a en tout onze ou douze.

Cette Blennie, qui fréquente les fonds où poussent en abondance les végétaux marins, vit fort longtemps hors de l'eau. Elle pond en été. Ses couleurs sont très-sujettes à varier, suivant l'âge, le sexe et le milieu qu'elle habite. On peut dire cependant, d'une manière générale, que le corps de ce poisson est d'un gris olivâtre parsemé de taches plus foncées et de macules blanchâtres. Les parties latérales de la tête présentent des reflets métalliques. Les nageoires sont jaunâtres et tachetées de noir.

## BLENNIE DE YARREL.

*Blennius galerita, part.* Linn., *Syst. nat.*, t. I, p. 441.
*Blennius coquillad.....* Lacép., t. II, p. 477.
*Blennius Pennantii.....* Jenyns, *Cat. Brit. Vert.*, p. 24.
*Blennius palmicornis...* Yarr., *Brit. fish.*, t. I, p. 233.
*Blennius Yarrellii.....* Cuv. et Valenc., t. XI, p. 218. — Yarr., *Brit. fish.*, t. I, p. 263.
*Blenniops galerita.....* Nilss., *Skand. Faun.*, t. IV, p. 185.
*Blenniops Ascanii.....* Gunth., *Cat. acanth.*, t. III, p. 284.

La Blennie de Yarrel, que l'on prend sur les côtes de l'Angleterre et de la Scandinavie, a le corps très-allongé et recouvert de très-petites écailles.

Sa tête, très-oblique dans sa portion faciale, se termine par un museau court. La bouche est fendue très-obliquement, et la mâchoire inférieure dépasse un peu la supérieure. Toutes deux sont armées de dents petites et nombreuses.

Les yeux, très-rapprochés l'un de l'autre et placés très-haut sur la tête, ont leur cercle orbitaire surmonté de deux paires de tentacules frangés ; la paire postérieure est plus forte que celle qui est en avant. En arrière de ces tentacules et sur la région supérieure de la tête se trouvent une série de petits tentacules membraneux.

Les narines, placées en avant des yeux, présentent, à leur orifice externe, deux petits appendices cutanés.

La nageoire dorsale, très-longue, rejoint en arrière la base de la caudale. Elle est composée de cinquante à cinquante et un rayons dont les premiers sont les plus longs ; elle s'abaisse ensuite dans sa région moyenne pour se relever dans sa partie postérieure.

Les pectorales sont larges et arrondies, elles ont quatorze rayons.

Les ventrales, placées un peu en avant des pectorales, ont trois rayons.

L'anale occupe la moitié postérieure du corps, ses premiers rayons sont les plus courts ; elle en a en tout de trente-six à trente-neuf.

La caudale, arrondie, a quatorze rayons.

Le corps de ce poisson est généralement d'un brun rougeâtre, plus foncé sur le dos et les flancs.

La tête et les nageoires présentent une coloration à peu près semblable.

## BLENNIE PAON.

*Galerita, s. Alauda cristata.* Rondel., t. VI, p. 204. — Gesner, p. 17.— Willug., p. 134, pl. H. 6, fig. 7.
*Blennius pavo*............. Risso, *Icht. Nice*, p. 133.— Id., *Europ. mérid.*, t. III, p. 235.— Cuv. et Valenc., t. XI, p. 238, pl. 323. — Guich., *Expl. Alg.*, p. 73.— Gunth., *Cat. acanth.*, t. III, p. 221.
*Blennius lepidus*........... Pallas, *Zoogr. Ross.*, p. 171.— Demid. (voy. *Russ. mérid.*), t. III, p. 405, pl. 6, fig. 3.

Cette Blennie, qui est très-commune sur nos côtes de la Méditerranée, est aussi très-abondante sur les plages de l'Algérie et elle figure souvent sur les marchés de notre colonie.

On lui donne dans nos départements méridionaux plusieurs noms parmi lesquels nous citerons ceux de *Bigouna*, de *Caouquillade* et de *Démoueïzèla*.

Cette espèce, dont le mâle se distingue de la femelle par la présence d'une crête membraneuse sur la partie supérieure de la tête, a le corps allongé et renflé dans sa partie ventrale.

Le museau est arrondi. L'orbite ne présente à son bord supérieur qu'un petit filament à peine visible. Les tempes sont marquées d'une grande tache circulaire d'un beau noir. Au-dessus de la tête se remarque une crête membraneuse qui commence entre les orbites.

Les deux mâchoires possèdent une paire de dents caniniformes.

La formule des rayons des nageoires est la suivante :

D. 12 + 22. — P. 14. — V. 1 + 3. — A. 25. — C. 13.

Les couleurs de cette espèce sont très-belles, mais extrêmement variables d'un individu à l'autre.

## BLENNIE TENTACULAIRE.

*Blennius tentacularis*.. Brunnich., *Pisc. Mass.*, p. 26.— Bloch, *Schn. Syst.*, p. 169. — Lacép., t. II, p. 474.—Cuv. et Valenc., t. XI, p. 212, pl. 319.— Bonap., *Cat. Poiss. Europ.*, p. 66.— Guich., *Expl. Alg.*, p. 60.— Gunth., *Cat. acanth.*, p. 215.

*Blennius cornutus*..... Lacép., t. II, p. 473.—Risso, *Ichth. Nice*, p. 128.
*Blennius punctulatus*.. Risso, *Europ. mérid.*, t. III, p. 231.
*Blennius brea*......... Risso, *Ichth. Nice*, p. 129.— Id., *Europ. mérid.*, p. 233.

*Sarubbi*, Italie.

La Blennie tentaculaire est commune dans la Méditerranée. Elle se distingue au premier abord par la longueur de son tentacule orbitaire, qui est quelquefois très-large surtout chez le mâle et frangé à son bord libre.

Les dents sont au nombre de vingt-six ou de vingt-huit et la dernière de chaque mâchoire est caniniforme.

Cette Blennie a le corps d'un gris rougeâtre. La tête, qui présente la même coloration, est, ainsi que le corps, mouchetée de points bruns que l'on retrouve sur les parties supérieures du corps, où ils forment des bandes. La gorge porte trois bandes brunes.

La dorsale grise a une tache noire entre le premier et le troisième rayon.

Quelques individus présentent sur tout leur corps une belle coloration violacée.

## GENRE CLINUS.

### *Clinus*, CUVIER.

Corps allongé et recouvert d'écailles très-petites.

Tête courte, museau moins arrondi que dans le genre précédent. Dents petites et pointues, disposées en bandes sur les deux mâchoires et sur le vomer.

Un petit tentacule charnu au-dessus de l'orbite.

Nageoire dorsale composée de deux parties réunies entre elles par une faible membrane ou distinctes l'une de l'autre.

Ventrales jugulaires.

Six rayons branchiostéges.

Appendices pyloriques nuls.

## CLINUS VARIABLE.

*Blennius argentatus*... Risso, *Ichth. Nice*, p. 140.
*Blennius Audifredi*..... Risso, *Ichth. Nice*, p. 139.
*Clinus argentatus*..... Risso, *Europ. mérid.*, t. III, p. 238.
*Clinus testudinarius*... Risso, *Europ. mérid.*, t. III, p. 239.
*Clinus virescens*...... Risso, *Europ. mérid.*, t. III, p. 239.
*Clinus Audifredi*...... Risso, *Europ. mérid.*, t. III, p. 240.
*Clinus argentatus*.... Cuv. et Valenc., t. XI, p. 354.— Guich., *Expl. Alg.*, p. 74.
*Clinus mutabilis*...... Cocco, *Giorn. Sc. Lett. e Arti. Sicil.*, 1833, t. XIII, pl. 9, pl. 42, fig. 2.
*Clinus variabilis*..... Bonap., *Cat. Poiss. Europ.*, p. 68.
*Cristiceps argentatus*. Gunth., *Cat. acanth.*, t. III, p. 272.

*Bausseddo*, *Spirda*, Italie.

Le Clinus argenté que l'on nomme *Bavecca*, à Nice, est une espèce de la famille des Blennidés que l'on trouve assez communément sur tous les points de notre littoral méditerranéen et qui est remarquable par son mode de reproduction. Ce poisson est en effet vivipare et ses organes de reproduction présentent une disposition toute particulière.

Le corps du Clinus, qui rappelle assez comme forme celui des véritables Blennies, est recouvert d'écailles fort petites. La tête, peu allongée, est comprise cinq fois dans la longueur du corps; son museau est court et sa bouche fendue jusqu'au bord antérieur de l'œil.

La mâchoire inférieure est plus longue que la supérieure; toutes deux sont armées d'une petite bande de dents, dont la rangée externe est la plus élevée. Il y a aussi de ces organes sur le vomer, mais les palatins en sont dépourvus.

L'œil, de grandeur ordinaire, est surmonté d'un petit tentacule placé en arrière de son bord supérieur.

Les pièces operculaires ne présentent rien de particulier, si ce n'est que l'opercule se termine par un angle assez saillant.

La nageoire dorsale commence immédiatement en arrière de la tête; elle débute par trois épines longues et grêles, suivies de trente rayons durs plus courts, et se termine par trois ou quatre rayons rameux.

Les pectorales, très-larges, ont neuf rayons; les ventrales n'en ont que deux, mais ils sont assez longs et l'externe se divise en deux portions.

L'anale, de moitié moins longue que la dorsale, s'étend moins en arrière que cette dernière nageoire; elle a deux rayons piquants suivis de dix-neuf à vingt-trois rayons mous.

La caudale, arrondie, a neuf rayons.

Quant à la ligne latérale elle part du bord supérieur de l'opercule, s'infléchit brusquement vers le tiers antérieur du corps, puis, se plaçant à égale distance du dos et du ventre, elle court horizontalement dans toute la région caudale.

Les couleurs du Clinus sont d'un brun plus ou moins foncé. On remarque de distance en distance, sur les différentes parties du corps, des taches plus foncées et des points argentés ou jaunâtres sont disposés régulièrement le long des flancs.

La dorsale, l'anale et la caudale sont ordinairement lavées de jaune; les pectorales et les ventrales sont de même couleur, mais très-foncées à la base.

Ce poisson est d'une petite taille.

---

## GENRE CENTRONOTUS.

*Centronotus*, BLOCH.

Corps allongé, aplati et recouvert d'écailles très-petites.

Tête peu développée, museau court. Mâchoires armées de dents très-fines qu'on retrouve quelquefois au palais.

Une seule nageoire dorsale épineuse.

Ventrales rudimentaires ou manquant chez quelques espèces.

Cinq rayons branchiostéges.

Ni vessie natatoire, ni appendices pyloriques.

## Pl. 81. — GONELLE VULGAIRE.

*Blennius gunellus*....... Lin., *Syst. nat.*, p. 443. — Bloch., *Fische*. Deutschl, t. II, p. 186, pl. 71, fig. 1. — Lacép., t. II, p. 503. — Cuv., *Règn. anim.*, t. II, p. 240.
*Centronotus murænoïdes*. Bloch, *Schn.*, p. 166.
*Centronotus gunellus*.... Bloch, *Schn.*, p. 167. — Gunth., *Cat. acanth.*, t. III, p. 285.
*Gunellus vulgaris*....... Flem., *Brit. anim.*, p. 207. — Cuv. et Valenc., t. XI, p. 419. — Bonap. *Cat. poiss. Europ.*, p. 69.
*Murænoïdes guttata*..... *Brit. fish.*, t. I, p. 269.
*Pholis gunellus*......... Gronov. *Syst. Ed. Gray.*, p. 99.

*Kurksaunack*, Groënland. — *Skeria*, *Sinbitz*, Islande. — *Butterfish*, Angleterre. — *Svrard fisk*, *Swordick*, Norwége. — *Botervisch*, Hollande. — *Butterfisch*, Allemagne.

Le Gonelle, qui habite les côtes septentrionales de l'Europe, se retrouve dans l'océan Atlantique jusque sur les côtes d'Espagne. Il se distingue à première vue des vraies Blennies par la longueur de son corps qui est en même temps très-comprimé. La nageoire dorsale, beaucoup plus basse que chez les Blennies, occupe toute la longueur de la ligne supérieure du corps; les pectorales sont aussi moins développées.

La tête de ce poisson est petite et allongée. La bouche, fendue très-obliquement, a ses lèvres charnues et sa mâchoire inférieure légèrement plus longue que la supérieure. Les deux mâchoires sont armées de dents petites et pointues; il y a également de ces organes sur le vomer.

On remarque sur les parties latérales des joues de nombreux pores muqueux.

La peau qui recouvre le corps présente de très-petites écailles et sécrète une abondante mucosité.

La ligne latérale, placée à peu près sur le milieu de la hauteur du corps, s'étend en ligne presque droite de la tête à la région caudale.

La nageoire dorsale, qui occupe toute la ligne supérieure du dos, est basse et formée d'un nombre considérable de rayons; on en compte généralement de soixante-seize à quatre-vingt-un.

Les pectorales sont petites et ovalaires; elles ont onze rayons.

Les ventrales, filiformes, sont composées d'une épine suivie d'un rayon mou à peine perceptible.

L'anale, de moitié moins longue que la dorsale, a deux rayons épineux et trente-neuf à quarante rayons mous.

La caudale, petite et arrondie, a quinze rayons.

Cette espèce n'a pas de vessie natatoire.

Sa taille peut atteindre vingt ou vingt-cinq centimètres.

Le corps du Gonelle ainsi que sa tête sont généralement d'un brun jaunâtre ou roussâtre. Des marbrures plus foncées se remarquent sur les flancs et surtout dans la région dorsale. La joue porte une bande transversale noirâtre.

Le long de la nageoire dorsale on remarque une série de taches noirâtres, généralement au nombre de dix; elles sont bordées d'un cercle blanc. L'anale est parcourue de bandes noirâtres. Les autres nageoires présentent la même coloration que le reste du corps.

Ce poisson, quoique de petite taille, se mange dans les régions voisines du pôle. Très-abondant sur les côtes de Norvége et d'Angleterre, il est plus rare sur celles de Belgique, où on le prend quelquefois dans les filets des pêcheurs de crevettes.

---

## GENRE TRIPTERYGIUM.

*Tripterygium*, Risso.

Corps peu allongé et recouvert d'écailles de grandeur variable.

Tête assez longue. Museau proéminent. Mâchoires et palais munis d'une bande de dents villiformes.

Trois nageoires dorsales distinctes.

Ventrales jugulaires formées de deux rayons.

Six rayons branchiostéges.

## Pl. 82. — TRIPTERYGION NASE.

*Blennius tripteronotus*......... Risso, *Icht. Nice*, p. 135, pl. 5, fig. 14.
*Tripterygium nasus*........... Risso, *Europ. mérid.*, p. 241. — Cuv. et Valenc., t. XI, p. 409, pl. 338. — Guich. *Expl. Alg.*, p. 75. — Gunth. *Cat. acanth.*, t. III, p. 276.
*Tripterygium melanocephalum*.. Cocco, Acta acad. Genn., 1829, fasc. 1, pl. 4.

Le Trypterygion nase se prend sur les côtes de Provence, des Alpes-Maritimes et sur celles d'Italie jusqu'en Sicile. On l'a signalé aussi dans l'Océan aux environs de l'île de Madère.

C'est un poisson de petite taille dont la forme rappelle celle des Blennies, mais il s'en distingue cependant par plusieurs caractères importants.

Sa tête, assez allongée, surtout dans sa région buccale, lui a fait donner le nom de Nase. Son œil est grand. Sa bouche bien fendue est protractile et ses mâchoires sont armées d'une bande de dents villiformes plus longues à la rangée antérieure, surtout à la mâchoire supérieure. Le vomer présente de semblables organes à peine sensibles au toucher.

Le corps de ce poisson est recouvert de petites écailles striées. La ligne latérale, qui est assez rapprochée du dos, décrit une légère courbe à son origine.

Ce qui distingue principalement ce poisson de tous ceux de la même famille que nous avons déjà décrits, c'est la présence sur sa courbure dorsale de trois nageoires bien distinctes d'où lui vient le nom de Tripterygion. La première, très-courte et très-basse, n'est formée que de trois rayons piquants réunis par une petite membrane; elle est située au-dessus des pièces operculaires. La seconde, très-élevée à son bord antérieur, décroît jusqu'à sa terminaison; la membrane qui soutient ses premiers rayons ne s'étend pas jusqu'à leur extrémité. Elle a dix-sept rayons.

Enfin la troisième dorsale, de forme triangulaire, et aussi haute à son bord antérieur que le premier rayon de la seconde nageoire du dos, n'a que douze rayons dont le dernier est très-court.

Les pectorales sont très-larges et en forme d'éventail, elles ont quatorze rayons.

Les ventrales sont allongées et formées de deux rayons.

L'anale, assez élevée, occupe les deux tiers postérieurs du corps; ses rayons sont au nombre de vingt-quatre. Elle s'élargit en partant de son bord antérieur, pour diminuer un peu avant sa terminaison.

La caudale a onze rayons.

La tête de ce poisson est noire. Son corps, de couleur roussâtre, est parcouru par des bandes verticales plus foncées; le ventre est blanc d'argent.

Les nageoires dorsales sont teintées d'un rouge orangé quelquefois très-vif sur le premier de ces organes et sur les bords libres du troisième; les pectorales ont une coloration analogue. Les ventrales sont blanches; l'anale est bordée de rouge. Ces nageoires présentent souvent des liserés dont la coloration varie et qui sont le plus souvent de couleur verte, bleue, blanche, etc. On y remarque aussi des petits points de différentes nuances.

On prend encore dans la Méditerranée une seconde espèce de Tripterygion qu'on a nommé *Tripterygium melanurum*, mais il n'a été encore signalé que sur les côtes d'Algérie.

---

## GENRE ZOARCÈS.

*Zoarcès*, CUVIER.

Corps allongé, recouvert d'écailles très-petites et espacées les unes des autres.

Tête longue; museau peu saillant. Mâchoires armées de dents coniques disposées sur plusieurs rangées en avant, en file simple sur les côtés.

Dorsale, caudale et anale continues.

Ventrales courtes et formées par trois ou quatre rayons.

Six rayons branchiostéges.

Ni vessie natatoire, ni appendices pyloriques.

## Pl. 83. — ZOARCÈS VIVIPARE.

*Mustela marina vivipara*. Schonev, p. 49, pl. 4, fig. 2. — Jonston, pl. 46, fig. 8. — Willugh., p. 122, pl. N 3, fig. 5.
*Blennius viviparus*....... Lin., *Syst. nat.*, t. I, p. 443. — Bloch, t. III, p. 262 pl. 72. — Bloch, *Schn.*, p. 170. — Donov., *Brit. fish.*, t. II, pl. 34. — Cuv., *Règn. anim.*, t. II, p. 240.
*Viviparous Blenny*........ Penn., *Brit. Zoll.*, t. III, p. 184, pl. 37.
*Blennius ovoviviparus*..... Lacép., t. II, p. 496.
*Gunellus viviparus*........ Flem., *Brit. an.*, p. 207.
*Zoarcès viviparus*......... Cuv., *Règn. anim.*, t. II, p. 240.—Yarr., *Brit. fish.*, t. I, p. 243. — Cuv. et Valenc., t. I, p. 454.— Bonap., *Cat. poiss. Europ.*, p. 69. — Gunth., *Cat. acanth.*, t. III, p. 295.
*Zoarcœus viviparus*....... Nils., *Faun. Scand.*, t. IV, p. 203.

*Viviparous Blenny, Eelpout, Guffer, Greenbone,* Iles-Britanniques. — *Aalquabbe*, Danemark. — *Tang-brosme*, Norwége. — *Tang-lake*, Suède. — *Aalmutter*, Allemagne.

Le Zoarcès, qui habite la mer Baltique, la mer du Nord et l'océan Atlantique, probablement jusqu'à la mer Blanche, se prend sur les côtes de Suède, de Norwége, de Danemark, des Pays-Bas, etc. On le pêche aussi sur les côtes des Iles-Britanniques ainsi que dans la Manche, sur celles de France.

Ce poisson, qui est vivipare et a une certaine analogie de forme, soit avec l'Anguille, soit avec la Lotte, a été à cause de cela désigné vulgairement sous les noms d'*Anguille mère* ou de *Lotte vivipare*. On l'a aussi appelé *Anguille-Lotte*.

Le corps du Zoarcès, très-allongé et de peu de hauteur dans sa région antérieure, va se rétrécissant progressivement dans sa région caudale. Il est recouvert d'écailles rudimentaires isolées les unes des autres et de forme cycloïde.

Sa tête est plus allongée que dans les autres genres de la famille des Blenniidés et son museau est moins obtus. L'œil, qui n'est pas très-grand, a son diamètre horizontal plus long que le diamètre vertical. Son cercle orbitaire est dépourvu de tentacules.

La bouche, médiocrement fendue, a sa mâchoire supérieure plus longue que l'inférieure; toutes deux sont armées de dents courtes, pointues et coniques, disposées sur une seule rangée sur les côtés de la mâchoire, sur deux rangs à la partie antérieure. L'intérieur de la cavité buccale ne présente point de dents.

Les narines, placées à égale distance de l'œil et du museau, présentent un petit cornet membraneux.

L'opercule se termine en arrière par une pointe.

La ligne latérale est peu apparente.

La nageoire dorsale commence sur la nuque, elle s'étend jusqu'à la caudale à laquelle elle est contiguë. Elle a un nombre considérable de rayons; on en compte généralement plus de cent; ils sont peu élevés, surtout dans la portion terminale.

Les pectorales, larges, ont dix-huit rayons; les ventrales, petites et placées en avant d'elles, n'en ont que trois.

L'anale, un peu moins élevée que la dorsale, se continue avec la caudale. Cette dernière va rejoindre elle-même la nageoire dorsale. La première de ces nageoires a quatre-vingt-cinq rayons. La caudale n'en a que neuf.

Le corps de ce poisson est d'une couleur brune tirant plus ou moins sur le roux. Les flancs et le ventre sont de même couleur, mais plus clairs.

La nageoire dorsale est d'un brun formant par place des taches plus foncées. L'anale est jaune et lavée de rouge à son bord libre. Les pectorales sont bordées de jaune orangé.

On remarque sur le ventre et quelquefois tout le long de la ligne latérale des taches dont la couleur varie; elles sont généralement jaunes ou blanches. Le mâle revêt au moment des amours des teintes beaucoup plus vives; sa gorge devient alors d'un beau jaune orangé.

Le Zoarcès peut atteindre une taille de 35 à 40 centimètres. Les pêcheurs en prennent souvent, mais ils ne les portent pas sur les marchés, en raison du peu de valeur de leur chair.

## FAMILLE DES GOBIOIDES.

### *GOBIOÏDÆ.*

Cette famille renferme un nombre considérable d'espèces généralement de petite taille. Elle a des représentants dans presque toutes les mers du globe et certaines de ses espèces vivent dans les eaux douces.

Les Gobies sont parfaitement reconnaissables par la disposition caractéristique de leurs nageoires ventrales qui sont unies l'une à l'autre et forment une espèce de disque ou de ventouse placée au-dessous du corps.

Ils sont pourvus de deux nageoires dorsales bien distinctes, leurs pectorales sont en général bien développées ; ils manquent de cœcums pyloriques, et leur vessie natatoire fait généralement défaut.

## GENRE GOBIE.

*Gobius*, Artedi.

Corps plus ou moins allongé et recouvert d'écailles assez grandes.

Tête peu arrondie, aplatie supérieurement et renflée sur ses côtés.

Mâchoires armées de dents petites et coniques disposées sur plusieurs rangs.

Deux nageoires dorsales.

Ventrales réunies en une sorte de disque.

Cinq rayons branchiostéges.

Vessie natatoire absente ou très-petite.

Pas d'appendices pyloriques.

### Pl. 84. — GOBIE NOIR.

*Gobius niger*..... Rondel. 17, cap. 17, p. 200.
*Gobius niger*..... Willugh., p. 206, pl. N, 12, fig. 1.
*Gobius niger*..... Lin., *Syst. nat.*, t. I, p. 449. — Yarr., *Brit. fish.*, t. I, p. 251. — Cuv., *Règn. anim.*, t. II, p. 243. — Cuv., Valenc., t. XII, p. 9.— Bonap., *Cat. poiss. Europ.*, p. 63. — Gunth., *Cat. acanth.*, t. III, p. 11.
*Gobius jozo*...... Bloch, pl, 107, fig. 3.

*Rock goby, Rock fish, Black goby*, Angleterre. — *Smör-bult, Küeling*, Suède. — *Kutling, Smör-buting*, Danemark. — *Aat*, Norwége.

Le Gobie commun fréquente toutes les côtes de l'Europe. On le prend dans la Baltique, la mer du Nord, la Manche, l'océan Atlantique et la Méditerranée. Il se tient généralement au milieu des rochers qui bordent les côtes. Nos pêcheurs de la Méditerranée le désignent sous le nom de *Gobi;* on l'appelle dans quelques localités *Boulereau noir* et *Meune*.

Ce poisson pond pendant les mois de mai et de juin; il dépose, suivant certains auteurs, ses œufs sur les pierres. D'autres ichthyologistes, parmi lesquels nous citerons Olivi, prétendent que ce poisson construit un nid et que le mâle veille sur les œufs jusqu'à l'éclosion. Ce fait mériterait d'être vérifié. Les jeunes, très-abondants sur nos plages pendant tout l'été, sont d'une couleur très-claire.

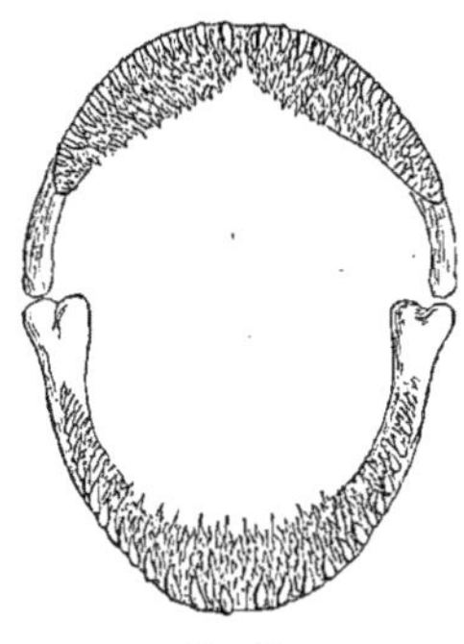

Fig. 23.

DENTITION DU GOBIE NOIR.

(*Gobius niger.*)

Le Gobie noir n'atteint pas une taille très-considérable, on en prend cependant qui mesurent jusqu'à 15 centimètres. Son corps allongé, arrondi sur le dos et un peu comprimé dans sa région ventrale et surtout vers la queue, est recouvert d'écailles assez grandes, circulaires, ciliées sur leur pourtour et présentant des stries disposées en éventail.

La tête, plus large que haute, a ses joues renflées; ses parties supérieures seules sont recouvertes d'écaille. La bouche est grande, les lèvres épaisses. Les mâchoires, qui sont égales, sont armées de dents petites, nombreuses, recourbées et disposées par bandes.

L'œil est ovale et l'espace interorbitaire égale son plus grand diamètre.

Les narines, placées entre le museau et l'œil, présentent à leur orifice antérieur un petit appendice membraneux.

Les joues et les pièces operculaires portent de nombreuses séries de papilles disposées dans le sens longitudinal et vertical.

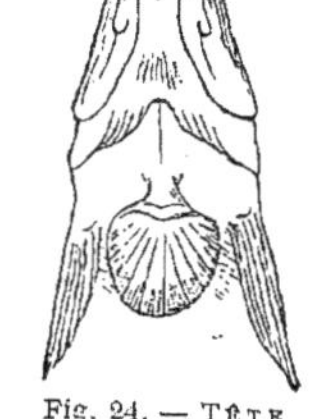

Fig. 24. — TÊTE ET RÉGION ANTÉRIEURE DU CORPS DU GOBIE NOIR.

(*Gobius niger.*)

Vue par la face inférieure pour montrer la disposition des nageoires ventrales.

Les nageoires dorsales sont au nombre de deux. La première, qui naît au-dessus de l'insertion des pectorales, est courte, très-élevée à son bord antérieur, elle va en diminuant jusqu'à son sixième rayon qui est le dernier. Immédiatement après elle commence la seconde dorsale composée d'un rayon épineux et de douze ou treize rayons mous. Cette nageoire est assez élevée, surtout dans sa région postérieure.

Les pectorales, larges et en forme d'éventail, ont dix-sept rayons.

Les ventrales, réunies par leur bord interne, forment une sorte de disque ou de ventouse. Chacune de ces nageoires a un rayon épineux et cinq rayons mous.

L'anale, courte et moins haute que la deuxième dorsale, est formée de treize rayons dont le premier est épineux.

La caudale, bien développée et arrondie sur son bord libre, a quinze rayons.

Le Gobie commun est d'un brun verdâtre parsemé de taches irrégulières plus foncées. Le ventre est plus clair que les autres parties du corps.

Les pectorales ont une tache noire en avant de leur insertion. Les nageoires dorsales et la caudale sont tachetées de noir. L'anale est généralement d'un brun noirâtre. Les ventrales sont gris brun.

Ce poisson qui se mange quelquefois, mais dont la chair est peu estimée, se nourrit de très-petits crustacés.

### Pl. 85, fig. 1. — GOBIE DE RUTHENSPARRE.

*Gobius Ruthensparri*.. Cuv. et Valenc., t. XII, p. 48. — Yarr., *Brit. fish.*, t. I, p. 285. Bonap., *Cat. poiss. Europ.*, p. 64. — Gunth., *Cat. acanth.*, t. III, p. 76.

*Gobius bipunctatus*.... Yarr., *Brit. fish.*, t. I, p. 255.

*Doubly-spotted Goby*, Angleterre.

Cette espèce, que l'on prend dans la mer du Nord et quelquefois dans la Manche ou dans l'Océan, est de petite taille. Son corps ne dépasse guère 5 ou 6 centimètres en longueur.

Ses couleurs sont assez harmonieuses; ce poisson a, en effet, les parties supérieures du corps et de la tête d'un brun roussâtre, les flancs sont plus pâles et le ventre blanc. Le long de la ligne latérale on aperçoit de nombreuses petites taches blanchâtres.

Les nageoires ventrales, pectorales et anales sont d'un jaune pâle plus ou moins lavé de brun. La caudale a des bandes transversales jaunâtres généralement au nombre de quatre, et à la base de cette nageoire se remarquent des taches noires assez larges. Une tache de même couleur se voit en arrière de l'insertion de la pectorale.

Le corps du Gobie de Ruthensparre est grêle, sa tête est aussi haute que large, son museau est court, arrondi et obtus.

Quant à ses nageoires dorsales, séparées l'une de l'autre par un intervalle plus considérable que dans l'espèce précédente dont elles diffèrent aussi comme forme surtout la dernière, elles ont, la première sept, la seconde onze rayons, dont le premier est osseux.

La formule des rayons des nageoires est la suivante :

D. 7. — 1 + 11. — P. 15. — V. 12. — A. 12. — C. 11.

## Pl. 85, fig. 2. — GOBIE BUHOTTE.

| | |
|---|---|
| *Gobius aphya* .............. | Lin., *Syst. nat.*, t. I, p. 450. — Bloch, *Schn.*, p. 70. — Risso, *Europ. mérid.*, t. III, p. 281. |
| *Gobius minutus* ............ | Lin., *Gm.*, t. I, 1199. — Lacép., t. II, p. 571. — Yarr., *Brit. fish.*, t. I, p. 288. — Cuv. et Valenc., t. XII, p. 39. — Bonap., *Cat. poiss. Europ.*, p. 64. — Guich. *Expl. Alg.*, p. 78. — Gunth., *Cat. acanth.*, t. III, p. 58. |
| *Eleotris minuta* ............ | Bloch, *Schn.*, p. 66. |
| *Gobius quadrimaculatus* .... | Cuv. et Valenc., t. XII, p. 44. — Guich., *Expl. Alg.*, p. 88. |

Le Gobie Buhotte se prend sur toutes les côtes de l'Europe; c'est encore une espèce de petite taille. Ses couleurs sont d'un blanc jaunâtre; le dos est cependant plus foncé et marqué, ainsi que les flancs, par des bandes et des taches transversales d'un gris noirâtre.

Ses nageoires sont mouchetées de noir.

La longueur du corps de ce poisson est de beaucoup inférieure à celle de la précédente espèce, et il est, à cause de cela, dédaigné des pêcheurs.

La formule des rayons de ses nageoires est la suivante :

D. 6. — 1 + 11. — P. 20. — V. 12. — A. 1 + 10. — C. 12.

## Pl. 85. fig. 3. — GOBIE RÉTICULÉ.

| | |
|---|---|
| *Gobius reticulatus* .... | Cuv. et Valenc., t. XII, p. 50. |
| *Gobius rhodopterus* ... | Gunth., *Cat. acanth.*, t. III, p. 16. |

Ce petit poisson, que l'on prend dans la Méditerranée et qu'on a signalé sur les côtes d'Irlande, a le museau très-court, convexe, et la mâchoire inférieure plus longue que la supérieure. Les yeux sont grands et rapprochés l'un de l'autre.

La première nageoire dorsale a six rayons, la seconde dix. Les pectorales sont très-développées en longueur. L'annale a dix rayons.

Quant aux couleurs, elles sont très-pâles : le corps du Gobie réticulé est d'un jaune clair marqué de lignes ou de points noirâtres que l'on retrouve aussi sur les nageoires dorsales et sur la caudale.

Les dorsales sont quelquefois lavées de rose, les autres nageoires sont blanchâtres.

## Pl. 85, fig. 4. — GOBIE DORÉ.

*Gobius auratus*.... Risso, *Ichth. Nice*, p. 160. — Id., *Europ. mérid.*, t. III, p. 283. — Cuv. et Valenc., t. XII, p. 31. — Bonap., *Cat. poiss. Europ.*, p. 63. — Gunth., *Cat. acanth.*, t. III, p. 11.
*Eleotris auratus*.. Cuv., *Règn. anim.*, t. II, p. 247.

Cette espèce, que l'on prend habituellement sur les côtes de Nice et du Languedoc, est citée par Couch comme se prenant dans la Manche.

C'est un poisson de petite taille, dépassant rarement 6 centimètres en longueur. Ses yeux sont assez grands et reportés vers la courbure supérieure de la tête qui est large ; sa bouche est fendue très-obliquement; quant au museau il est arrondi.

Les couleurs de ce poisson sont d'un jaune d'ocre, irrégulièrement moucheté de brun. On remarque au-dessus des pectorales une tache noire très-foncée.

La première nageoire dorsale, qui a six rayons, est mouchetée de brun passant quelquefois au rouge; les autres nageoires sont à peu près semblables, sauf l'anale, qui est bordée de noir.

## Pl. 86. — GOBIE PAGANEL.

*Gobius paganellus*.. Lin., *Syst. nat.*, t. I., p. 449. — Gunth., *Cat. acanth.*, III, p. 52.
*Gobius bicolor*...... Cuv. et Valenc., t. XII, p. 19. — Bonap., *Cat. poiss. Europ.*, p. 63.

Le Paganel se prend dans la Méditerranée, l'Océan et la Manche ; il a beaucoup d'analogie de formes avec le Gobie noir, mais il s'en distingue par un corps plus élargi à sa partie antérieure et une tête un peu plus courte.

Ses couleurs sont aussi plus claires que celles du Gobie commun. Les parties supérieures de son corps sont d'un brun pâle, et l'on y remarque des tâches plus foncées, assez larges et redescendant jusque sur les flancs, qui sont d'un brun jaunâtre assez clair. Le ventre est d'un jaune très-pâle, et l'on remarque sur les parties latérales de la tête des taches de même nuance.

Toutes les nageoires sont d'un brun foncé, sauf la première dorsale qui présente à sa partie supérieure une large bande rouge-orangé; ses rayons sont aussi de couleur orange et quelquefois roux.

La première dorsale a six rayons; la seconde, quatorze ou seize, le premier est épineux. L'anale a un rayon dur et douze ou quatorze rayons mous.

## GOBIE CÉPHALOTE.

*Gobius capito*.. Cuv., *Règn. anim.*, t. II, p. 243. — Cuv. et Valenc., t. XII, p. 21. — Bonap., *Cat. poiss. Europ.*, p. 63. — Guich., *Expl. Alg.*, p. 76. — Gunth., *Cat. acanth.*, t. III, p. 5[illegible].

Cette espèce est assez commune sur nos côtes de la Méditerranée et parvient à une taille supérieure aux autres. Cuvier et Valenciennes lui ont donné le nom de Gobie Céphalote à cause de la grosseur de sa tête. Ce poisson a, en effet, la tête aussi large que haute, ses yeux sont petits et l'espace interorbitaire déprimé.

Les deux nageoires dorsales sont très-rapprochées l'une de l'autre. La première est bordée de noir et a six rayons, la seconde a un rayon osseux et treize rayons mous. La première de ces nageoires est bordée de noir, la seconde, la caudale et les pectorales sont mouchetées de brun. L'anale et les ventrales sont blanchâtres.

## GOBIE A HAUTE DORSALE.

*Gobius Gozo*... Lin., *Syst. nat.*, p. 1199. — Bloch, *Hist. poiss.*, p. 144, pl. 107, fig. 3. — Lacép., t. II, p. 557. — Risso, *Ichth. Nice*, p. 159. — Cuv. et Valenc., t. XII, p. 35. — Guich., *Expl. Alg.*, p. 77.

Espèce commune dans la Méditerranée, dont le corps est généralement brun. Les nageoires sont d'un brun noir et portent des bandes jaunâtres. L'anale est quelquefois gris-bleuâtre.

Les Italiens la désignent sous le nom de *Maccioni*.

On trouve encore sur nos côtes plusieurs autres espèces de Gobies; nous n'avons décrit ici que les plus communes.

## FAMILLE DES CYCLOPTÉRIDÉS.

### *CYCLOPTERIDÆ.*

A l'exemple de M. Gunther, nous réunissons dans cette famille les deux genres Cycloptère et Liparis, que Cuvier joignait aux Gobiésoces pour former son groupe des Discoboles.

La famille des Cycloptéridés renferme un petit nombre d'espèces caractérisées par la forme de leur corps généralement épais dans la région ventrale, plus ou moins élevé et recouvert d'une peau épaisse, granuleuse et tuberculeuse dans le genre Cycloptère, lisse au contraire dans le genre Liparis.

Leur tête est assez grande, leur museau court et leurs dents nombreuses et petites sont disposées par bandes.

Ils ont une ou deux nageoires dorsales et leurs ventrales forment un disque au moyen duquel ces poissons se fixent aux corps sous-marins. Ils fréquentent en général les côtes dont le fond est rocailleux et se nourrissent de proies vivantes.

Ils n'ont pas de vessie natatoire et leurs appendices pyloriques sont très-nombreux.

Cuvier les classait parmi les malacoptérygiens sub-brachiens.

## GENRE CYCLOPTÈRE.

*Cyclopterus*, Linné.

Corps haut, épais dans sa région ventrale, aminci sur le dos et dans la région caudale. Peau visqueuse et recouverte de tubercules granuleux. La tête est forte et les mâchoires sont armées de dents fines, disposées sur une bande assez large.

Deux nageoires dorsales. La première plus ou moins cachée par la peau.

Pectorales très-développées et recouvrant en partie les ventrales qui sont disposées en une sorte de disque formant ventouse.

Ouverture des ouïes étroite.

Appendices pyloriques en nombre considérable.

Pas de vessie natatoire.

### Pl. 87. — CYCLOPTÈRE LUMP.

*Cyclopterus gibbosus*.. Villugh., p. 209, pl. N. 10, fig. 2.
*Cyclopterus angelorum*. Aldrov., t. III, p. 479. — Willugh., p. 208, pl. N. 11.
*Cyclopterus lumpus*.... Lin., *Syst. nat.*, t. I, p. 414. — Bloch, *Schn.*, p. 197. — Lacép., t. II, p. 52, pl. 3, fig. 1. — Cuv., *Règn. anim.*, t. II. — Yarr., *Brit. fish.*, 2e édit., t. II, p. 365. — Gronov., *Syst. Ed. Gray*, p. 39. — Bonap., *Cat. poiss. Europ.*, p. 65. — Gaim. Voy. Isl. et Groënl., *Zool. Poiss.*, pl. 8. — Gunth., *Cat. acanth.*, t III, p. 155.

*Lumpfish, Lumpsucker, Cockpaddle*, Angleterre.

Ce poisson, que l'on prend en Islande et au Groënland, se trouve également sur les côtes du nord de l'Europe; il est assez commun sur celles de l'Angleterre, des Pays-Bas et de France. On le prend aussi dans la Baltique. On lui donne généralement le nom de *Gras Mollet*.

Sa forme est très-singulière et son aspect repoussant.

Son corps, haut, est arrondi dans sa région ventrale, comprimé dans ses régions dorsale et caudale; il est recouvert d'une peau épaisse, visqueuse et présentant de nombreux tubercules dont les plus gros sont disposés sur trois rangées de chaque côté et sur une quatrième le long de la ligne supérieure du dos.

Sa tête est grande, son museau court; sa bouche, assez largement fendue, est pourvue de dents petites, en velours, et disposées sur une bande assez large. Le palais est dépourvu de semblables organes. Les lèvres sont assez épaisses.

Les yeux sont grands. En avant d'eux et un peu plus en dedans se voient les orifices des narines qui sont circulaires.

Les pièces operculaires, d'une faible consistance, sont recouvertes ainsi que tout le reste de la tête par une peau présentant comme le corps de petits tubercules rugueux à leur surface. L'opercule se termine en arrière par une pointe membraneuse. L'ouverture des ouïes est étroite.

Les nageoires dorsales sont au nombre de deux. Chez le jeune elles sont apparentes. Chez l'adulte, la première, à peine visible, est cachée sous la peau, et n'a que quatre rayons.

La seconde nageoire dorsale, reportée en arrière, est assez haute et formée de onze rayons, rudes au toucher.

Les pectorales sont larges et s'étendent assez loin sous la gorge;

Fig. 25. — Disque ventral du Cycloptère lump.
(*Cyclopterus lumpus*.)

elles sont coupées obliquement et on y compte vingt rayons. Par leur bord inférieur, elles recouvrent les ventrales disposées en une sorte de disque qui permet au poisson de s'attacher aux corps marins et dont les rayons sont assez apparents chez les jeunes individus. L'anale a neuf rayons, elle est de même forme que la seconde dorsale à laquelle elle est opposée.

La caudale, assez large et presque droite à son bord postérieur, a douze rayons, qui, ainsi que ceux des autres nageoires, sont rugueux comme le corps du poisson.

Les jeunes individus de cette espèce sont généralement d'un gris plus ou moins foncé. L'adulte a des reflets bleuâtres et le mâle à l'époque des amours prend des teintes rosées à la partie inférieure du corps, c'est-à-dire dans sa région ventrale et sous la gorge. Les nageoires prennent également des teintes rougeâtres.

La chair de ce poisson n'a aucune valeur alimentaire. Il sert de nourriture aux phoques des régions voisines du pôle.

Le Lump se nourrit de Crustacés, de Méduses et autres animaux inférieurs.

---

## GENRE LIPARIS.

*Liparis*, ARTEDI.

Corps cylindrique dans sa partie antérieure, comprimé postérieurement. Peau ne présentant ni écailles, ni tubercules.

Tête large, un peu aplatie; museau court et arrondi. Bouche bien fendue et armée sur ses mâchoires d'une bande de dents petites et nombreuses.

Une seule nageoire dorsale longue et peu élevée.

Pectorales larges et s'étendant jusque sous la gorge.

Ventrales réunies et formant un disque.

Cinq rayons branchiostéges.

Appendices pyloriques nombreux.

## Pl. 88. — LIPARIS VULGAIRE.

*Cyclopterus liparis.* Lin., *Syst. nat.*, t. II, p 414. — Lacép., t. II, p. 69. — Bloch, pl. 123, fig. 3, 4.
*Liparis vulgaris* ... Flem., *Brit. anim.*, p. 190. — Yarr., *Brit. fish.*, 2e éd., p. 371. — Bonap., *Cat. poiss. Europ.*, p. 66. — Gunth., *Cat. acanth.*, t. III, p. 159.

*Sea snail,* Angleterre.

Le Liparis vulgaire, que l'on prend sur les côtes du nord de l'Europe et dans les régions voisines du pôle, fréquente aussi la Manche et la mer du Nord. On le prend quelquefois sur les côtes nord et nord-ouest de la France.

Ce poisson a le corps cylindrique en avant, comprimé postérieurement et recouvert d'une peau plus ou moins épaisse et lisse. Sa courbure dorsale est peu convexe, son ventre saillant. Sa tête est grande, large, arrondie dans sa partie antérieure, et sa longueur à peu près le quart de celle du corps. Le museau est court; la bouche, largement fendue et horizontale, est pourvue de lèvres épaisses. La mâchoire inférieure est plus courte que la supérieure; toutes deux sont armées de dents fines et nombreuses disposées par bandes.

L'ouverture des ouïes est très-petite et sa membrane s'unit en bas à la base des pectorales.

La nageoire dorsale, peu élevée, commence un peu en arrière de la tête. Ses rayons flexibles sont au nombre de trente-cinq ou trente-six; les derniers sont très-rapprochés de la nageoire caudale.

Les pectorales, rappelant comme disposition celles du Cycloptère Lump, sont larges et s'étendent jusque au-dessous de la gorge. Les premiers rayons, c'est-à-dire les supérieurs, sont les plus longs; vers le milieu de la nageoire ils diminuent pour augmenter ensuite au niveau du disque et devenir plus courts sous la gorge.

Les ventrales sont composées d'un rayon épineux et de cinq rayons mous; ils sont réunis de chaque côté et forment un disque à peu près circulaire.

L'anale, qui naît au-dessous de la fin du premier tiers de la dorsale, a vingt-sept rayons. La caudale peu développée a dix rayons.

Les couleurs du Liparis sont sujettes à de nombreuses variations. Le dos et les nageoires de ce poisson sont d'un brun plus ou moins foncé; les flancs sont jaunâtres, son ventre blanc rosé. Les parties supérieures du corps sont parcourues par des bandes irrégulières de couleur claire. Quelques spécimens présentent des taches noires ou des bandes de couleur très-foncées.

Les rayons branchiostéges sont au nombre de cinq, et il y a seize cœcums pyloriques.

---

# FAMILLE DES GOBIÉSOCIDÉS.

## *GOBIESOCIDÆ.*

Les Lépadogaster sont les seuls représentants de cette famille sur nos côtes.

Les Gobiésocidés, que Cuvier classait aussi parmi les Discoboles, ont le corps en général assez court, légèrement déprimé dans sa région antérieure et dépourvu d'écailles.

Leur nageoire dorsale est reportée très en arrière et leur anale est courte.

Leurs ventrales forment avec les os caracoïdiens un large disque servant au poisson à se fixer aux corps marins, disque qui n'est constitué dans la famille précédente que par les nageoires ventrales.

Ils se distinguent encore des Cycloptéridés, par l'absence d'appendices pyloriques.

Ils n'ont pas de vessie natatoire.

La plupart de leurs espèces vivent dans les mers tempérées.

Ces poissons sont carnivores.

---

## GENRE LÉPADOGASTER.

*Lepadogaster*, Gouan.

Corps large, déprimé dans sa région antérieure, comprimé dans sa région caudale, et recouvert d'une peau dépourvue d'écailles.

Tête se prolongeant antérieurement en un museau plus ou moins allongé. Mâchoires inégales et pourvues de dents petites et nombreuses.

Nageoire dorsale reportée très en arrière.

Ventrales concourant à former un large disque.

Ouverture des ouïes étroite.

Cinq rayons branchiostéges.

### Pl. 89, fig. 1. — LÉPADOGASTER GOUAN.

*Lepadogaster* ............... Bris. de Barnev., *Rev. Zool.* 1846, p. 280.
*Lepadogaster rostratus* ...... Bloch, *Schn.*, p. 1.
*Lepadogaster Gouanii* ....... Lacép., t. I, pl. 23, fig. 3, 4; t. II, p. 73. — Cuv., *Règn. an.* — Risso, *Ichth. Nice*, p. 72. — Id., *Europ. mérid.*, t. III, p. 271. — Costa, *Faun. Napl.*, p. 2, pl. 23. — Bonap., *Cat. poiss. Europ.*, p. 65. — Cuv. *Règn. anim.*, ill. pl. 108, fig. 2. Gunth. — *Cat. acanth.*, t. III, p. 510.
*Lepadogaster balbis* ......... Risso, *Ichth. Nice*, p. 73, pl. 4, fig. 9. — Id., *Europ. mérid.*, t. III, p. 274.
*Lepadogaster biciliatus* ...... Risso, *Europ. mérid.*, t. III, p. 272.
*Lepadogaster cornubiensis* .... Yarr., *Brit. fish.*, t. II, p. 359, 2e édit.

*Cornisch Sucker, Sucking fish*, Angleterre.

Le Lépadogaster de Gouan habite la mer Noire, la Méditerranée, l'Océan et la Manche. On le prend assez communément sur nos côtes, surtout dans le golfe de Nice, où on l'a désigné sous le nom de *Pei pourc.*

On le nomme aussi *Barbier, Porte-Écuelle,* sur quelques autres points de notre littoral.

C'est un poisson très-curieux par sa forme : il a le corps large et déprimé antérieurement, comprimé dans sa partie postérieure, et sa peau est dépourvue d'écailles. Sa tête, large dans la portion postérieure, s'allonge en avant en un museau long et déprimé.

La bouche, bien fendue, s'étend jusque au-dessous de l'œil, qui est grand, et au-devant duquel on aperçoit les orifices des narines ; celles-ci sont munies d'un tentacule assez long et de couleur rougeâtre.

Les mâchoires sont armées de dents courtes et aiguës.

L'ouverture des ouïes est petite et située en avant des pectorales.

Les rayons branchiostéges sont au nombre de cinq.

La nageoire dorsale, unique, est reportée très en arrière ; elle a dix-sept ou dix-huit rayons peu élevés. Les pectorales, dont les rayons sont peu allongés et flexibles, redescendent jusque au-dessous du corps. En arrière d'elles se voit un petit aileron membraneux simulant une seconde nageoire.

Les ventrales sont représentées par un disque concave et à peu près circulaire, membraneux sur ses bords antérieurs et postérieurs et présentant de chaque côté cinq rayons, dont le premier, qui est osseux, est caché sous la peau. Le bord du disque est recouvert à sa partie antérieure d'une peau formant des espèces de plaques polygonales que l'on retrouve également sur la membrane qui unit les rayons ; sa partie centrale est lisse et son bord postérieur frangé.

L'anale, placée sous la seconde moitié de la dorsale, a de neuf à onze rayons. La caudale, peu développée et arrondie, a dix rayons. Les nageoires dorsale, anale et caudale sont contiguës.

La couleur de ce poisson varie beaucoup. Tantôt d'un rouge-carmin, elle présente quelquefois un fond verdâtre recouvert de points rouge-brun. Le plus grand nombre des individus sont d'un rouge vineux ; leur ventre est blanchâtre. Quelques spécimens ont des bandes ou des taches noirâtres sur les parties supérieures du crâne.

La longueur de ce poisson est en général de 10 centimètres ; sa chair n'a aucune valeur alimentaire.

## Pl. 89, fig. 2 et 3. — LÉPADOGASTER DOUBLE TACHE.

*Cyclopterus bimaculatus*.... Pen., *Brit. Zool.*, t. III, p. 397, pl. 22, fig. 1. — Bloch, *Schn.*, p. 199. — Lacép., t. II, p. 57.
*Gobiesox bimaculatus*....... Cuv., *Règn. anim.*
*Lepadogaster bimaculatus*... Yarr., *Brit. fish.*, 2e édit., p. 353. — Gunth., *Cat. acanth.*, t. III, p. 514.
*Lepadogaster ocellatus*...... Risso, *Ichth. Nice*, p. 74.
*Lepadogaster reticulatus*.... Risso, *Ichth., Nice*, p. 77. — Id., *Europ. mérid.*, t. III, p. 275.
*Lepadogaster Desfontainii*... Risso, *Europ. mérid.*, t. III, p. 275.
*Lepadogaster lineatus*....... Guich., *Expl. Alg.*, p. 110, pl. 6., fig. 3.
*Lepadogaster maculatus*.... Guich., *Expl. Alg.*, p. 110, fig. 4.
*Lepadogaster punctatus*..... Guich., *Expl. Alg.*, p. 110, fig. 5.

Ce Lépadogaster varie tellement comme coloration, que quelques auteurs, trompés par les différences de couleur que présentent certains individus, se sont laissé entraîner à faire de ces poissons plusieurs espèces distinctes. Il se distingue à première vue des autres Lépadogaster du même genre par la brièveté de son museau et le peu de longueur de ses nageoires dorsale et anale. Sa taille ne dépasse pas la longueur de 5 à 6 centimètres. Sa tête est aplatie supérieurement, son museau court, et ses mâchoires, inégales, sont armées de dents relativement fortes dont les plus antérieures sont les plus longues.

La nageoire dorsale, très-reportée en arrière, compte ordinairement six rayons. Les pectorales, assez développées, ont leurs rayons médians les plus longs. Les ventrales sont unies aux pectorales et forment la partie inférieure du disque. L'anale, qui a le même nombre de rayons que la dorsale, lui est opposée, mais elle est située un peu plus en arrière. La caudale, arrondie à son bord libre, a dix rayons.

Pour donner une idée de la variation des couleurs chez le Lépadogaster double tache, nous représentons ici deux individus dont on a fait deux espèces distinctes, sous les noms de *Lepadogaster punctatus* et de *Lepadogaster maculatus*.

Le premier de ces poissons a le corps d'un vert jaunâtre assez uniforme et ses parties latérales sont marquées de points rougeâtres. La tête, verte en dessus, est blanche en dessous. On remarque sur ses côtés trois bandes brunes; la première va de l'extrémité du museau à l'œil, et les deux autres, placées en arrière de cet organe, se dirigent vers le bord supérieur de l'opercule. Les nageoires dorsale, anale et caudale sont d'un vert jaunâtre assez transparent ; les pectorales et les ventrales sont plus pâles.

Le second individu a le corps brun et porte sur ses parties supérieures trois grandes taches quadrilatères de couleur rouge. Sa nageoire dorsale, qui est rougeâtre, est bordée de blanc; les pectorales, l'anale et la caudale sont jaunes. Cette dernière nageoire présente des bandes verticales formées de petits points bruns.

En règle générale, le Lépadogaster est d'un rouge plus ou moins brillant et porte en arrière de ses pectorales deux taches plus foncées bordées d'un cercle blanc.

## LÉPADOGASTER DE DECANDOLLE.

*Lepadogaster Candollii*... Risso, *Ichth. Nice*, p. 76. — Id., *Europ. mérid.*, t. III, p. 275. — Cuv., *Règn. anim.* — Gunth., *Cat. acanth.*, t. III, p. 513.
*Lepadogaster olivaceus*... Risso, *Europ. mérid.*, t. III, p. 274. — Id., *Ichth. Nice*, p. 75.
*Lepadogaster Jussieui*.... Risso, *Europ. mérid.*, t. III, 273.
*Lepadogaster cephalus*... Yarr., *Brit. fish*, 3e édit., t. II, p. 341.

Espèce que l'on prend dans la Méditerranée et dans la Manche et qui se distingue du Lépadogaster de Gouan par une taille plus petite et un museau plus large. Ses mâchoires égales sont armées de dents petites.

La nageoire dorsale commence en arrière d'une ligne verticale passant par l'anus, elle se termine près de la caudale qui est arrondie. Les pectorales sont grandes et ont quinze rayons, elles se réunissent par une membrane aux nageoires ventrales et forment un disque quadrangulaire.

Le corps de ce poisson est rouge-brun ; les parties latérales de la tête présentent des taches d'un rouge vif.

Les nageoires sont d'une couleur rouge plus ou moins foncée.

# FAMILLE DES CALLIONYMIDÉS.

## *CALLIONYMIDÆ.*

Les poissons qui composent cette famille ont été classés par la plupart des auteurs parmi les Gobioïdes; nous croyons pourtant pouvoir en former une famille à part, à cause de caractères bien tranchés qui les distinguent de ces derniers poissons.

Les Callionymidés ont la tête oblongue et comprimée, leur bouche est très-protractile et leurs mâchoires sont armées de dents petites et en velours. Le palais de ces poissons est dépourvu de semblables organes.

Leurs yeux, très-rapprochés l'un de l'autre, sont reportés sur la partie supérieure de la tête, et la fente branchiale très-petite située en arrière du crâne est placée entre celui-ci et le bord supérieur de l'opercule.

Leur corps, assez comprimé en avant, est recouvert d'une peau lisse.

Leurs nageoires dorsales sont au nombre de deux; la première est formée de rayons nombreux et très-élevés chez certaines espèces. Les ventrales sont jugulaires.

Ces poissons n'ont ni cœcums pyloriques, ni vessie natatoire.

---

## GENRE CALLIONYME.

*Callionymus*, LINNÉ.

Tête aplatie, partie antérieure du corps déprimée, région postérieure cylindrique.

Peau dépourvue d'écailles.

Bouche étroite. Os intermaxillaire protractile. Dents très-petites et en velours sur les deux mâchoires. Palais lisse.

Préopercule se terminant par une forte épine.

Deux nageoires dorsales.

Six rayons branchiostéges.

Pas de vessie natatoire.

### Pl. 90. — CALLIONYME LYRE.

*Callionymus lyra*............ Lin., *Syst. Nat.*, t. I, p. 433. — Bloch, *Schn.*, p. 30. — Lacép., t. II, p. 329, pl. 10, fig. 1. — Cuv., *Règn. anim.*, t. II, p. 247. — Cuv. et Valenc., t. XII, p. 266. — Yarr., *Brit. fish.*, p. 251. — Cuv., *Règn. anim.*, ill., p. 82, fig. 1. — Bonap., *Cat. poiss. Europ.*, p. 69. — Guich., *Expl. Alg.*, p. 78. — Gunth., *Cat. acanth.*, t. III, p. 139

*Callionymus dracunculus*.... Lin., *Syst. Nat.*, t. I, p. 433. — Bloch, t. I, p. 84, pl. 162, fig. 2. — Bloch, *Schn.*, p. 40. — Lacép., t. II, p. 335. — Cuv. et Valenc., t. XII, p. 274. — Yarr., *Brit. fish.*, t. I, p. 302. — Bonap., *Cat. poiss. Europ.*, p. 70. — Guich., *Expl. Alg.*, p. 70. — Gunth., *Cat. acanth.*, t. III, p. 139.

*Uranoscopus lyra*, *U. dracunculus*, *U. micropterygius* (♂, ♀ et ♂ jeune), Gronow, *Syst. Ed. Gray*, p. 42.

*Fox*, *Yellow skulpin*, *Gowdie*, Angleterre. — *Fœsing*, Norwége. — *Pitvisch*, *Schelvischduivel*, *Flockfisk*, Danemark.

Très-brillant par ses couleurs, très-curieux par sa forme, le Callionyme lyre habite la mer du Nord, la Manche, l'Atlantique et la Méditerranée. Il n'a pas encore été signalé dans la Baltique.

Il est assez commun sur nos côtes, surtout sur celles de la Manche, et on en voit, mais à de rares intervalles, quelques individus sur nos marchés. Les pêcheurs le désignent sous les noms de *Savary* et de *Doucet*.

Ce poisson a le corps déprimé dans sa partie antérieure, cylindrique dans le reste de son étendue; la peau qui le revêt est dépourvue d'écailles.

La tête, triangulaire et aplatie sur sa face inférieure, est légèrement convexe supérieurement. La bouche est reportée en dessous du museau, elle est fendue horizontalement; lorsqu'elle est ouverte elle est assez grande à cause de la forme des maxillaires qui sont très-arqués, et de la grande protractilité de la mâchoire supérieure.

La mâchoire supérieure dépasse l'inférieure, non-seulement en avant, mais aussi sur les côtés; elles sont toutes les deux armées de dents très-petites serrées les unes contre les autres et disposées sur une bande assez large. L'intérieur de la cavité buccale est dépourvu de ces organes.

Les yeux, très-rapprochés l'un de l'autre, sont reportés sur la face supérieure de la tête, ils se touchent presque par le bord supérieur de l'orbite.

L'ouverture des narines est située en avant de l'œil.

Le préopercule se termine par une pointe assez forte munie de quatre prolongements très-acérés, dont l'un est dirigé en avant, le second en arrière, les deux autres regardent vers le haut. L'opercule est caché sous la peau.

La fente branchiale est ici réduite à un petit trou situé près du bord supérieur de l'opercule et très-rapproché de la région postérieure du crâne.

La première nageoire dorsale, composée de quatre rayons seulement, est très-singulière par sa forme; son premier rayon, filiforme et extrêmement développé, atteint, lorsqu'il est appliqué sur le corps, le bord postérieur de la seconde dorsale, il s'étend même quelquefois beaucoup plus loin et très-près de l'origine de la caudale.

La seconde dorsale commence un peu en arrière de la première; elle a neuf rayons d'égale longueur, également espacés les uns des autres, sauf le dernier qui se confond par sa base avec le huitième rayon de la nageoire.

Les pectorales, très-larges, ont vingt rayons; ceux du milieu sont les plus longs.

Les nageoires ventrales, bien développées et placées horizontalement de chaque côté du corps, se réunissent à la pectorale par un petit repli de la peau, et leurs rayons, au nombre de six, sont très-rameux. Le premier de ces rayons est très-court.

La nageoire anale commence au-dessous du troisième rayon de la nageoire dorsale; ses rayons postérieurs sont plus longs que les antérieurs, et le dernier, comme dans la dorsale, se confond presque avec l'avant-dernier. Cette nageoire a en tout neuf rayons.

La caudale a dix rayons allongés et bifides à leur extrémité libre.

Comme nous l'avons dit, les couleurs de ce poisson sont très-brillantes. Les parties supérieures du corps et les flancs sont d'un jaune plus ou moins foncé, le ventre est d'un blanc jaunâtre. On remarque de distance en distance, sur la tête et sur le corps, des taches en forme de cercle, ordinairement bleuâtres, quelquefois se rapprochant du violet.

La tête et les flancs présentent soit des marbrures, soit des bandes de même couleur. Il y en a également sur les deux nageoires dorsales et à la base de la caudale. Les nageoires supérieures ont un fond jaune. Les pectorales ont leurs rayons rouge orangé. Les ventrales et l'anale sont teintées de noirâtre.

L'espèce signalée par certains auteurs sous le nom de *Callionyme Dragonnet* n'est autre chose que la femelle du poisson que nous venons de décrire. Les doutes émis par Cuvier à ce sujet ont été confirmés depuis. La femelle se distingue du mâle par les rayons de sa première dorsale qui sont moins élevés.

La longueur du corps du Callionyme lyre est ordinairement de 15 ou 20 centimètres.

## CALLIONYME GUITARE.

*Callionymus maculatus*.. Bonap., *Faun. Ital.*, fig. 2 mâle, fig. 3 femelle. — Id., *Cat. poiss. Europ.*, p. 70. — Gunth., *Cat. poiss. acanth.*, t. III, p. 144.

*Callionymus lyra*....... Risso, *Ichth. Nice*, p. 113. — Id., *Europ. mérid.*, t. III, p. 262.

*Callionymus cithara*.... Cuv. et Valenc., t. XII, p. 280.

Le Callionyme guitare dépasse rarement 10 centimètres en longueur. Il a la tête courte et déprimée dans sa partie antérieure; son museau est arrondi et ses épines préoperculaires sont peu développées.

Les deux nageoires dorsales sont très-hautes chez le mâle, beaucoup plus basses chez la femelle. La première a quatre rayons, dont le premier est très-long et très-grêle; la seconde en a neuf. Les pectorales ont seize rayons, les ventrales cinq, l'anale et la caudale dix.

Les parties supérieures du corps de ce poisson sont d'un blanc verdâtre qui se dégrade sur les flancs; le ventre est blanc. Les régions voisines du dos présentent de nombreuses petites taches grises ou rougeâtres; les flancs sont mouchetés de blanc ou de bleu.

Les nageoires sont d'un blanc grisâtre; la première dorsale est mouchetée de blanc et de noir, la seconde est de couleur jaune verdâtre avec de petits points gris-perle. L'anale porte à son bord libre une large bande violacée. Les pectorales et les ventrales, blanchâtres, sont aussi mouchetées de petites taches perlées.

## CALLIONYME LACERT.

*Dracunculus*............. Rondel., t. I, liv. X, chap. XII, p. 304.
*Callionymus dracunculus*. Risso, *Ichth. Nice*, p. 104. — Bonap., *Faun. Ital.*, fig. (mâle et fem). — Id., *Cat. poiss. Europ.*, p. 70.
*Callionymus festivus*...... Pallas, *Zoogr.*, Ross., t. III, p. 146, — Nordm. in Demid., Voy. *Rus. mérid.*, t. III, p. 443, pl. 13, fig. 1 à 3. — Gunth., *Cat. acanth.*, t. III, p. 144.
*Callionymus pusillus*..... De la Roche, *Ann. mus.*, t. XIII, p. 330, pl. 25, fig. 16. — Risso, *Europ. mérid.*, t. III, p. 264.
*Callionymus admirabilis*.. Risso, *Europ. mérid.*, t. III, p. 264, pl. 6, fig. 11.
*Callionymus lacerta*...... Cuv., *Règn. anim.*, t. II, p. 247. — Cuv. et Valenc., t. XII, p. 286. — Guich., *Expl. Alg.*, p. 79.

Cette espèce, propre à la Méditerranée, se distingue par la forme de sa nageoire caudale, dont les deux rayons médians sont prolongés et forment deux longs filaments. Sa seconde dorsale a, comme chez le Callionyme de Bélène, ses rayons postérieurs très-allongés.

La femelle se distingue du mâle par une taille inférieure et ses rayons de la caudale sont aussi moins longs.

La couleur générale du corps de ce poisson est d'un jaune rougeâtre plus clair sur les flancs; le ventre est argenté. Les parties supérieures du corps sont parsemées de taches verdâtres à reflets violacés.

Les nageoires, excepté l'anale qui est bordée de noir, présentent la même coloration que le dos.

La femelle est généralement plus pâle que le mâle.

## CALLIONYME DE BÉLÈNE.

*Belennus*.............. Rondel., *Pisc.*, t. I, liv. VII, chap. IX, p. 214. — Gesner, *Aquat.*, t. IX, p. 175. — Risso, *Europ. mérid.*, t. III, p. 263. — Bonap., *Faun. Ital.*, fig. (mâle et femelle). — Gunth., *Cat. acanth.*, t. III, p. 145.

*Callionymus elegans*... Lesueur, *Nouv. Bul. Sc.*, *Soc.*, *Philom.*, 1814, pl. 1, fig. 17.

*Callionymus Rissoi*.... Lesueur, *Nouv. Bul.* Sc., *Soc. Philom.*, p. 76, pl. 16. — Cuv. et Valenc., t. XII, p. 293.

*Callionymus Sucurii*... Cuv. et Valenc., t. XII, p. 291.

Cette espèce, commune sur les côtes françaises et italiennes de la Méditerranée, se distingue du Callionyme Lyre, en dehors de sa taille, qui est très-inférieure à celle de ce dernier poisson, par le faible développement de sa première nageoire dorsale, qui ne compte que trois rayons et n'a que le quart de la hauteur de la seconde dorsale. Les deux derniers rayons de cette dernière nageoire sont plus élevés que les autres et prolongés en forme de filaments.

Le Callionyme de Bélène mâle est d'un blanc verdâtre, marqué de taches gris-fer ou noires ; son ventre est argenté.

La première nageoire dorsale est d'une couleur foncée analogue à celle du dos ; la seconde est très-claire et présente dans sa partie médiane des petits points d'un blanc perlé. Les pectorales, les ventrales et l'anale sont grises. La caudale, blanchâtre, est mouchetée de points foncés.

La femelle, qui est plus petite que le mâle, a les derniers rayons de sa seconde nageoire dorsale plus courts ; ses couleurs sont aussi plus pâles que celles du mâle.

# FAMILLE DES LOPHIOIDES.

*LOPHIIDÆ.*

Cette famille, qui ne renferme qu'un petit nombre de genres, est représentée sur nos côtes par les Baudroies. Ces poissons ont la tête et la partie antérieure du corps très-larges, leur peau est dépourvue d'écailles. Leur bouche est généralement très-grande et leurs dents nombreuses et aiguës.

L'ouverture branchiale, circulaire, est placée au-dessous des pectorales.

Les nageoires pectorales sont pédiculées, et les os qui les supportent ont été assimilés au radius et au cubitus. Les ventrales, placées plus en avant que les pectorales, sont jugulaires.

Ces poissons sont très-voraces, ils habitent les mers des régions tempérées et tropicales; leur squelette est ostéocartilagineux.

## GENRE BAUDROIE.

*Lophius*, Artedi.

Tête très-large, déprimée, aplatie à sa face inférieure et armée de nombreuses épines sur ses parties supérieures et latérales. Ouverture de la bouche très-grande. Mâchoires, vomer, palatins et os pharyngiens garnis de dents coniques, aiguës, d'inégale grandeur et recourbées en arrière.

Pièces operculaires cachées sous la peau, subopercule muni de longs rayons cartilagineux et flexibles.

Ouvertures branchiales reportées au-dessous des pectorales.

Corps large et déprimé dans sa région antérieure, cylindro-conique dans sa partie postérieure. La peau qui le recouvre ainsi que la tête est dépourvue d'écailles; elle présente sur le pourtour de cette dernière et sur les flancs de nombreux prolongements membraneux.

Deux nageoires dorsales : rayons de la première isolés et allongés; le premier de ces rayons est élargi à son extrémité et joue, ainsi que les deux suivants, le rôle de tentacule.

Pectorales longues et épaisses.

Ventrales courtes, palmées, placées au-dessous de la tête et très en avant des pectorales.

Appendices pyloriques au nombre de deux.

Pas de vessie natatoire.

Six rayons branchiostéges.

## Pl. 91. — BAUDROIE.

*Rana marina*.............. Bellon, p. 85.
*Rana piscatrix*............ Rondel., t. I, p. 363.
*Lophius piscatorius*........ Lin., *Syst. nat.*, t. I, p. 402. — Brunn., *Pisc. mass.*, p. 7. — Lacép., t. II, p. 140, pl. 13, fig. 1. — Bloch, t. III, p. 82, pl. 87. — Bloch, *Schn.*, p, 130. — Donov., *Brit. fish.*, t. V, pl. 101. — Cuv., *Règn. anim.*, t. II, p. 251. — Bonap., *Faun. Ital.* — Cuv. et Valenc., t. XII, p. 344, pl. 362. — Bonap., *Cat. poiss. Europ.*, p. 70. — Yarr., *Brit. fish.*, t. 1, p. 269. — Cuv., *Règn. anim.*, ill., pl. 84. — Guich., *Expl. Alg.*, p. 80. — Gunth., *Cat. acanth.*, t. III, p. 179.
*Batrachus piscatorius*...... Risso, *Ichth. Nice*, p. 47. — Id., *Europ. mérid.*, t. III, p. 170.

*Angler*, *Fishing Frog*, *Sea Devil*, Iles-Britanniques. — *Hafpado*, Suède. — *Paddefisk*, Norwége. — *Ulk*, *Hartaske*, Danemark. — *Seewolf*, Allemagne. — *Peje sapo*, Espagne. — *Embarroco*, Portugal. — *Martino pescatore*, *Diavolo di mare*, etc., Italie.

Remarqué de tout le monde à cause de sa laideur, ce poisson a reçu un grand nombre de noms sur nos côtes. C'est le *Baudreuil* des Marseillais, la *Baoüdroï*, la *Galanga* des Languedociens, le *Pécheteau* des Bordelais. On l'appelle aussi *Loup de mer*, *Crapaud de mer*, *Diable de mer*, *Raie pêcheresse*, etc., etc.; tous ces noms rappellent son aspect repoussant ou sa voracité.

La Baudroie, qui habite toutes les mers de l'Europe, est un des poissons les plus hideux et les plus voraces que l'on connaisse. On la trouve assez communément sur nos côtes de la Méditerranée, de l'Océan et de la Manche, mais elle devient plus rare à mesure qu'on approche du nord de l'Europe et on ne la rencontre qu'à de rares intervalles dans la mer Baltique.

La Baudroie commune a le corps élargi et aplati dans sa portion antérieure, effilé et conique dans sa région caudale. Il est recouvert d'une peau lisse et visqueuse, qui forme sur les parties latérales du corps de nombreuses languettes que l'on retrouve également sur tout le pourtour de la tête.

Sa tête, énorme et fortement déprimée, se termine en avant par une bouche très-large dont l'ouverture est dirigée vers le haut. Les mâchoires, très-inégales, ne peuvent se rapprocher l'une de l'autre ;

l'inférieure, arrondie en demi-cercle, avance de beaucoup sur la supérieure dont l'os incisif forme au-dessus de la langue, organe aplati et charnu, une espèce d'arcade garnie de deux rangées de dents assez espacées l'une de l'autre. Ces dents sont coniques, aiguës et d'inégale longueur à la partie moyenne de l'os ; celles des côtes sont à peu près égales et disposées sur une seule file.

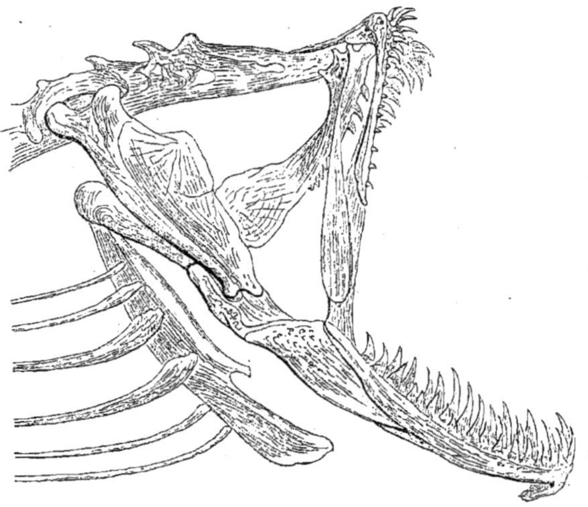

Fig. 26. — Dentition de la Baudroie. (*Lophius piscatorius.*)
Tête vue de profil.

Le maxillaire inférieur est également pourvu d'une bande de dents de même forme que celles de la mâchoire supérieure; les plus grandes sont irrégulièrement disposées sur le bord interne de l'os, les plus petites sont en avant.

Le vomer, les palatins et les os pharyngiens sont également pourvus de ces organes.

Les parties supérieures du crâne et de la face sont très-accidentées et montrent, de distance en distance, des épines courtes et acérées recouvertes par la peau, ainsi que des lambeaux cutanés plus ou moins dentelés sur leurs bords.

Il y a deux épines sur le bord supérieur de chaque orbite, et deux sur la face supérieure des os palatins; ces quatre saillies sont réunies entre elles de chaque côté par une large crête rugueuse. Nous remarquons encore trois organes semblables sur le préopercule, un entre la commissure des lèvres et cet os, trois sur le subopercule et d'autres peu visibles au premier abord, mais très-appréciables au toucher sur différents autres points de la tête.

Les pièces operculaires sont recouvertes par la peau. Si on fait le squelette d'une Baudroie, on remarque que l'opercule présente une échancrure assez profonde et que le subopercule porte de longs rayons cartilagineux et flexibles qui élargissent considérablement la tête sur ses parties latérales et reportent l'ouverture branchiale jusqu'au-dessous de la nageoire pectorale.

L'œil est grand, son iris est de couleur brune et sa pupille noire.

L'ouverture des narines, très-séparées l'une de l'autre par une mince lame membraneuse, sont placées à l'extrémité d'un petit tentacule cylindrique et charnu, situé un peu en arrière de la première épine de l'os palatin.

Les nageoires dorsales sont au nombre de deux : la première est formée de six rayons longs et flexibles, dont les trois premiers sont situés sur la tête ; l'antérieur est placé entre les deux narines; il est muni à son extrémité libre d'une portion membraneuse qui sert, dit-on, à ce poisson pour attirer sa proie. Le second, très-rapproché du premier et à peu près de même hauteur, est, sur les sujets bien conservés, garni sur toute sa hauteur de petites languettes formées par des replis de la peau qui le recouvre. Le troisième, situé sur le milieu du crâne, est plus court que les deux premiers et présente comme le second des languettes cutanées. Ces trois rayons sont munis à leur base de muscles puissants, qui s'insèrent sur les différents os qui constituent les parties supérieures de la face et du crâne et reçoivent de nombreux filets nerveux.

Les trois derniers rayons de la nageoire, séparés des premiers par un intervalle assez considérable, sont peu élevés, indépendants les uns des autres, et présentent sur une faible partie de leur hauteur une membrane peu développée ne rejoignant pas le rayon suivant.

La seconde nageoire dorsale, très-reportée en arrière, est molle et formée de onze à douze rayons.

Les pectorales placées au-dessus de l'ouverture branchiale sont larges, de forme quadrilatère et l'extrémité de leurs rayons simule une espèce de spirale. Leur base forme un large pédicule engagé sous la peau et leurs rayons sont au nombre de vingt.

Les ventrales, courtes, épaisses et palmées, sont placées sous la gorge. Leurs rayons sont au nombre de cinq et recouverts d'une peau molle, lisse sur la face supérieure, chagrinée, fendillée, sur la face inférieure.

L'anale est courte, reportée très en arrière et composée de huit rayons.

La caudale, coupée verticalement à son bord libre, est formée de huit rayons.

Les parties supérieures de la Baudroie sont d'un brun verdâtre plus ou moins foncé, présentant de distance en distance des taches rayonnées de couleur plus foncée et quelquefois noires. Les parties inférieures du corps sont blanches.

Les nageoires dorsales, la caudale et les pectorales sont de même couleur que les parties supérieures du corps. L'anale est plus claire et les ventrales sont blanches.

Ce poisson atteint une taille assez considérable, il dépasse souvent un mètre en longueur. Ses mœurs sont très-curieuses : vivant au milieu du sable ou de la vase, il se creuse, à l'aide de ses nageoires, une cavité dans laquelle il s'enterre, ne laissant sortir que les parties supérieures de son corps. Le tentacule placé à l'extrémité du premier rayon de sa nageoire dorsale, qu'il remue sans cesse, lui sert d'appât, et il se jette avec voracité sur les poissons qui ont le malheur de l'approcher. Il se nourrit principalement de Chabots et de Carrelets.

Malgré l'aspect repoussant du poisson, sa chair est très-agréable.

## BAUDROIE BUDEGASSE.

*Lophius budegassa*...... Spinola, *Ann. mus.*, 1807, p. 376. — Risso, *Europ. mérid.*, t. III, p. 170. — Bonap., *Faun. Ital.* — Bonap., *Cat. poiss. Europ.*, p. 70. — Gunth., *Cat. acanth.*, t. III, p. 180

*Lophius piscatorius, var.* Risso, *Ichth. Nice*, p. 48. — Cuv. et Valenc., t. XII, p. 372.

*Lophius parvipinnis*..... Cuv., *Règn. Anim.*

*Martino, Budego*, Italie.

Cette espèce, peu différente de la précédente et qui n'en serait peut-être qu'une simple variété, est d'une couleur plus claire. Les rayons de sa seconde nageoire dorsale sont moins nombreux que chez la Baudroie commune et ceux de la première sont sensiblement plus courts. Les épines latérales de la tête sont aussi plus marquées. Comme la précédente espèce, elle est assez commune dans la Méditerranée et sa chair est très-estimée.

Les Niçois la nomment *Gianelli*, les Toscans *Boldro buono*.

# FAMILLE DES LABROÏDES.

## *LABRIDÆ.*

La famille des Labroïdes, dont les représentants sont très-nombreux dans les mers des régions tropicales et tempérées, deviennent au contraire plus rares à mesure qu'on approche vers le nord.

Ces poissons sont reconnaissables à leur corps oblong ou allongé et recouvert d'écailles cycloïdes plus ou moins grandes.

Leur nageoire dorsale est unique et composée d'une portion épineuse suivie d'une portion molle.

La tête, plus ou moins allongée, est recouverte d'écailles sur es parties latérales dans certains genres, et lisse dans d'autres. Leur museau est pourvu de lèvres en général assez épaisses.

Leurs mâchoires sont armées de dents coniques assez fortes, disposées sur une ou plusieurs rangées et doublées quelquefois, en arrière, par une bande de dents tuberculeuses. Quelques espèces présentent une dent canine à l'extrémité postérieure de l'intermaxillaire et quelquefois aux deux mâchoires.

Leurs pharyngiens sont aussi armés de dents.

Leurs rayons branchiostéges sont au nombre de cinq ou six.

Ils ont une vessie natatoire, et leurs cœcums pyloriques sont au nombre de deux, quand ils existent.

---

## GENRE LABRE.

*Labrus*, Linné.

Corps oblong, comprimé et recouvert d'écailles de grandeur variable.

Tête assez allongée, museau plus ou moins pointu et pourvu de lèvres épaisses.

Joues et pièces operculaires recouvertes d'écailles.

Préopercules et opercules lisses et sans dentelures. Mâchoires pourvues de dents coniques disposées sur une seule rangée; celles de la portion moyenne sont les plus longues.

Rayons épineux de l'anale au nombre de trois.

### Pl. 92. — LABRE VARIÉ.

*Labrus mixtus*......... Lin., *Syst. nat.* (mâle), t. I, p. 479.—Lacép., t. III, p. 436. Risso, *Ichth. Nice*, p. 222. — Cuv. et Valenc., t. XIII, p. 43. — Yarr., *Brit. fish.*, t. I, p. 281. — Bonap., *Cat. poiss. Europ.*, p. 82. — Guich., *Expl. Alg.*, p. 83. — Gunth., *Cat. acanth.*, t. IV, p. 74.
*Labrus cœruleus*........ Ascan., *Ichth.*, pl. 74.
*Labrus ossiphagus*..... Lin., *Syst. nat.*, t. I, p. 478. — Bloch, *Schn.*, p. 268. — Lacép., t. III, p. 440.
*Labrus variegatus*...... Lin., Gm., t. I, p. 1294. — Lacép., t. III, p. 442. — Risso, *Ichth.*, *Nice*, p. 229.
*Labrus coquus*.......... Lacép., t. III, p. 443.
*Labrus vetula*......... Bloch, pl. 284. — Lacép., t. III, p. 447.
*Labrus pavo*........... Risso, *Europ. mérid.*, t. III, p. 299.
*Labrus lineatus*......... Risso, *Ichth*, *Nice*, p. 220, femelle.
*Labrus carneus*........ Ascan., *Ichth.*, pl. 13. — Bloch, pl. 289. — Bloch, *Schn.*, *Syst.*, p. 249.
*Labrus trimaculatus*... Lin., *Gm.*, t. I, p. 1294.—Lacép., t. II, p. 488.— Risso, *Ichth.*, *Nice*, p. 219. — Cuv. et Valenc., t. III, p. 58. — Yarr., *Brit. fish.*, t, I, p. 286. — Guich., *Expl. Alg.*, p. 83.

*Cook*, *Blue-striped wrasse*, *Three-spotted wras*, Angleterre. — *Blaastack*, Suède. — *Rother Lippfisch*, *Seeweib*, Allemagne.

Le Labre varié se prend en abondance sur toutes les côtes de l'Europe. C'est un poisson fort remarquable par ses couleurs et la femelle diffère tellement du mâle, qu'on l'a souvent décrite, comme formant une espèce distincte, sous le nom de Labre triple tache.

Le Labre varié se plaît dans le voisinage des côtes au milieu des rochers et des végétaux aquatiques. Il se nourrit de petits crustacés et de vers.

Il porte différents noms sur nos côtes ; à Nice on le nomme *Verdon, Tenco ;* sur les plages du Languedoc on l'appelle *Roucaou, Roussignoou :* c'est le *Couinet,* la *Coquette* des Bretons.

Le corps de ce poisson, oblong et comprimé, est recouvert d'écailles relativement petites, dont la longueur l'emporte sur la hauteur.

La tête est allongée et comprimée latéralement, les joues et les pièces operculaires, sauf le préopercule, sont recouverts d'écailles. Le museau, pourvu de lèvres épaisses et extensibles, a ses mâchoires armées de dents assez fortes et coniques, disposées sur une seule rangée ; celles du maxillaire inférieur sont plus petites que celles de la mâchoire supérieure, et celles qui occupent soit la portion antérieure de l'incisif, soit la portion symphysaire du maxillaire inférieur, sont les plus longues. Il y a aussi de ces organes sur les pharyngiens.

La nageoire dorsale, très-longue, commence au-dessus de l'insertion de la nageoire pectorale. Elle est formée d'une portion épineuse, plus basse que la région molle, et composée de seize à dix-huit rayons. Sa portion molle en a quatorze.

Les pectorales, courtes et arrondies, ont seize rayons.

Les ventrales, insérées un peu en arrière des pectorales, sont petites et n'ont qu'un rayon épineux suivi de cinq rayons mous.

L'anale, opposée à la partie molle de la dorsale, est courte, et n'a que trois rayons épineux suivis de onze rayons mous. Elle est moins haute que la dorsale.

La caudale, arrondie, a quinze rayons.

Les couleurs de cette espèce sont tellement variables, que les descriptions qu'en donnent les auteurs coïncident rarement entre elles.

On peut dire cependant que le mâle est généralement d'un jaune orangé, foncé sur le dos, plus clair sur les flancs et surtout dans la région ventrale. La tête et la portion antérieure de la région dorsale sont d'un bleu verdâtre, quelquefois même d'un brun violacé. On remarque sur la tête, les opercules et les parties latérales du corps, de larges bandes bleuâtres.

L'œil est rouge, ou rouge orangé.

La dorsale a sa portion antérieure bleuâtre, le reste de son étendue est de couleur orange et bordée en arrière d'un fin liséré bleu.

La caudale, quelquefois bleue sur toutes ses parties, est ordinairement jaune sur sa partie centrale et ses extrémités sont bleuâtres. Les autres nageoires sont orangées et quelquefois bordées de bleu.

La femelle, qui diffère beaucoup du mâle comme coloration, est généralement d'un rouge plus ou moins pâle, qui tourne au rose sur les flancs et devient tout à fait blanc vers la région ventrale.

A la base de la portion molle de la dorsale, on remarque trois larges taches noires bientôt suivies d'une quatrième placée dans la région caudale ; les parties du corps situées entre ces taches, qui s'étendent souvent sur la dorsale qui est rouge, sont ordinairement très-claires. Les autres nageoires sont rouges et bordées d'un liséré de couleur bleu pâle.

## Pl. 93. — VIEILLE COMMUNE.

*Labrus bergylta*........ Ascan., *Icon.*, pl. I. — Cuv. et Valenc., t. XIII, p. 20. — Yarr., *Brit. fish.*, t. I, p. 275. — Bonap., *Cat. poiss. Europ.*, p. 82.
*Labrus maculatus*...... Bloch, t. VI, p. 17, pl. 294. — Bloch, *Schn.*, p. 250. — Gunth., *Cat. acanth.*, t. IV, p. 70.
*Labrus balan*.......... Penn, *Brit. zool.*, pl. 55. — Bloch, *Schn.*, p. 252. — Lacép., t. III, p. 513.
*Labrus tinca*.......... Donov., *Brit. fish.*, t. IV, p. 83.
*Labrus cornubiensis*.... Couch, *Trans.*, Lin., *Soc.*, t. XIV, p. 80.

*Ballan wrasse*, Angleterre.

*Vieille, Vieille rouge, Vieille jaune, Perroquet de mer,* tels sont les noms que les pêcheurs donnent à ce poisson sur différents points de nos côtes.

Le corps de la Vieille commune, plus haut que celui de l'espèce précédente, a la forme d'un ovale très-allongé ; sa plus grande hauteur se trouve au niveau de l'insertion des pectorales. Il est revêtu d'écailles assez grandes dont la hauteur égale deux fois la longueur environ.

La tête est allongée, le museau très apparent, et la ligne supérieure du crâne va insensiblement se réunir à celle du dos. Les lèvres sont épaisses. Le maxillaire supérieur, très-court, est caché en partie par le sous-orbitaire. Les deux mâchoires sont à peu près égales et armées de dents coniques et fortes, surtout à leur portion antérieure. En arrière de la rangée externe, on en aperçoit de plus petites. Les parties latérales de la tête sont recouvertes d'écailles.

La nageoire dorsale, basse dans sa région épineuse, se relève brusquement dans sa région molle, dont le bord postérieur est arrondi. Elle est formée de dix-neuf à vingt et un rayons osseux suivis de dix à onze mous. Les pectorales, larges et arrondies, ont quinze rayons. Les ventrales, petites, insérées en arrière et au-dessous des pectorales, ont six rayons, dont un épineux. L'anale, qui naît sous les derniers rayons épineux de la dorsale, a trois rayons osseux et huit ou neuf mous; enfin la caudale, bien développée et arrondie sur son bord libre, en a seize. Le nombre des rayons qui constitue ces nageoires n'est pas constant, surtout celui des dorsales.

Les couleurs de la Vieille sont très-variables : elles sont tantôt d'un gris bleuâtre, tantôt d'un rouge brun plus ou moins foncé, ou d'un bleu à reflets verdâtres sur le dos; les flancs sont plus clairs. Tout le corps est parsemé de taches jaune-orangé. La tête est d'un bleu verdâtre sur ses parties supérieures, les lèvres sont vert-jaunâtre, les joues brun-clair et l'œil rose.

Les nageoires sont d'un brun plus ou moins foncé et lavé de vert, elles sont souvent mouchetées de tâches claires assez semblables à celles du corps.

Ce poisson atteint la taille de 30 à 35 centimètres.

## LABRE TOURD.

*Exocetus*........ Rondel., t. VI, c. 15, p. 193.
*Labrus turdus*... Linn., *Syst. nat.*, t. I, p. 478. — Bloch, *Schn.*, p. 257. — Risso, *Ichth. Nice*, p. 278. — Id. *Europ. mérid.*, t. III, p, 303. — Cuv. et Valenc., t. XIII, p. 62. — Guich., *Expl. Alg.*, p. 84. — Bonap., *Cat. poiss. Europ.*, p. 82. — Gunth., *Catalog. acanth.*, t. IV, p. 71.
*Labrus viridis*... Linn., *Syst. nat.*, t, I, p. 478. — Risso, *Ichth. Nice*, p. 221.
*Labrus psitacus*.. Lacép., t, III, p. 501.

*Lupo*, Italie. — *Turdu*, Sardaigne.

Très-commun sur nos côtes méditerranéennes, le Labre tourd y porte plusieurs noms parmi lesquels nous citerons ceux de *Parouquet*, de *Roucaou* et de *Sero*.

Son corps est proportionellement plus allongé que celui de la Vieille et sa tête est aussi moins courte. La lèvre supérieure, épaisse, présente sept plis obliques; l'inférieure, lisse, est aplatie en avant, plus épaisse sur les côtés. Les dents sont au nombre de sept à la mâchoire supérieure et de dix ou douze à l'inférieure.

Les couleurs de ce poisson sont sujettes à de grandes variations. Le corps est généralement grisâtre, les flancs sont parcourus par une bande longitudinale argentée qui présente un petit liséré blanc sur la tête. Le poisson est quelquefois de couleur verdâtre, larvée de jaune, et ses nageoires, qui présentent une coloration semblable, n'ont jamais de taches. Les parties supérieures et inférieures du corps présentent souvent de petits points nacrés.

## LABRE PARÉ.

*Labrus estivus.* Risso, *Europ. mérid.*, t. III, p. 304. — Cuv. Valenc., t. XIII, p. 71. — Bonap., *Cat. poiss. Europ.*, p. 82. — Gunth., *Cat. acanth.*, t. IV, p. 72.

Autre espèce méditerranéenne, qui a beaucoup d'analogie avec le Labre tourd et qui ne s'en distingue que par un corps un peu moins élevé. Ses couleurs, qui sont aussi très-variables, diffèrent de celles du Labre tourd. Son corps, dont les parties supérieures sont d'un vert mêlé de rouge-orangé, a les flancs de même couleur, mais plus claire, le ventre blanc. Les parties latérales de la tête et du corps sont parcourues par une bande argentée, bleuâtre, ou rouge suivant les sujets ; le ventre est marqué de points nacrés.

Les nageoires, dont le fond est verdâtre ou bleuâtre, présentent toutes une couleur rouge. L'anale a souvent une bande violette à son bord libre.

Cette espèce est aussi abondante que la précédente.

## LABRE MERLE.

*Merula* .......... Aldrov. t. I, c. 6, p. 35. — Rondel., t. VI, c. 5, p. 172.
*Labrus niger*..... Willug., p. 320.
*Labrus merula*.... Linn., *Syst. nat.*, t. I, p. 480. — Cuv. et Valenc., t. XIII, p. 80.— Cuv., *Règne anim.*, ill., pl. 86, fig. 1. — Bonap., *Cat. poiss. Europ.*, p. 82. — Gunth., *Cat. acanth.*, t. IV, p. 72.
*Labrus virens*..... Brunn., *Pisc. Mass.*, p. 53.

*Labrus ossifagus*.. Risso, *Icht. Nice*, p. 223.
*Labrus lividus*.... Cuv. Valenc., t. XIII, p. 87.
*Labrus limbatus*.. Cuv. Valenc., t. XIII, p. 89.

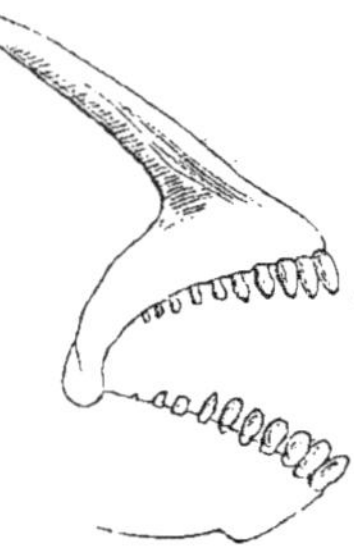

Fig. 27. — DENTITION DU LABRE MERLE. (*Labrus merula*.) Mâchoires vues de profil.

Le Labre merle a le corps oblong et épais. Ce poisson est commun sur nos côtes méditerranéennes, surtout aux environs de Nice et dans le voisinage des plages du Languedoc. Son corps, d'un brun plus ou moins foncé est parsemé de taches noirâtres, et présente de distance en distance de petits points violacés. Les nageoires sont d'une couleur à peu près semblable à celle du corps, et on y remarque aussi des petits points d'un bleu violacé.

Comme dans les autres espèces, les mâchoires sont ornées de fortes dents coniques, disposées sur une seule rangée.

## GENRE CRÉNILABRE.

*Crenilabrus*, CUVIER.

Ce genre, qui est très-voisin de celui des Labres, a été établi par Cuvier sur la forme de l'opercule qui est denticulé sur son bord libre; mais ce caractère se retrouvant chez les jeunes Labres ne suffirait pas pour en faire un genre distinct, s'il n'en existait d'autres d'une importance réelle, résidant principalement dans le nombre des écailles, et dans la non-interruption de la ligne latérale.

### Pl. 94. — CRÉNILABRE MÉLOPE.

*Labrus melops*.......... Linn. *Syst. nat.*, t. I, p. 477. — Bloch, *Schn.*, p. 261. — Lacép., t. 111, p. 435.
*Labrus tinca*........... Turton, *Brit. Faun.*, p. 88.
*Labrus rone*........... Lacép., t. III, p, 437.

*Labrus gibbus*......... Lin., Gm., p. 1295. — Bloch, *Schn.*, p. 261. — Lacép. t. IV, p. 219.
*Labrus norwegicus*...... Bloch, *Schn.*, 254.
*Lutjanus norwegicus*. .. Bloch, pl. 256.
*Lutjanus melops*........ Risso, *Ichth. Nice*, p. 265.
*Crenilabrus tinca*....... Yarr., *Brit. Fish.*, t. I, p. 293.
*Crenilabrus rone*........ Cuv., Valenc., t. XIII, p. 172.
*Crenilabrus gibbus*...... Cuv., Valenc., t. XIII, p. 175. — Yarr., *Brit. fish.*, t. I, p. 298.
*Crenilabrus melops*..... Risso, *Europ. mérid.*, t. III, p. 318. — Yarr., *Brit. fish.*, t. I, p. 235. — Bonap., *Cat. poiss. Eur.*, — p. 83. — Guich., *Expl. Alg.*, p. 85. — Gunth., *Cat. acanth.*, t. IV, p. 80.
*Crenilabrus cornubicus*. Yarr., *Brit. fish.*, 3e édit., t. I, p. 504.

*Corkwing, Connor, Golden Maid, Gilt Head*, Angleterre.

Le Crénilabre mélope, que l'on rencontre sur toutes les côtes de l'Europe, est assez commun sur celles de la Méditerranée. Les pêcheurs des côtes languedociennes le nomment généralement Clavieïra.

Son corps, de forme oblongue et comprimé dans sa région ventrale, est recouvert d'écailles assez grandes, minces et striées.

La ligne latérale, plus rapprochée du dos que du ventre, est flexueuse. La tête, dont la ligne supérieure est irrégulière, se termine en avant par un museau protractile, dont les lèvres sont assez épaisses. La bouche est grande et les mâchoires, sensiblement égales, sont armées de dents coniques, peu nombreuses et disposées sur une seule rangée.

Le préopercule est dentelé sur son bord : c'est là un des principaux caractères qui ont conduit Cuvier à faire de ces poissons un genre distinct sous le nom Crénilabre. Les joues et les pièces operculaires sont recouvertes d'écailles.

La nageoire dorsale, qui occupe les deux tiers de la courbure supérieure du corps, est assez haute, principalement dans sa partie molle. Elle compte seize rayons épineux et neuf rayons mous.

Les pectorales ont quatorze rayons ; les ventrales un rayon épineux et cinq rayons mous ; l'anale trois rayons osseux et neuf branchus ; la caudale, un peu arrondie sur son bord, a treize rayons.

Les couleurs de ce poisson sont très-variables. Généralement il se présente avec un dos de couleur jaune-verdâtre plus ou moins foncé ; ses flancs sont plus clairs, son ventre a des reflets d'un jaune orangé. On remarque en outre sur le dos et les flancs des bandes plus ou moins apparentes de couleur brune. Sur les côtés de la région caudale et près de la termination de la ligne latérale, se voit une tache noire; il en existe souvent une semblable en arrière de l'œil. Quant aux parties latérales de la tête, on y remarque de nombreuses bandes vertes entremelées de bandes plus foncées, généralement de couleur marron; on y voit aussi quelques points rougeâtres.

Les nageoires dorsale, caudale et ventrale sont d'un gris verdâtre lavé de jaune orangé. Les pectorales et l'anale sont d'un rouge jaunâtre sillonné quelquefois de stries de couleur bleue.

## Pl. 95. — CRÉNILABRE DE BAILLON.

*Crenilabrus baillonii*... Cuv., Valenc., t. XIII, p. 191, pl. 373. — Cuv., *Règ. anim.*, ill., pl. 87, fig. 3. — Bonap., *Cat. poiss. Europ.*, p. 83. — Gunth., *Cat. acanth.*, t. IV, p. 84.

Ce Crénilabre, qui habite l'Océan, la Manche et la mer du Nord, est cité par Bonaparte dans son catalogue des poissons d'Europe, comme se trouvant aussi dans la Méditerranée et dans la mer Noire. Il atteint une taille supérieure à celle des autres espèces, et son corps est assez élevé. Sa tête, relativement courte, a sa ligne supérieure assez oblique; son museau est court et sa bouche peu fendue. Les mâchoires, à peu près égales, sont armées d'une seule rangée de dents.

Le corps et les parties latérales de la tête de ce poisson sont recouverts d'écailles assez grandes.

La nageoire dorsale, qui commence au-dessus et un peu en avant de l'insertion des pectorales, est formée de quatorze rayons osseux, qui vont en croissant à partir du premier et sont suivis de dix rayons mous. Cette seconde portion de la nageoire est plus élevée que la première, et elle est très-arrondie à son bord postéro-supérieur.

L'anale, placée au-dessous de la portion molle de la dorsale, a trois rayons piquants et dix rayons branchus.

Les pectorales, les ventrales et la caudale, bien développées, ne présentent rien de particulier à noter.

Comme cela a lieu chez presque tous les poissons de la famille des Labroïdes, les couleurs de cette espèce sont sujettes à de nombreuses variations. Le dos est tantôt brun-foncé, tantôt gris-bleuâtre avec des reflets violets. Les flancs, d'un marron plus ou moins clair, sont, chez l'individu que nous reproduisons ici, marqués de taches noires, qui s'étendent sur le dos et sur le ventre; cette dernière région est plus claire que les autres parties du corps. Les taches qu'on remarque sur différents points, sont quelquefois disposées en séries longitudinales, et d'une couleur jaune plus ou moins foncée.

Les parties supérieures de la tête sont en général assez en rapport comme coloration avec celles du dos; quant aux joues et aux pièces operculaires, elles portent des bandes obliques d'un jaune orangé ou d'un jaune roux et ont aussi des taches jaunes ou noir-bleuâtre semblables à celles du corps.

La couleur des différentes nageoires varie aussi considérablement suivant les sujets; notre planche les montre un peu plus claires que le fond général du corps; la dorsale et l'anale sont plus foncées, les ventrales sont lavées de jaune. Les pectorales ont trois bandes transversales jaunâtres, ainsi que la nageoire caudale.

## CRÉNILABRE MÉDITERRANÉEN.

*Perca mediterranea* ..... Linn., *Syst. nat.*, t. 1, p. 485.
*Labrus* ............... Brunn., *Pisc. mass.*, p. 56.
*Labrus unimaculatus* ..... Brunn., *Pisc. mass.*, p. 57.
*Labrus mediterraneus*. .. Bloch, *Schn.*, p. 255.
*Lutjanus massiliensis* ..... Lacép., t. IV, p. 222.
*Lutjanus mediterraneus* ... Lacép., t. IV, p. 226. — Risso, *Icht. Nice*, p. 272.
*Crenilabrus boryanus* ..... Risso, *Europ. mérid.*, t. III, p. 320. — Cuv., Valenc., t. XIII, p. 189.
*Crenilabrus nigrescens*. .. Risso, *Europ. mérid.*, t. III, p. 320.
*Crenilabrus Brunnichii*... Cuv., Valenc., t. XIII, p. 183.
*Crenilabrus mediterraneus*. Cuv., Valenc., t. XIII, p. 186. — Bonap., *Cat. poiss. Europ.*, p. 83. — Guich., *Expl. Alg.*, p. 86. — Gunth., *Cat. acanth.*, t. IV, p. 79.

*Toccali*, Italie, Sardaigne.

Espèce assez commune dans la Méditerranée, et que l'on prend quelquefois aux environs de Madère. Elle se distingue des précédentes par des dents plus saillantes au maxillaire inférieur. Son corps, teinté de jaune, est parsemé de taches rougeâtres. Son dos, plus foncé, porte des bandes longitudinales de couleur bleue. Les parties supérieures et latérales de la tête sont rouges et parcourues de bandes bleues. Les nageoires sont bleues et leur base teintée de rouge. Les pectorales présentent une tache noire à leur base.

### CRÉNILABRE PETITE TANCHE.

*Labrus tinca*..... Brunn., *Pisc. mass.* — Bloch, *Schn.*, p. 256.
*Lutjanus tinca*.... Risso, *Ichth. Nice*, p. 270.
*Crenilabrus tinca*. Risso, *Europ. mérid.*, t. III, p. 315. — Cuv., Valenc., t. XIII, p. 199. — Guich., *Expl. Alg.*, p. 87. — Gunth, *Cat. acanth.*, t. IV, p. 86.

Espèce propre à la Méditerranée, dont le corps est épais, le museau renflé et les lèvres épaisses. Les couleurs de ce poisson sont très-belles. Son corps est rouge sur les parties supérieures, les flancs sont roses et le ventre d'un beau blanc à reflets rosés.

Tout le corps, depuis le bout du museau jusqu'à la base de la caudale, est parcouru sur les côtés par une bande brune ou bleu-foncé. On voit aussi une bande de même couleur sur les parties supérieures de la tête et tout le long du dos. Le ventre présente une série de points de même couleur que ces bandes.

Les nageoires sont d'une couleur orangée à leur base; la dorsale est bordée de bleu.

Citons encore parmi les plus belles espèces méditerranéennes qui fréquentent nos côtes :

1° Le *Crénilabre ocellé*, qui a une belle tache brun noir bordée de rouge sur son opercule. Son corps est brunâtre, rayé de bleu, et ses nageoires portent des taches de même couleur.

2° Le *Crénilabre massa*, dont la couleur est rougeâtre. Ses flancs sont marqués de points bleus et il porte de chaque côté de la queue deux belles taches de même couleur.

---

## GENRE ACANTHOLABRE.

*Acantholabrus*, Cuvier.

Corps oblong, un peu comprimé et recouvert d'écailles assez grandes, que l'on retrouve également sur les joues et les pièces operculaires.

Dents régulières et de forme conique, disposées sur une bande. Celles de la rangée externe plus longues que les autres.

Ligne latérale sans interruption.

Rayons de la nageoire anale supérieurs à trois.

## Pl. 96. — ACANTHOLABRE DE COUCH.

*Labrus luscus*........ Couch, *Brit. fish.*, t. III, p. 38.
*Crenilabrus luscus*.... Yarr., *Brit. fish.*, t. I, p. 300.
*Acantholabrus Couchii.* Cuv., Valenc., t. XIII, p. 248. — Yarr., *Brit. fish.*, 2e éd., t. I, p. 337. — Bonap., *Cat. poiss. Europ.*, p. 85. — Gunth., *Cat. acanth.*, t. IV, p. 92.

*Scal-rayed wrass*, Angleterre.

L'Acantholabre de Couch fréquente la Manche et les régions voisines de l'océan Atlantique. On le prend assez rarement sur les côtes d'Anglèterre, et il a été dédié par Valenciennes à l'ichthyologiste anglais dont il porte le nom.

Ce poisson a le corps allongé et comprimé. Sa tête est longue, ses lèvres très-épaisses et ses mâchoires garnies de dents nombreuses, disposées sur une bande assez large. Celles de la rangée externe sont plus fortes et plus proéminentes que les autres.

L'œil, de grandeur moyenne, a son iris bleuâtre.

Les joues et les opercules sont recouverts d'écailles. Le préopercule est denticulé sur son bord libre.

Les écailles qui recouvrent le corps sont grandes.

La ligne latérale qui suit la courbure du dos s'infléchit brusquement en approchant de la région caudale, où elle devient horizontale.

La nageoire dorsale, assez longue, a sa partie épineuse formée de vingt et un rayons, à peu près d'égale hauteur dont les deux premiers sont les plus courts. Sa portion molle, plus élevée et arrondie, n'a que huit rayons.

Les pectorales ont quatorze rayons.

Les ventrales, un rayon épineux et cinq rayons mous.

L'anale, courte, a six rayons osseux et huit rayons mous plus élevés que les premiers.

La caudale, courte, a quinze rayons.

Le corps de ce poisson est d'un brun assez foncé sur le dos, plus clair sur les flancs. Le ventre est quelquefois jaunâtre.

Les nageoires sont d'un jaune plus ou moins foncé. On remarque à la base de la nageoire caudale, et au-dessus de son insertion, une large tache noire.

## ACANTHOLABRE PALLONI.

*Lutjanus Palloni*...... Risso, *Ichth. Nice*, p. 263.
*Crenilabrus exoletus*.. Risso, *Europ. mérid.*, t. III, p. 319.
*Acantholabrus Palloni*. Cuv., Valenc., t. XIII, p. 243, pl. 375. — Bonap., *Cat. poiss. Europ.*, p. 85. — Gunth., *Cat. acanth.*, t. IV, p. 91.

Cette espèce que l'on prend dans la Méditerranée, l'Océan et la Manche, a le corps oblong, et sa hauteur est égale au quart de la longueur totale.

Son museau est arrondi, ses lèvres peu épaisses et ses mâchoires égales. Ses dents sont crochues, plus longues à la partie antérieure des mâchoires, surtout à la supérieure.

La formule des rayons des nageoires est la suivante:

D. 20+9. — P. 15. — V. 1+5. — A. 5+8. — C. 15.

La ligne latérale qui part du bord supérieur de l'opercule, décrit une courbe en se rapprochant du dos, puis au niveau de la terminaison de la dorsale, elle se place sur le milieu de la hauteur de la région caudale pour devenir rectiligne jusqu'à la fin de son trajet.

Les parties supérieures du dos et de la tête du poisson sont bleuâtres avec des reflets métalliques; les flancs sont roses, le ventre est blanc. La nageoire dorsale présente une coloration vert-jaunâtre; les pectorales sont jaune-orangé avec leur bord teinté de bleu; les ventrales présentent la même coloration, mais plus pâle et quelquefois presque rose. L'anale est d'un blanc à reflets bleus; la caudale, d'un vert plus ou moins foncé, présente à sa base une grande tache noire.

## GENRE CENTROLABRE.

*Centrolabrus*, Gunther.

Les poissons qui composent ce genre ont à peu près les mêmes caractères que les Acantholabres; ils s'en distinguent cependant par leurs dents, qui, au lieu de former une bande sur les deux mâchoires, sont disposées sur une seule rangée, comme chez les véritables Labres.

### Pl. 97. — CENTROLABRE DU NORD.

*Labrus exoletus*.......... Linn., *Syst. nat.*, t. I, p. 479. — Fabr., *Faun. Groen.*, p. 166. — Bloch, *Schn.*, p. 260.
*Labrus pentacanthus*....... Lacép., t. III, p. 503.
*Acantholabrus exoletus*... Cuv., Valenc., t. XIII, p. 247. — Yarr., *Brit. fish*, t. I, p. 518. — Bonap., *Cat. poiss. Europ.*, p. 85.
*Acantholabrus microstoma*. Cuv., Valenc., t, XIII, p. 250.
*Centrolabrus exoletus*..... Gunth., *Cat. acanth.*, t. IV, p. 92.

*Rock Cook*, Angleterre. — *Blaastaal*, Norwége. — *Keblernak*, Groënland.

Ce poisson, que l'on prend sur les côtes nord de l'Europe et sur celles du Groënland, ne dépasse guère 10 ou 15 centimètres en longueur. Il a le corps assez haut recouvert de grandes écailles. Sa tête est petite, renflée dans sa région inter-orbitaire; ses lèvres sont charnues. Ses mâchoires sont armées de dents coniques disposées sur une seule rangée. L'œil est grand. Les joues et leurs pièces operculaires sont recouvertes d'écailles.

La nageoire dorsale, peu élevée et à peu près de même hauteur sur toute son étendue, a de dix-huit à vingt rayons piquants et six rayons mous. Les pectorales ont treize rayons; les ventrales, assez développées, en ont six; l'anale a cinq rayons osseux et sept mous. Enfin la caudale, courte et légèrement convexe à son bord libre, a treize rayons.

L'Acantholabre du nord a les parties supérieures du corps d'un brun rougeâtre; ses flancs sont plus clairs et son ventre gris-jaunâtre.

Les parties latérales de la tête présentent de petites bandes bleues qu'on retrouverait suivant certains auteurs sur d'autres parties du corps.

Les nageoires sont de même nuance brun-rouge que le corps; on remarque une tache foncée dans la région caudale, un peu en arrière de la terminaison de la nageoire dorsale.

Ce genre renferme encore deux espèces que l'on prend dans l'océan Atlantique, mais loin des côtes de l'Europe, près des îles Canaries. Ce sont : le *Centrolabrus trutta,* et le *Centrolabrus romeritus,* mais nous n'avons pas à en donner ici la description.

## GENRE CTÉNOLABRE.

*Ctenolabrus*, VALENCIENNES.

Corps oblong, comprimé et recouvert d'écailles assez grandes.

Tête écailleuse sur ses parties latérales.

Préopercule finement dentelé.

Dents disposées sur une bande étroite aux deux mâchoires. Celles de la rangée externe sont les plus fortes.

Rayons osseux de l'anale au nombre de trois.

Ligne latérale non interrompue.

### Pl. 98. — CTÉNOLABRE DES ROCHES.

*Labrus rupestris*...... Linn., *Syst. nat.*, t. I, p. 478. — Bloch, *Schn.*, p. 248.
*Perca rupestris*....... Mull., *Zool. Dan.*, t. III, p. 44, pl. 107.
*Sparus carudse*....... Lacép., t. IV, p. 148.

*Ctenolabrus rupestris.* Cuv., Valenc., t. XIII, p. 223. — Yarr., *Brit. Fish.*, t. I, p. 509, 3e édit. — Bonap., *Cat. poiss. Europ.*, p. 85. — Guich, *Expl. alg.*, p. 88. — Gunth., *Cat. acanth.*, t. IV, p. 89.

*Jago's Goldsinny*, Angleterre. — *Raatte, Berg-Neppe, Soë-Karudse.* Danemark.

Le Cténolabre des roches est un beau poisson que l'on prend sur toutes les côtes de l'Europe. Il fréquente de préférence les points du littoral semés d'écueils et à fond rocailleux. Sa forme est celle de tous les Labres, c'est-à-dire que son corps est oblong, comprimé et recouvert d'écailles assez grandes.

Sa tête, dont la longueur est un peu supérieure au tiers de celle du corps, a sa bouche peu fendue, et les maxillaires sensiblement égaux. Les dents sont disposées sur une bande étroite aux deux mâchoires, celles de la rangée externe sont les plus fortes, et celles de la portion antérieure, beaucoup plus allongées que toutes les autres.

Le préopercule est finement dentelé sur son bord libre.

Les joues et les pièces operculaires sont recouvertes d'écailles plus petites que celles qui protégent le corps.

L'œil est grand; les lèvres sont assez épaisses.

La ligne latérale, très-rapprochée du dos, lui est parallèle; elle devient horizontale dans la région caudale.

La nageoire dorsale, qui commence un peu en arrière des pectorales, a dix-sept rayons épineux, suivis de neuf ou dix rayons mous. La portion molle de cette nageoire est un peu plus élevée que la région épineuse.

Les pectorales, assez larges, sont arrondies sur leur bord libre.

Les ventrales ont un rayon épineux et cinq rayons mous.

L'anale a trois rayons piquants suivis de huit rayons mous beaucoup plus élevés.

La caudale, arrondie sur son bord libre, a quinze rayons. Sa base est écailleuse.

Ce poisson a des couleurs assez harmonieuses : les parties supérieures de son corps sont d'un brun rougeâtre, quelquefois violacé; les parties latérales de sa tête sont rouges, ses opercules sont jaune-orangé. Les flancs, plus clairs que le dos, ont des reflets jaunâtres et sont parcourus par des bandes longitudinales d'un vert clair; le ventre est blanc. Mais ces couleurs varient beaucoup, suivant les sujets et l'époque de l'année où on les prend. Signalons, en outre, une large tache noire qui occupe la partie antérieure de la nageoire dorsale, et une tache de même couleur dans la partie postérieure et supérieure de la région caudale.

La taille du Cténolabre des roches dépasse rarement 15 centimètres.

## CTÉNOLABRE BORDÉ.

*Ctenolabrus marginatus.* Cuv., Valenc., t. XIII, p. 232.—Bonap., *Cat. poiss. Europ.*, p. 85. — Gunth., *Cat. acanth.*, t. IV, p. 89.

Ce poisson, que l'on prend assez souvent dans la Méditerranée, a le corps oblong, comprimé et recouvert d'écailles courtes et larges. Ses couleurs sont à peu près semblables à celles de l'espèce précédente, mais elles sont plus claires, et le corps ne présente point les raies ou les marbrures que nous avons trouvées chez le Cténolabre des roches. Comme ce dernier poisson, il présente une tache noire à la partie antérieure de la dorsale, mais elle est plus large; nous en retrouvons également une de chaque côté de la portion supérieure et postérieure de la région caudale. L'anale est bordée de noir. La longueur de cette espèce ne dépasse guère 10 ou 12 centimètres.

La Méditerranée possède encore un autre Cténolabre, le *Cténolabre iris,* qui présente une tache noire sur les premiers rayons mous de sa dorsale, et une seconde tache de même couleur au milieu et sur le bord de sa nageoire caudale. Nous le retrouvons également dans l'Océan, aux environs de Madère.

## GENRE JULIS.

*Julis*, Cuvier.

Corps comprimé, de forme oblongue, et recouvert d'écailles plus petites que dans les genres précédents.

Tête dépourvue d'écailles.

Mâchoires armées d'une rangée de dents coniques, plus fortes en avant, et terminée de chaque côté par une dent caniniforme, qui manque chez certaines espèces, soit aux deux mâchoires, soit à la mâchoire inférieure seulement. En arrière de cette rangée d'organes se trouve une bande de dents tuberculeuses.

Nageoire dorsale pourvue de huit ou neuf rayons épineux.

Ligne latérale non interrompue.

### Pl. 99. — GIRELLE COMMUNE.

*Lulis*............. Rondel., t. VI, p. 180.
*Jabrus julis*....... Linn., *Syst. nat.*, t. I, p. 476. — Bloch., pl. 287, fig. 1. — Bloch, *Schn.*, p. 247. — Lacép., t. III, p. 493. — Risso, *Ichth. Nice*, p. 227.
*Julis mediterranea*. Risso, *Eur. mérid.*, t. III, p. 309. — Yarr., *Brit. Fish.*, 2e édit., t. I, p. 344.
*Julis speciosa*...... Risso, *Eur. mérid.*, t. III, p. 311. — Cuv., Valenc., t. XIII, p. 375.
*Julis vulgaris*...... Cuv., Valenc., t. XIII, p. 361, pl. 384. — Bonap., *Faun. Ital.*, fig. 1.
*Coris julis*......... Gunth., *Cat. acanth.*, t. IV, p. 195.

*Rainbow Wrass*, Angleterre. — *Donzellina*, *Pisci de re*, Italie.

La Girelle commune est, par ses couleurs, un de nos plus beaux poissons de mer. On la prend sur toutes nos côtes d'Europe, soit dans l'Océan, soit dans la Méditerranée. Elle est surtout abondante en

Espagne, en Grèce, etc. Plus rare sur nos plages du Languedoc, ce poisson a reçu des pêcheurs de cette contrée le nom de *Tjiùla*.

Le corps de la Girelle est allongé et fusiforme; ses courbures dorsale et ventrale sont à peu près les mêmes, et il est recouvert d'écailles petites, nombreuses, minces et lisses.

La ligne latérale, qui est indiquée par une série de petits tubes, part du bord supérieur de l'opercule, se rapproche du dos, dont elle suit la courbure, puis, au-dessous de la terminaison de la nageoire dorsale, s'abaisse brusquement pour devenir horizontale dans toute la région postérieure.

La tête est contenue quatre fois dans la longueur du corps.

L'œil est assez grand.

Le museau, pointu, est pourvu de lèvres assez épaisses.

Les mâchoires sont armées en avant de quatre fortes dents recourbées en arrière, suivies de semblables organes plus courts et coniques, et enfin, derrière celles-ci, on voit une seconde rangée d'autres dents plus petites et arrondies. La dernière dent de la rangée externe de la mâchoire supérieure se distingue des autres par sa forme de canine. On ne remarque rien de semblable au maxillaire inférieur.

Les pièces operculaires sont lisses ainsi que les joues.

Toute la tête est dépourvue d'écailles.

La nageoire dorsale naît en arrière d'une verticale passant par l'insertion des pectorales; elle compte neuf rayons épineux et douze rayons mous. Le premier rayon épineux est le plus élevé.

Les pectorales, longues à leur bord supérieur, ont treize rayons.

Les ventrales sont petites et pointues; on y voit un rayon épineux et cinq rayons mous.

L'anale naît sous le onzième rayon de la dorsale; elle est opposée à la partie molle de cette nageoire et constituée par trois rayons épineux et douze rayons mous.

La caudale est faiblement arrondie et ses rayons sont au nombre de douze.

Les parties supérieures du corps de la Girelle sont d'un beau vert à reflets métalliques; certains individus ont cette région teintée de bleu. Les flancs présentent des teintes d'un bleu violacé et sont parcourus par une large bande à bords festonnés, d'un jaune plus ou moins foncé, mais le plus souvent de couleur orangée. Le ventre est argenté ou légèrement lavé de jaune. Les parties latérales de la tête présentent quelquefois la couleur bleu-violacé des flancs, mais le plus souvent elles sont d'un jaune orangé à reflets dorés.

La nageoire dorsale, bordée d'une bande jaune-orangé, passe au jaune clair, puis au violet vers sa base. On remarque sur la membrane qui unit ses premiers rayons une tache d'un bleu violet autour de laquelle se voit un cercle rouge.

L'anale, teintée de violet à sa base, devient lilas à son bord libre. Les pectorales et les ventrales sont jaunâtres. La caudale a son bord violet, les parties voisines de sa base sont d'un jaune plus ou moins foncé. Il est presque impossible de décrire d'une manière précise les couleurs de ce poisson, tant elles sont sujettes à varier.

## GIRELLE PAON.

*Labrus pavo*..... ... Hasselquist, *Voy. Palest.*, p. 389. — Lacép., t. III, p. 484.
*Julis hebraïcus*....... Risso, *Ichth. Nice*, p. 232.
*Julis turcica*......... Risso, *Europ. Mérid.*, t. III, p. 299.
*Julis pavo*........... Cuv., Valenc., t. XIII, p. 377, pl, 383. — Cuv., *Règn. anim.*, *ill.*, pl. 87, fig. 1. — Gunth., *Cat. acanth.*, t. IV, p. 179.
*Chlorichthys pavo*.... Bonap., *Cat. poiss. Europ.*, p. 86.

Cette espèce, abondante dans la Méditerranée, aussi aux environs de Madère ; son corps est allongé et relativement assez haut.

La tête est forte, le museau court et arrondi. Les dents des mâchoires sont longues à la région antérieure, celles qui garnissent les côtés sont disposées sur une seule rangée.

La formule des rayons des nageoires est la suivante :

D. 8 + 13. — P. 15. — V. 1 + 5. — A. 2 + 11. — C. 13

Le corps de ce poisson, qui est ordinairement d'une couleur verte ou brune avec des teintes jaunâtres, présente en outre des reflets dorés. On y voit des bandes verticales vertes, et chaque écaille porte une petite strie rouge. La tête offre des bandes irrégulières, grises ou bleuâtres.

La nageoire dorsale et l'anale sont parcourues par des bandes de couleur bleue, verte ou rouge. Les pectorales sont lavées de jaune, les ventrales de bleu clair, et la caudale, bleue, a ses rayons teintés de rouge.

Citons encore : 1° la *Girelle élégante* (*Julis speciosa*), assez rare dans la Méditerranée. Ce poisson, remarquable par ses couleurs, a le corps coloré en jaune ; il présente en outre des bandes verticales rouges ou violettes. Les nageoires dorsale et anale sont jaunes, les pectorales ont une tache bleue à leur base. La caudale est rouge et sa base est noire.

2° La *Girelle Giofredi* (*Julis Giofredi*), que l'on prend quelquefois sur nos côtes du Languedoc. Elle a le dos d'un beau rouge passant au jaune doré sur les flancs; son ventre est blanc. Sa dorsale est généralement rouge, ses pectorales jaune pâle, ses ventrales bleuâtres, et son anale, rouge à la base, est bordée de bleu. Enfin la caudale a des reflets jaunes ou verts sur un fond rouge.

# FAMILLE DES CENTRISCIDÉS.

## *CENTRISCIDÆ.*

Les poissons de cette famille sont répandus dans toute la Méditerranée, dans l'océan Atlantique, sur les côtes d'Afrique et d'Europe; ils ont aussi des représentants dans les mers de Chine et du Japon, et jusqu'en Australie.

Les Centriscidés ont le corps comprimé, tranchant dans sa région ventrale, et sont surtout remarquables par la forme du museau qui termine leur tête. Cette portion de la face est en effet allongée en une sorte de tube, portant à son extrémité la bouche qui est peu fendue et dépourvue de dents.

Leur canal intestinal ne présente pas de cœcums pyloriques, et leur vessie natatoire est très-développée.

---

## GENRE CENTRISQUE.

*Centricus*, Cuvier.

Corps ovalaire, comprimé, tranchant dans sa partie ventrale et recouvert d'écailles petites, terminées par une pointe.

Tête présentant en avant un museau allongé, en forme de tube qui porte à son extrémité une bouche très-petite et dépourvue de dents.

Nageoires dorsales au nombre de deux. La première porte en avant une longue épine mobile et denticulée sur son bord postérieur, elle est reliée par des plaques osseuses à la région pectorale.

Ventrales petites et insérées en arrière des pectorales.

Pas d'appendices pyloriques.

Vessie natatoire très-développée.

### Pl. 100. — CENTRISQUE-BÉCASSE.

*Scolopax*.............. Rondel., *De Pisc.*, XV, cap v, p. 422.
*Centriscus scolopax*.... Lin., *Syst. nat.*, t. I, p. 415.— Brunn., *Pisc. mass.*, p. 8.— Bloch, t. I, p. 55, pl. 23, fig. 1. — Bloch, *Schn.*, p. 112. Lacép., t. II, p. 86, pl. 19, fig. 3. — Cuv., *Règn. anim.*, t. II, p. 268. — Yarr., *Brit. Fish.*, t. I, p. 302.— Bonap., *Cat. poiss. Europ.*, p. 71. — Guich., *Expl. alg.*, p. 92. Gunth., *Cat. acanth.*, t. III, p. 519.
*Solenostomus scolopax*. Risso, *Ichth. Nice*, p. 80.

*Trompet-fish*, *Bellows-fish*, Angleterre.

Le Centrisque est un petit poisson fort curieux par sa forme. On le designe généralement sous le nom de *Bécasse* à cause de l'allongement de son museau qui ressemble au bec de l'oiseau qui porte ce nom. Les pêcheurs des côtes du Languedoc l'appellent *Peï troumpèta*, ce qui veut dire *poisson-trompette*.

Ce poisson est commun dans la Méditerranée ; on le prend également dans l'océan Atlantique et dans la Manche où il est plus rare. Son corps est très-comprimé, de forme ovalaire, et sa courbure dorsale, qui se continue avec celle de la tête, va en s'élevant jusqu'à la première nageoire dorsale dont le rayon antérieur est long, comprimé, strié et denticulé sur son bord postérieur. Ce rayon, qui peut s'élever ou s'abaisser à la volonté du poisson, reste toujours dirigé en haut et en arrière; il est suivi de quatre rayons mous beaucoup plus courts. Après le premier piquant de cette nageoire, la ligne du dos s'abaisse brusquement, devient horizontale entre les deux dorsales, pour s'abaisser de nouveau, et gagne la région caudale. La seconde dorsale, plus haute à son bord antérieur, diminue jusqu'à son dernier rayon; elle en a en tout douze.

Les pectorales sont petites et ont dix-sept rayons. Les ventrales, peu développées et reportées en arrière, en ont quatre. L'anale, qui naît sous le quatrième rayon de la première dorsale, a vingt rayons; elle est peu élevée. Enfin la caudale, peu développée, a seize rayons. Tout le corps du poisson est recouvert de petites écailles striées et terminées chacune par une épine.

La tête se prolonge en avant par un museau en forme de tube long et comprimé, à l'extrémité duquel se voit une bouche fort petite et fendue un peu obliquement. La mâchoire inférieure dépasse un peu la supérieure; toutes deux sont dépourvues de dents. L'œil est grand, et les bords de l'orbite sont finement denticulés.

Ce poisson a le corps d'un beau blanc d'argent très-brillant, surtout dans sa région ventrale. Les vieux sujets sont plus colorés que les jeunes; leur corps revêt une teinte rosée et présente souvent des reflets dorés. Il est si abondant sur les côtes de l'Algérie qu'on le mange quelquefois, et il n'est pas rare de le voir paraître sur les marchés de notre colonie. Il vit ordinairement dans les fonds vaseux; sa chair est peu estimée.

Le préopercule est finement dentelé; l'opercule est arrondi, l'interopercule étroit et le subopercule en forme de croissant. Les parties latérales et supérieures de la tête sont recouvertes d'écailles.

Une seconde espèce du genre Centrisque de la Méditerranée, le *Centriscus gracilis*, se prend aussi dans l'Océan. Ce poisson n'a pas encore été signalé sur nos côtes.

# TABLE ALPHABÉTIQUE

DES NOMS FRANÇAIS, VULGAIRES, ÉTRANGERS ET LATINS
DES VIGNETTES ET DES CHROMOTYPOGRAPHIES
QUI SE TROUVENT DANS LA PREMIÈRE PARTIE DES POISSONS DE MER

*Formant le second Volume de l'Ouvrage* LES POISSONS.

---

Les Chiffres placés en tête des lignes indiquent les Numéros des Chromotypographies ; les Gravures sur Bois sont indiquées par un *.

---

FIN DE LA TABLE ALPHABÉTIQUE DE LA PREMIÈRE PARTIE
DES POISSONS DE MER.

PARIS. — Impr. J. CLAYE. — A. QUANTIN et Cᵉ, rue Saint-Benoît. [719]

www.ingramcontent.com/pod-product-compliance
Lightning Source LLC
LaVergne TN
LVHW020548230826
846091LV00002B/413

*9782019722074*